线性拓扑空间选讲

定光桂 谭冬妮 李 磊 著

科学出版社

北 京

内 容 简 介

本书主要讲述了线性拓扑空间的基本知识及其在泛函分析中的应用；着重强调了线性拓扑空间在分析学，尤其是在泛函分析中的重要性. 本书内容涵盖了与泛函分析紧密相关的诸多主题，如线性算子的连续性和有界性、Hahn-Banach 定理、弱拓扑和 *弱拓扑，以及赋范空间中的弱紧性和弱列紧性等. 此外，本书中还特别介绍了赋 β-范空间，这是一类非局部凸的空间，近年来在图像识别等领域得到了一些应用. 全书由六讲和一个附录组成，在每一讲后面，配备了一些习题(书后附有部分习题解答或提示). 前三讲主要介绍了线性拓扑空间的定义以及其上的连续线性泛函的性质，后面三讲分别讲述了赋准范空间、赋 β-范空间和局部凸空间. 附录主要阐述了本书用到的点集拓扑方面的知识.

本书可以作为高等院校高年级本科生和研究生的教学参考书，也可以作为相关教师或数学工作者进一步深化泛函分析知识的参考书籍.

图书在版编目(CIP)数据

线性拓扑空间选讲 / 定光桂, 谭冬妮, 李磊著. -- 北京：科学出版社, 2025. 3. -- ISBN 978-7-03-081339-8

Ⅰ. O177.3

中国国家版本馆 CIP 数据核字第 202568WH07 号

责任编辑：李静科　李　萍 / 责任校对：杨聪敏
责任印制：张　伟 / 封面设计：无极书装

科 学 出 版 社 出版
北京东黄城根北街 16 号
邮政编码：100717
http://www.sciencep.com

北京华宇信诺印刷有限公司印刷
科学出版社发行　各地新华书店经销
*
2025 年 3 月第 一 版　　开本：720×1000　1/16
2025 年 3 月第一次印刷　　印张：12
字数：239 000
定价：88.00 元
(如有印装质量问题，我社负责调换)

前　　言

随着近代分析的发展, 线性拓扑空间的知识已经深入渗透到分析的许多分支, 并发挥着越来越重要的作用. 特别地, 泛函分析中的许多问题, 常常只有在线性拓扑空间中才能得到真正的解决. 因此, 对于从事分析特别是泛函分析教学与科研的同志来说, 学习一点线性拓扑空间的知识是十分必要的.

本书除了选讲线性拓扑空间的基本知识以外, 还特别选讲了与泛函分析有着紧密联系的一些内容. 例如: 线性算子 (泛函) 的连续性、有界性、Hahn-Banach 定理、弱拓扑与 * 弱拓扑, 以及赋范空间中 "弱紧" 与 "弱列紧" 的等价性等.

第 5 讲 (赋 β-范空间) 是一般线性拓扑空间的中外书籍中所讲不多甚至没有的. 选讲此部分内容是因为: 一方面, 它与次加泛函理论有关联; 另一方面, 由于 20 世纪 80 年代以来, 对于 l^β, $L^\beta[a,b]$ $(0 < \beta < 1)$ 这一类非局部凸的 "赋 β-范空间" 的讨论已经开始活跃. 尤其是此类空间在图像识别等应用领域发挥了很好的作用. 例如, 西安交通大学徐宗本院士所领导的研究团队就取得了一些相关研究成果. 因此, 了解一下此类空间的特性是有益的. 鉴于此讲的 "独立性", 对于不想学习有关内容的读者, 完全可以 "跨" 过去, 并不影响对下一讲的学习.

在每一讲后面, 均配备了一些习题 (书后附有部分习题解答或提示). 这些习题 (及其解答或提示) 是书中内容重要的组成部分, 请读者不要舍弃.

本书是基于我在 1982 年为南开大学数学系研究生授课的教材整理而成的. 它不仅在我校数学系 (所) 多次用于研究生教学, 也在校外讲习班上多次使用. 经过不断修订和完善, 最终形成了本书. 在此, 一方面, 我要感谢那些听课的同学和同行, 感谢他们对教材和教学提出的宝贵意见; 另一方面, 鉴于目前市面上中文书籍中深入探讨线性拓扑空间的资料相对匮乏, 本书作为国内这一领域的教学参考书, 可能存在许多不足, 尤其是在选材和内容上可能存在缺点和不足. 因此, 我恳切地希望读者能够提出批评和指正.

定光桂

2022 年 5 月

目　　录

第 1 讲　Hamel 基

1.1　准 备 知 识

首先, 我们给出几个需要用的定义:

定义 1.1.1　设数域 K 为实数域或复数域, 对于 K 上的线性空间 E 内的子集 S, 如果存在一组非全零的系数 $c_1, c_2, \cdots, c_n \in K$ 使得 $c_1 \cdot s_1 + c_2 \cdot s_2 + \cdots + c_n \cdot s_n = \theta$, 其中 $s_1, s_2, \cdots, s_n \in S$, 那么称 S **线性相关**的. 反之, 则称 S 为**线性无关**的.

定义 1.1.2　线性空间 E 内的子集 S 的所有线性组合全体, 称为 S 的**线性包**, 记为 $[S]$ 或 $L(S)$; 在某些文献中, 也称为由 S 产生的线性子空间.

有了上面的定义, 我们就可以给出本节要讨论的 Hamel 基的概念:

定义 1.1.3　线性空间 E 内的子集 H 称为 E 的 Hamel 基 (简记为 $H.$-基), 是指: H 为 E 内的线性无关集, 且有 $[H] = E$, 当 H 为 E 的 Hamel 基时, $\forall x \in E$, 必有 $x = \sum \xi h$ (其中, $h \in H$, $\xi \in K$), 我们称 ξ 为相应 h 的系数.

注 1.1.4　由定义 1.1.3 可知, 在 x 表达式的 "和" 中, 仅有 "有限个" 非 0 系数; 此外, x 对应于 H 中元素的线性表达式是唯一的.

下面, 我们给出两个例子:

例 1.1.5　在 n 维复线性空间 $\mathbb{C}^n$ 中, 其 $H.$-基 (有限维情形, 有时简称为 "基") 显然为: $\{e_1, e_2, \cdots, e_n\}$, 这里

$$e_k = (0, \cdots, 0, \underset{\text{第 } k \text{ 位}}{1}, 0, \cdots, 0) \quad (1 \leqslant k \leqslant n).$$

例 1.1.6　设线性空间 $c_{00} = \{\{\xi_n\} \mid \xi_n \text{ 仅有有限个非 } 0, \xi_k \in K\}$, 则其 $H.$-基为 $\{e_n, n \in \mathbb{N}\}$. 但需注意的是, c_{00} 是空间 c_0 (收敛于 0 的所有数列全体) 的真子空间, $\{e_n, n \in \mathbb{N}\}$ 不是 c_0 的 $H.$-基. 例如: $x_0 = \left\{\dfrac{1}{n}\right\} \in c_0$, 但不能由有限个 e_n 线性表出.

下面, 我们给出有关 Hamel 基性质的几个定理:

定理 1.1.7　每个线性空间 E 均存在 Hamel 基.

证明　令 $\mathscr{T}$ 为 E 的所有线性无关子集全体, 按包含关系在其内定义半序, 则其任意全序子集均有上界.

事实上, 设 $\{A_\alpha\}$ 为 $\mathscr{T}$ 中全序子集. 令 $A = \bigcup_\alpha A_\alpha$, 容易验证, A 亦为 E 中线性无关子集, 且为 $\{A_\alpha\}$ 的一个上界.

由 Zorn 引理, $\mathscr{T}$ 中必存在一极大元, 记为 H. 进一步验证可知, H 即为所求的 Hamel 基. $\qquad\square$

注 1.1.8   类似地, 我们可以证明:

(1) 若 I 和 M 是 E 的线性无关子集, 且 $[M] = E$, 则 $\exists$ H.-基 $H = I \cup M'$, 使得 $M' \subset M$ 及 $I \cap M' = \varnothing$.

(2) 若 I 为 E 的一线性无关子集, 则 $\exists$ H.-基 H 使得 $I \subset H$. (显然, (1) $\Rightarrow$ (2) $\Rightarrow$ 定理 1.1.7.)

定理 1.1.9   在线性空间 E 中, 任意两个不同 H.-基都具有相同的基数.

证明   设 A, B 为 E 内任意两个 H.-基, 由线性代数知识我们知道, 当 A 是有限集时, 结论是显然的.

现设 A 是无限集, 因为, 对于任意的 $a \in A$, 存在有限元集 $B_a \in B$ 使得 $a \in [B_a]$, 所以有

$$B = \bigcup_{a \in A} B_a. \tag{1.1}$$

事实上, 反之, 假设存在 $b_0 \in B$ 使得 $b_0 \notin \bigcup_{a \in A} B_a$. 由于 A 为 H.-基, 故有 $b_0 = \sum_{k=1}^n \xi_k a_k$, 其中 $a_k \in A$, $\xi_k \in K$. 但 $a_k \in [B_{a_k}]$, 故得 $b_0 \in \left[\bigcup_{k=1}^n B_{a_k} \right]$. 也即 b_0 可由 B 中其他的元素线性表出, 这与 B 中的元素是线性无关的假设矛盾.

由于 B_a 是有限集, 故根据 (1.1), 由势的关系有: $|B| \leqslant |A| \cdot \aleph_0$. 又由 A 为无限集有 $|A| \cdot \aleph_0 = |A|$. 此即导出 $|B| \leqslant |A|$. 反过来讨论又有 $|A| \leqslant |B|$. 因此由 Cantor-Bernstein 定理即知 $|A| = |B|$. $\qquad\square$

定义 1.1.10   线性空间 E 的 Hamel **维数**, 是指其 Hamel 基的势, 记为 $\dim E$. E 的子集 M 的 Hamel **维数**是指 $[M]$ 的 Hamel 维数.

例 1.1.11 c_{00} 的 Hamel 维数是 $\aleph_0$.

例 1.1.12 c_0 的 Hamel 维数是 $\aleph_1$.

首先, $|c_0| \leqslant |s| = \aleph_1{}^{\aleph_0} = \aleph_1$.

其次, c_0 包含有一线性无关集 $M = \{\{t^N\}_{N=1}^\infty, 0 < t < 1\}$, 而 $|M| = \aleph_1$.

定理 1.1.13   具有相同 Hamel 维数的线性空间是同构的.

证明   设 E_1, E_2 的 Hamel 基分别为 H_1, H_2. 由于 E_1, E_2 的 Hamel 维数相同, 故知存在映射 $\pi_0: H_1 \leftrightarrow H_2$. 根据 H.-基的定义, 可以将 π_0 线性扩张到全空间 E_1 上, 记为 π. 我们证明 π 是一个双射映射. 首先 π 是单射. 事实上, 若

有 $\pi(x) = 0$, 设 $x = \sum\limits_{k=1}^{n} \xi_{\alpha_k} h_{\alpha_k}^{(1)} \in E_1$ (其中: $h_{\alpha_k}^{(1)} \in H_1$), 则有 $\sum\limits_{k=1}^{n} \xi_{\alpha_k} \pi(h_{\alpha_k}^{(1)}) = 0$, 而 $\pi(h_{\alpha_k}^{(1)}) = \pi_0(h_{\alpha_k}^{(1)}) \in H_2$ 对于所有的 $1 \leqslant k \leqslant n$ 成立. 因为 H_2 是 Hamel 基, 故 $\xi_{\alpha_k} = 0$ $(1 \leqslant k \leqslant n)$, 也即 $x = 0$. 其次, π 是满射. 事实上, 对于 $y \in H_2$, 设 $y = \sum\limits_{i=1}^{m} \eta_{\beta_i} h_{\beta_i}^{(2)}$, 并令 $x = \sum\limits_{i=1}^{m} \eta_{\beta_i} \pi_0^{-1}(h_{\beta_i}^{(2)})$, 则 $x \in H_1$, 且有

$$\pi(x) = \sum_{i=1}^{m} \eta_{\beta_i} \pi \pi^{-1}\left(h_{\beta_i}^{(2)}\right) = \sum_{i=1}^{m} \eta_{\beta_i} \pi_0 \pi_0^{-1}\left(h_{\beta_i}^{(2)}\right) = y.$$

综上所述, π 是一个双射线性映射, 从而 E_1 与 E_2 是同构的. 　　□

1.2　Hamel 基的应用

虽然对于任意无穷维线性空间而言, 求其 Hamel 基是困难的, 但这个抽象概念却十分有用. 我们可以从其抽象的存在性出发, 得到一些非常有趣的结果. 在这一节中, 我们将通过几个命题来展示其应用.

首先, 借助 Hamel 基, 我们可以得出在某类无穷维距离线性空间中存在线性非连续泛函的结论. 为此, 我们先介绍以下定义.

定义 1.2.1　若线性空间 E 满足条件:

(1) E 中有 "平移不变" 距离. 即对任意元 $x, y, z \in E$, 均有

$$d(x + z, y + z) = d(x, y).$$

(2) 当 $\|x\|^* = d(x, \theta)$ 时, 有

$$\|\alpha_n x\|^* \to 0 \ (\alpha_n \to 0), \quad \|\alpha x_n\|^* \to 0 \ (x_n \to \theta)$$

及

$$\|\alpha_n x_n\|^* \to 0 \quad (\alpha_n \to 0, x_n \to \theta),$$

则称 E 为**距离线性空间** (或赋准范空间). 特别地, 将条件 (2) 换为:

$(2)'$ 存在常数 $\beta > 0$, 使得

$$\|\alpha_n x\|^* = |\alpha|^{\beta} \|x\|^*, \quad \forall \alpha \in K,$$

则称 E 为具有 β-**绝对齐性距离**的距离线性空间, 或简称赋 β-范空间.

注 1.2.2　由条件 (1) 可知 $\|x\|^*$ 具有以下性质:

$$\|x\|^* = 0 \Leftrightarrow x = \theta, \quad \|x + y\|^* \leqslant \|x\|^* + \|y\|^*$$

及

$$\| - x \|^* = \| x \|^*.$$

故 $\| x \|^*$ 等价于一个 "准范数". 这是因为对于准范数而言, 性质 $\| \alpha_n x_n \|^* \to 0$ $(\alpha_n \to 0, x_n \to \theta)$ 是可以从 $\| \cdot \|^*$ 是 (K, E) 的二元连续函数推出的, 请看文献 [1] 中 §1.5 (三).

注 1.2.3　根据距离的三角不等式, 我们可以推导出赋 β-范空间必须满足 $\beta \leqslant 1$, 并且是赋准范空间. 特别是, 当 $\beta = 1$ 时, 这类空间是赋范线性空间. 数列空间 $l^\beta (0 < \beta < 1)$ 是赋 β-范空间的一个典型例子.

注 1.2.4　在本书后面的内容中, 我们将给出

(1) 距离线性空间, 也称为赋准范空间, 是一种特殊的线性拓扑空间, 它不仅满足 T_0 公理, 而且还满足第一可数公理.

(2) 赋 β-范空间, 它是一种线性拓扑空间, 除了满足 T_0 公理外, 还具有局部有界性. 请参考文献 [2,3].

注 1.2.5　关于距离线性空间定义中的条件 (2) 所涉及的三个极限式间的关系, 可看文献 [4]. 该文献指出, 其中两个条件 $\| \alpha x_n \|^* \to 0 (x_n \to \theta)$ 和 $\| \alpha_n x_n \|^* \to 0 (\alpha_n \to 0, x_n \to \theta)$ 是等价的.

推论 1.2.6　如果 E 是无穷维的赋 β-范空间, 那么, 在 E 上必存在不连续的线性泛函.

证明　设 H 是 E 的一个 Hamel 基. 由于 E 是无穷维的, 因而可选出一列元 $\{h_n\} \subset H$. 由于 E 是赋 β-范的, 还可设 $\| h_n \| = 1$ 对于所有的 $n \in \mathbb{N}$. 作线性泛函 f_0 如下: 当 $x = \sum\limits_{n=1}^{m} \xi_n h_n + \sum\limits_{k=1}^{l} \eta_k h_{\bar{a}_k}$ 时 (其中: $h_{\bar{a}_k} \in H \setminus \{h_n\}, 1 \leqslant k \leqslant l$), 令

$$f_0(x) = \sum_{n=1}^{m} n \xi_n.$$

显然, f_0 为 E 上的线性泛函, 然而

$$x + \frac{1}{\sqrt{n}} h_n \to x \quad (n \to \infty).$$

这是因为

$$d\left(x + \frac{1}{\sqrt{n}} h_n, x\right) = d\left(\frac{1}{\sqrt{n}} h_n, \theta\right)$$

$$= \left\| \frac{1}{\sqrt{n}} h_n \right\|^* = \left(\frac{1}{\sqrt{n}}\right)^\beta \cdot \| h_n \|^* = \left(\frac{1}{\sqrt{n}}\right)^\beta \to 0 \quad (n \to \infty).$$

而

$$f_0\left(x + \frac{1}{\sqrt{n}}h_n\right) = f_0(x) + f_0\left(\frac{1}{\sqrt{n}}h_n\right) = f_0(x) + n \cdot \frac{1}{\sqrt{n}} \to \infty \quad (n \to \infty).$$

故知 f_0 在 E 上处处不连续. $\square$

注 1.2.7 推论 1.2.6 亦可推广到无穷维的 "赋准范" 空间 F 中去. 此时, 从准范 "数乘" 的连续性, 对 H.-基中一列元 $\{h_n\}$, 我们可以选取相应的一个序列 $\{h'_n\}$ 代替之, 使其满足条件:

$$\left\|h'_n\right\|^* = \left\|\frac{h_n}{k_n}\right\|^* < \frac{1}{n} \quad (n \in \mathbb{N}).$$

然后, 定义 $f_0(x) = \sum\limits_{n=1}^{m} n\xi_n$, 其中 $x = \sum\limits_{n=1}^{m} \xi_n h'_n + \sum\limits_{k=1}^{l} \eta_k h_{\alpha_k}$. 注意到

$$x + h'_n \to x \quad (n \to \infty).$$

但

$$f(x + h'_n) = f_0(x) + f_0(h'_n) = f_0(x) + n \to \infty \quad (n \to \infty).$$

注 1.2.8 所有线性泛函均连续是赋准范空间是有限维的一个特征.

我们有下面更一般的命题:

命题 1.2.9 在有限维的赋准范空间 $E_{(n)}$ 中, 其上每个次加、β-正齐性 ($\beta > 0$) 泛函 $p(x)$ 均是连续的.

证明 正如在有限维赋范空间中证明具有相同维数的空间之间存在拓扑同构的方法, 我们只需注意到

$$\|x\|^* = \left\|\sum_{k=1}^{n} \xi_k e_k\right\|^* \leqslant \sum_{k=1}^{n} \|\xi_k e_k\|^*$$

及

$$\left\|\frac{x}{\sum\limits_{k=1}^{n} |\xi_k|}\right\|^* \geqslant m_0 > 0$$

$\left(\text{这里}, e_1, \cdots, e_n \text{ 是 } E_{(n)} \text{ 的基}, m_0 \text{ 是连续函数 } g(\xi_1, \cdots, \xi_n) = \left\|\sum\limits_{k=1}^{n} \xi_k e_k\right\| \text{ 在}\right.$
域 K^n 内有界闭集: $\sum\limits_{k=1}^{n} |\xi_k| = 1$ 上的最小值$\Big)$. 因此, 当 $x \to \theta$ 时, 若有 $\eta_x =$

$\sum_{k=1}^{n} |\xi_k| \nrightarrow 0$, 则由准范数对数乘的连续性, $\{\eta_x\}$ 必为有界数集. 设其有一非零聚点 α, 令 $\eta^{(m)} \to \alpha$, 则有不等式:

$$m_0 \leqslant \left\| \frac{x^{(m)}}{\eta^{(m)}} \right\|^* \leqslant \left\| \left(\frac{1}{\eta^{(m)}} - \frac{1}{\alpha} \right) x^{(m)} \right\|^* + \left\| \frac{1}{\alpha} x^{(m)} \right\|^* \to 0 \quad (m \to \infty),$$

这显然是不可能的. 因此, 我们可以导出

$$\sum_{k=1}^{n} |\xi_k| \to 0 \Leftrightarrow x \to \theta \quad \left(x = \sum_{k=1}^{n} \xi_k e_k \in E_{(n)} \right).$$

注意到泛函 $p(x)$ 的假设, 我们又有

$$p(x) = p\left(\sum_{k=1}^{n} \xi_k e_k \right) \leqslant \sum_{k=1}^{n} p(\xi_k e_k) = \sum_{k=1}^{n} |\xi_k|^\beta p(\lambda_k e_k)$$

及

$$p(x) = p\left[\theta - \left(-\sum_{k=1}^{n} \xi_k e_k \right) \right] \geqslant 0 - \sum_{k=1}^{n} p(-\xi_k e_k)$$

$$= -\sum_{k=1}^{n} |\xi_k|^\beta p(-\lambda_k e_k),$$

其中, $\xi_k = |\xi_k|\lambda_k, 1 \leqslant k \leqslant n$. 因此, 当 $K = \mathbb{R}$ 时, 有 $\lambda_k = \pm 1$, 故 $p(\pm\lambda_k e_k)$ 仅取两个值; 而当 $K = \mathbb{C}$ 时, 可由 $\xi_k = \xi_k^{(1)} + i\xi_k^{(2)}$, 把 p 的次加性归结为 $\mathbb{R}$ 情形, 再次利用泛函的假设条件, 我们不难导出

$$\lim_{x \to \theta} p(x) = 0.$$

而由 $p(x)$ 的次加性, 随即导出: $p(x)$ 在 $E_{(n)}$ 上是连续的. $\qquad \square$

注 1.2.10 在一般线性拓扑空间中, 我们可以验证以下性质: 若 $p(x)$ 为次加泛函, 且 $\overline{\lim\limits_{x \to \theta}} p(x) = 0$, 则 $p(x)$ 连续.

借助于推论 1.2.6 的结果, 我们可以得到下面另一个有趣的推论:

推论 1.2.11 设 E 是无穷维的赋 β-范或赋准范空间, 则 E 上必存在一个处处不连续的 "自同构" 映射 (即 E 到 E 上的 1-1 线性满射映射).

证明 设 f_0 如推论 1.2.6 或注 1.2.7 所得的处处不连续的线性泛函. 由于 $\dim(N(f_0)) = \dim(E) - 1$, 故存在 $x_0 \neq \theta$, 使得 $f_0(x_0) = 0$. 定义 E 上的映射 π 为

$$\pi(x) = x - f_0(x)x_0.$$

显然, π 是线性的; 并且, 当 $\pi(x) = \theta$ 时, 有 $x = f_0(x)x_0$, 由 x_0 的取法, 我们得到

$$f_0(x) = f_0[f_0(x)x_0] = f_0(x) \cdot f_0(x_0) = 0,$$

即

$$x = f_0(x)x_0 = \theta.$$

此外, 对于任意的 $y \in E$, 我们有

$$\pi[y + f_0(y)x_0] = [y + f_0(y)x_0] - f_0[y + f_0(y)x_0]x_0 = y.$$

从而 π 是 E 上的一个自同构映射. 最后, π 的处处不连续性显然可以由其定义, 以及 f_0 在 E 上处处不连续性得到. $\square$

注 1.2.12 推论 1.2.11 所需映射也可以通过以下方法构造: 设 $\{h_n\} \subset H$ (其中 H 是 E 的某一 H.-基), 且满足 $\|h_n\|^* \leqslant 1(n \in \mathbb{N})$, 定义映射 π^* 如下: $h_1 \mapsto 2h_2, h_2 \mapsto h_1, h_3 \mapsto 4h_4, h_4 \mapsto h_3, \cdots, h_{2n-1} \mapsto 2nh_{2n}, h_{2n} \mapsto h_{2n-1}, \cdots,$ $H \setminus \{h_n\}$ 不动, 然后, 通过线性延拓 π^* 可以得到所需的映射.

为了导出后面的一个推论, 我们再来介绍几个定义:

定义 1.2.13 对于线性空间 E 上线性泛函的全体, 定义通常意义下的加法与数乘, 则其成为一个线性空间, 这个空间称为 E 的**代数共轭**空间, 记为 $E^\sharp$. 类似地, 我们可以定义 $E^\sharp$ 的代数共轭空间, 称为 E 的**二次代数共轭**空间, 记为 $E^{\sharp\sharp}$.

定义 1.2.14 在 E 上, 作到 $E^{\sharp\sharp}$ 内的映射 $J(x)$ 如下:

$$J(x)[f] = f(x), \quad \forall f \in E^\sharp.$$

称 J 为 E 到 $E^{\sharp\sharp}$ 内的**典则映射**; 若 $J[E] = E^{\sharp\sharp}$, 则称 E 为**代数自反空间**.

注 1.2.15 容易验证, 典则映射 J 是 1-1 的线性映射. 因此, 一般来说, E 代数同构于 $E^{\sharp\sharp}$ 的一个线性子空间, 而且当 E 在 "典则映射" 下代数同构于 $E^{\sharp\sharp}$ 时, 则称 E 为代数自反空间.

有了上面定义, 我们可得到本节最后一个推论 (该结论与 Banach 自反空间性质完全不同):

推论 1.2.16 线性空间 E 为代数自反空间的充要条件是 E 为有限维的.

证明　本命题的充分性是不难验证的 (留给读者). 下面, 我们仅来证明命题的必要性.

反之, 若有 $J(E) = E^{\sharp\sharp}$, 但 $\dim E = \infty$, 那么可设 $H = \{h_\alpha \mid \alpha \in \mathscr{A}\}$ 为 E 的 $H.$-基 (显然 $|\mathscr{A}| \geqslant \aleph_0$). 由此相应可构造 E 上的线性泛函族: $\mathfrak{N}_0 = \{f_\alpha | \alpha \in \mathscr{A}\}$, 使得: 对于任意的 $\alpha, \alpha' \in \mathscr{A}$,

$$f_\alpha(h_{\alpha'}) = \begin{cases} 0, & \alpha' \neq \alpha, \\ 1, & \alpha' = \alpha. \end{cases}$$

容易验证, $\mathfrak{N}_0$ 亦为 $E^\sharp$ 内一个线性无关集. 从而由注 1.1.8 可知: 存在 $E^\sharp$ 的一个 $H.$-基 $\mathfrak{N}$, 使得 $\mathfrak{N}_0 \subset \mathfrak{N}$.

取泛函列 $\{f_{\bar{\alpha}_n}\} \subset \mathfrak{N}_0 \subset \mathfrak{N}$. 如推论 1.2.6 的证明方法, 构造 $E^\sharp$ 上的一个线性泛函 $\hat{x}_0$. 因此, $\hat{x}_0 \in E^{\sharp\sharp}$ 且满足:

$$\hat{x}_0(f_{\bar{\alpha}_n}) \neq 0 \quad (n \in \mathbb{N}).$$

然而, $J(E)$ 不含有 $\hat{x}_0$. 因为, $\forall x \in E$, 当 $x = \sum_{n=1}^{m} \xi_n h_{\bar{\alpha}_n} + \sum_{k=1}^{l} \eta_k h_{\bar{\alpha}'_k}$ 时, 其中, $h_{\bar{\alpha}_n}, h_{\bar{\alpha}'_k} \in H, 1 \leqslant n \leqslant m, 1 \leqslant k \leqslant l$, $J(x)$ 满足下面性质: $\forall n \in \mathbb{N}$, 有

$$J(x)(f_{\bar{\alpha}_n}) = f_{\bar{\alpha}_n}(x) = \begin{cases} \xi_n, & n \leqslant m, \\ 0, & n > m. \end{cases}$$

从而知 $J(x)(f_{\bar{\alpha}_n})$ 仅能取有限个非零值. 故 $\hat{x}_0 \notin J(E)$, 从而与假设 $J(E) = E^{\sharp\sharp}$ 矛盾. $\qquad\square$

练 习 题 1

1.1　对有限维情形, 证明定理 1.1.9.

1.2　设 E_1, E_2 均为 n 维线性空间, 且有 $E_1 \subset E_2$. 证明: $E_1 = E_2$.

1.3　求 l^p, c, m, s 等数列空间的 Hamel 维数.

1.4　求 $C[a,b], L^p$ 等函数空间的 Hamel 维数.

1.5　验证: 例 1.1.6 中的集 $\{e_n, n \in \mathbb{N}\}$ 不是 l^1 的 Hamel 基.

1.6　验证: E 到 $E^{\sharp\sharp}$ 内的典则映射是 1-1 线性映射.

1.7　证明推论 1.2.16 的充分性.

1.8　证明: $\dim(E^\sharp) > \dim(E)$ 是线性空间为无穷维的一个特征.

1.9　证明: 对 Fréchet 空间 (完备的赋准范空间) F 而言, 必有 $\dim(F) \neq \aleph_0$.

1.10　在平面上试举一例说明: 集合的 Hamel 维数并非平移不变的.

第 2 讲　线性拓扑空间的定义及其基本性质

2.1　定　　义

定义 2.1.1　域 K 上的线性空间 E 称为**线性拓扑空间**, 是指其具有与空间线性结构 "相和谐" 的拓扑. 也即, 在此拓扑下, 代数运算: $x+y$, λx 分别是 (x,y) 及 (λ, x) 的二元连续函数, 其中 $x, y \in E, \lambda \in K$.

注 2.1.2　上面定义中关于连续的条件也可叙述为

(1) $\forall x, y \in E$, 以及 $x+y$ 的每一个邻域 U_{x+y}, $\exists x, y$ 的邻域 U_x, U_y, 使得: $U_x + U_y \subset U_{x+y}$.

(2) $\forall \lambda \in K, x \in E$, 以及 λx 的每一个邻域 $U_{\lambda x}$, $\exists \delta > 0$ 及 x 的邻域 U_x, 使得当 $|\mu - \lambda| < \delta$ 时, 有 $\mu U_x < U_{\lambda x}$.

注 2.1.3　以下是我们将要使用的一些基本集合运算符号.

元素与集合的和: $x + A := \{x + a \mid a \in A\}$,

集合与集合的和: $A + B := \{a + b \mid a \in A, b \in B\}$,

数与集合的乘积: $\lambda B := \{\lambda b \mid b \in B\}$(注意: 一般有 $2A \subsetneqq A + A$).

2.2　基　本　性　质

下面, 我们介绍线性拓扑空间的一些基本性质. 这些性质也可以在文献 [5] 中找到.

定理 2.2.1　设 E 是线性拓扑空间, 那么:

(1) $\forall x_0 \in E$, 映射 $\tau_1: x \mapsto x + x_0$ 是 E 到 E 上的同胚映射 (即 τ_1, τ_1^{-1} 连续的同构映射). 特别地, 如果 $\mathscr{U}_0$ 是 θ 元的邻域基, 那么 $\mathscr{U}_0 + x_0$ 为 x_0 的邻域基.

(2) $\forall 0 \neq \lambda_0 \in K$, 映射 $\tau_2: x \mapsto \lambda_0 x$ 也是 E 到 E 上的同胚映射. 特别地, 如果 U_x 是 x 的一个邻域, 那么 $\lambda_0 U_x$ 亦为 $\lambda_0 x$ 的一个邻域.

证明　事实上, 我们只要证明, 对上述元 x_0 及数 $\lambda_0 \neq 0$, 映射 $\tau: x \mapsto \lambda_0 x + x_0$ 是一个 E 到 E 上的同胚映射就可以了. 而这是明显的. 因由 $\tau(x) = \lambda_0 x + x_0 \, (\lambda_0 \neq 0)$, 可知 $x = \tau^{-1}(y) = \lambda_0^{-1}(y - x_0)$, 从而 τ 是 E 上的一个自同构映射. 结合线性拓扑空间的定义, 立即可知 τ 及 τ^{-1} 均为连续的, 也即其为 E 到 E 上的同胚映射. 由此, 容易导出所需结论.　□

定义 2.2.2　域 K 上的线性空间 E 中的集 A 称为是**吸收**的, 是指: $\forall x \in E$, $\exists \delta > 0$, 使得当 $\lambda \in K$ 及 $|\lambda| \leqslant \delta$ 时, 均有 $\lambda x \in A$. E 中的集 B 称为是**均衡**的, 是指: 当 $\alpha \in K$ 及 $|\alpha| \leqslant 1$ 时, 均有 $\alpha B \subset B$.

注 2.2.3　均衡集未必是凸的, 反例可在二维复数空间 $\mathbb{C}^2$ 中取集:

$$B = \{(z, 0) \mid |z| \leqslant 1\} \cup \{(0, z) \mid |z| \leqslant 1\}.$$

显然 B 是均衡的 (即使对复数域 $K = \mathbb{C}$), 然而, 由于 $z_1 \neq 0$ 和 $z_2 \neq 0$, 则

$$(z_1, 0) + (0, z_2) = (z_1, z_2) \notin B,$$

易知 B 不是凸的. 有意思的是, 在一维复空间 $\mathbb{C}$ 内, 不凸的均衡集不存在.

注 2.2.4　线性空间 E 上的吸收集 A 包含了域 K 中所有以 θ 为端点, 由 A 中的点确定的线段, 这些线段在各个方向上都有所体现. 因此, 吸收集是与域 K 紧密相关的. 下面, 通过一个例子来具体说明这一概念:

例 2.2.5 (Schatz 的苹果)　A 是由两个以 $(-1, 0)$ 和 $(1, 0)$ 为圆心、半径为 1 的闭圆, 以及 Y 轴上绝对值不超过 1 的线段组成的区域. 如图 2.1 所示. 那么, 当将平面 E 视为实数域 $\mathbb{R}$ 上的线性空间时, 集 A 是 E 中的一个吸收集. 但当将 E 视为复数域 $\mathbb{C}$ 上的线性空间时, 集 A 就不再是 E 中的吸收集了. 此外, 当 $K = \mathbb{R}$ 时, A 还是一个均衡集. 因此看出: 吸收的均衡集未必是凸集.

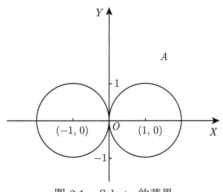

图 2.1　Schatz 的苹果

注 2.2.6　根据上面的例子的想法, 我们可以构造二维复空间 $\mathbb{C}^2$ 上吸收的均衡集非凸的例子如下:

$$B = B_\delta(\theta) \cup \mathbb{C}, \text{ 其中 } B_\delta(\theta) = \{(z_1, z_2) \in \mathbb{C}^2 : |z_1|^2 + |z_2|^2 \leqslant \delta^2, \delta > 0\}.$$

注 2.2.7　线性拓扑空间 E 上的吸收、均衡的凸集不一定含有内点.

反例   设 E 是无穷维的赋 β-范空间, 取 E 中一个不连续泛函 f_0, 并令

$$B = \{x \mid f_0(x) \leqslant 1, x \in E\},$$

则 B 为吸收、均衡的凸集, 然而它不含内点. 事实上, 若其含有内点, 则可以导出 f_0 为连续的线性泛函的矛盾结果 (参考 [1] 的 §2.1).

注 2.2.8   在注 2.2.7 中, 如果考虑的是吸收均衡的 "闭" 凸集, 则其必定含有内点, 请参看 [3, Theorem 1.3.14].

定理 2.2.9   设 E 是线性拓扑空间, $\mathscr{U}_0$ 为 θ 的邻域基. 那么:

(1) $\forall U \in \mathscr{U}_0$, $n \in \mathbb{N}$, $\exists$ 开邻域 $V \in \mathscr{U}_0$, 使得

$$\underbrace{V + V + \cdots + V}_{n \text{ 个}} \subset U;$$

(2) $\forall U \in \mathscr{U}_0$, U 是吸收集;

(3) $\forall U \in \mathscr{U}_0$, 存在 θ 的均衡开邻域 W, 使得 $W \subset U$.

证明   (1) 首先, 证 $n = 2$ 的情形. 取 $x = \theta$, $y = \theta$, 由线性拓扑空间中对加法运算的连续性可以知道, 对上述 $x + y = \theta$ 的邻域 $U \in \mathscr{U}_0$, 存在 $V_1, V_2 \in \mathscr{U}_0$, 使得: $V_1 + V_2 \subset U$. 再注意到邻域基的性质, 我们知道存在 $V \in \mathscr{U}_0$, 使得开邻域 $V \subset V_1 \cap V_2$, 由此可得 $V + V \subset U$.

其次, 由归纳法, 容易证明上述 (1) 的结论当 $n = 2^k$ $(\forall k \in \mathbb{N})$ 时是成立的.

最后, 由于 $V + \theta \subset V + V$, 可以看出, 若上结论对于某自然数 $m > 1$ 成立, 则对 $m - 1$ 也成立. 从而得到所需结论.

(2) $\forall x_0 \in E$, 由于 E 是线性拓扑空间, 可知函数 $f(\lambda x_0) = \lambda x_0$ 在 $\lambda = 0$ 是连续的. 因此, 对上述 θ 的邻域 U, 必存在数 $\delta > 0$, 使得当 $|\lambda| \leqslant \delta_0$ 时, 就有 $\lambda x_0 \in U$. 也即 U 是吸收集.

(3) 由于空间对数乘运算是连续的, 特别 λx 在 $(0, \theta)$ 二元连续, 故知对上述 θ 的邻域 U 存在开邻域 $V_1 \in \mathscr{U}_0$ 及数 $\delta > 0$, 使得当 $|\lambda| \leqslant \delta$ 时, 均有 $\lambda V_1 \subset U$. 令集合 $W = \bigcup\limits_{|\lambda| \leqslant \delta} \lambda V_1$. 显然, W 为 θ 的一个开邻域, 且有 $W \subset U$. 下面, 我们来说明 W 还是均衡集. 事实上, 若 $|\alpha| \leqslant 1$, 则有

$$\alpha W = \alpha \bigcup\limits_{|\lambda| \leqslant \delta} \lambda V_1 = \bigcup\limits_{|\lambda| \leqslant \delta} \alpha \lambda V_1 \subset \bigcup\limits_{|\lambda^*| \leqslant \delta} \lambda^* V_1 = W. \qquad \square$$

推论 2.2.10   在每一个线性拓扑空间中, 均存在由 (吸收) 均衡集所组成的邻域基.

我们不难验证, 在线性拓扑空间中以下有关运算的性质:

运算法则 2.2.11   设 E 为线性拓扑空间, 那么

(1) $\overline{x+A} = x + \overline{A}, \overline{\lambda A} = \lambda \overline{A}, \forall x \in E, A \subset E, \lambda \neq 0$, 一般地, $\lambda = 0$ 时未必正确, 因为对于拟范线性空间, 零元的闭包不一定只有零元.

(2) $\overline{A} + \overline{B} \subset \overline{A+B}$, 一般 $\overline{A} + \overline{B}$ 未必闭, 例如, $A = \left\{ n - \dfrac{1}{n} \right\}, B = \{-n\}$.

(3) 若 C 是紧集, F 是闭集, 则 $C+F$ 亦是闭集, 且有 $C+F = \overline{C}+F$, 即此时后两闭集之和才为闭集.

(4) 若 C_1, C_2 均为紧集, 则 $C_1 + C_2$ 亦为紧集.

(5) 若 G 是开集, 则对任意数 $\lambda \neq 0$, λG 亦为开集. 并且对任意集 $A, A+G$ 亦为开集. 由此对于任意的非空集合 B, 有 $A + B^\circ \subset (A+B)^\circ$, 其中 B° 表示 B 的内点全体.

下面, 我们介绍线性拓扑空间的一个性质:

定理 2.2.12 设 E 是满足 T_0 公理的线性拓扑空间, 则 E 是 T_3 空间, 即正则的 T_1 空间.

证明 下面, 我们分三步来证明.

(1) $\forall U \in \mathscr{U}(\theta$ 的邻域族), $\exists$ 开邻域 $V \in \mathscr{U}$, 使得 $\overline{V} \subset U$.

事实上, 由定理 2.2.9 的 (1) 可知, 对上述 $U \in \mathscr{U}$, $\exists$ 开邻域 $V \in \mathscr{U}$, 使得 $V + V \subset U$. 而由闭包的定义可知: $\forall W \in \mathscr{U}, \forall x \in \overline{V} \Leftrightarrow (x+W) \cap V \neq \varnothing$. 因此
$$x \in \bigcap \{V - W \mid W \in \mathscr{U}\} = \bigcap \{V + W \mid W \in \mathscr{U}\} \subset V + V.$$
由此即导出 $\overline{V} \subset U$.

(2) 每个线性拓扑空间都必然是正则的.

事实上, 设 F 为空间的闭集, $x \notin F$. 由于 F^c 必为 x 的一个邻域, 故从 (1) 知: $\exists$ 开邻域 $V \in \mathscr{U}$, 使得 $x + \overline{V} \subset F^c$. 因此, $\overline{x+V} \subset F^c$, 并知 $G_1 = x+V$ 为开集. 最后再令: $G_2 = (\overline{x+V})^c$, 我们则知: $G_2 \supset F, G_2 \cap G_1 = \varnothing$. 再由 $x \in G_1$, 故 E 为正则空间.

(3) 此时的 E 必满足 T_1 公理.

事实上, $\forall x, y \in E, x \neq y$, 由于 E 满足 T_0 公理, 故 $\exists$ 开邻域 $V \in \mathscr{U}$, 使得 $y \notin x+V$. 令 $G = y - V$, 类似知 G 为含 y 点的开集. 再由 V 的取法可知必有 $x \notin G$, 故 E 满足 T_1 公理. $\qquad \square$

注 2.2.13 在定理 2.2.12 证明的 (1) 中, 我们可得结论:
$$\overline{A} = \bigcap \{A + V \mid V \in \mathscr{U}\} \quad (A \subset E).$$

注 2.2.14 定理 2.2.12 证明中的 (1) 与 (2) 是等价的, 故有时将 "正则的" 线性拓扑空间定义为: 对任意点 x, 均存在其一个闭邻域基.

基于注 2.2.13 或注 2.2.14 的结论, 并结合 "任何均衡集的闭包仍为均衡集" 的性质, 我们容易得到下面一个推论:

推论 2.2.15 在每一个线性拓扑空间中, 均存在由闭的吸收均衡集所组成的邻域基.

下面我们将要指出, 定理 2.2.9 中所述及的性质, 也就是线性拓扑空间的特征. 因为我们有以下命题:

定理 2.2.16 设 E 是线性空间, 则 E 成为线性拓扑空间的充要条件是: 存在 E 中零点的邻域基 $\mathscr{U}_0$, 其满足以下条件:

(1) $\forall x \in E$, $x + \mathscr{U}_0$ 为 x 点的一个邻域基;

(2) $\forall U \in \mathscr{U}_0$, $\exists$ 开邻域 $V \in \mathscr{U}_0$, 使得 $V + V \subset U$;

(3) $\forall U \in \mathscr{U}_0$, U 为吸收集;

(4) $\forall U_1 \in \mathscr{U}_0$, $\exists U_2 \in \mathscr{U}_0$, 使得当 $|\lambda| \leqslant 1$ 时, 有 $\lambda U_2 \subset U_1$.

证明 必要性. 在上面的讨论中已经得到.

充分性. 由定义, 我们仅需验证, 此时空间中的 "加法" 与 "数乘" 运算均是二元连续的. 下面我们就分别来证明.

(1) $\forall x, y \in E$, 由假设 (1) 知对 $x + y$ 的邻域基中的每一个邻域 $U_{x+y} = x + y + U$(其中 $U \in \mathscr{U}_0$), 从假设条件 (2) 可知对上述邻域 U, 必存在开邻域 $V \in \mathscr{U}_0$, 使得 $V + V \subset U$. 从而导出

$$(x + V) + (y + V) = (x + y) + V + V \subset x + y + U.$$

最后, 注意到 $x + V$ 及 $y + V$ 分别为 x 与 y 的一个邻域基中的邻域 U_x 及 U_y, 因而可得 $U_x + U_y \subset U_{x+y}$, 也即 $x + y$ 是 (x, y) 的二元连续函数.

(2) $\forall x_0 \in E$, $\lambda_0 \in K$. 首先, 由 (1) 知 "加法" 是一个连续映射. 因此, 从关系式:

$$\lambda x - \lambda_0 x_0 = (\lambda - \lambda_0)x + \lambda_0(x - x_0)$$

可知, 只要分别证明 $\lambda_0 x$ 在 $x = \theta$ 的连续性, 以及 λx 在 $(0, x_0)$ 的二元连续性, 就可证得 λx 是 (λ, x) 的二元连续函数.

下面, 首先证明 $\lambda_0 x$ 在 $x = \theta$ 的连续性. 事实上, 由于对任意复数 λ_0, 有 $\lambda_0 = |\lambda_0|e^{i\theta}$, 而 $|e^{i\theta}| \leqslant 1$, 故从假设条件 (4), 我们不妨设 $\lambda_0 > 0$ ($\lambda_0 = 0$ 时显然结论成立). 这时, 由于 $\lambda_0 = [\lambda_0] + (\lambda_0)$ ($[\lambda_0]$, (λ_0) 分别为 λ_0 的 "整数部分" 与 "小数部分"), 因此, 从定理 2.2.9 的 (1) 的证法可知, 条件 (2) 可以导出: $\forall U \in \mathscr{U}_0$, $\exists V \in \mathscr{U}_0$, 使得

$$\underbrace{V + V + \cdots + V}_{([\lambda_0] + 1\,) \, \uparrow} \subset U.$$

从而, 由假设条件 (4), 又可找到 $W \in \mathscr{U}_0$, 使得当 $|\lambda| \leqslant 1$ 时, 有 $\lambda W \subset V$, 从而导出

$$\lambda_0 W = \{[\lambda_0] + (\lambda_0)\}W \subset [\lambda_0]W + (\lambda_0)W \subset [\lambda_0]V + V$$

$$\subset \underbrace{V + V + \cdots + V}_{([\lambda_0] + 1)\ \text{个}} \subset U,$$

即 $\lambda_0 x$ 在 $x = \theta$ 是连续的.

然后, 我们证明 αx 在 $(0, x_0)$ 的二元连续性. 事实上, $\forall U \in \mathscr{U}_0$, 由假设 (2) 可知, $\exists V \in \mathscr{U}_0$, 使得 $V + V \subset U$. 对此 V 而言, 由假设 (4) 又知 $\exists W \in \mathscr{U}_0$, 使得当 $|\lambda| \leqslant 1$ 时, 有 $\lambda W \subset V$.

最后, 再由假设 (3) 可知 W 是吸收的. 因此, 对上述元 x_0, $\exists \delta_0 > 0$, 使得当 $|\alpha| \leqslant \delta_0$ 时, 均有 $\alpha x_0 \in W$. 这样一来, $\forall \lambda \in K$, 只要 $|\lambda| \leqslant \min(1, \delta_0)$, 则由 $\dfrac{|\lambda|}{\delta_0} < 1, |\lambda| < 1$ 及上面 W 的取法, 我们可以导出

$$\lambda(x_0 + W) = \frac{\lambda}{\delta_0}(\delta_0 x_0) + \lambda W \subset \frac{\lambda}{\delta_0} W + \lambda W \subset V + V \subset U,$$

即 λx 在 $(0, x_0)$ 处是二元连续的. □

注 2.2.17　在定理 2.2.16 中, 条件 (1) 是不可少的. 例如, 若我们在实平面中定义拓扑如下: 其上开集为 "所有以原点为心的同心圆". 如图 2.2 所示. 那么, 此线性空间是满足条件 (2), (3) 和 (4) 的, 但是不满足 "加法的连续性". 事实上, 只要取每一个点 $P \neq 0$, 考虑其与 $-P$ 点的加法运算, 就知它是不连续的. 因为, 只要取 $P + (-P) = 0$ 点的任一半径小于 $|P|$ 的同心圆 U_0, 就找不到点 P 及 $-P$ 的邻域, 满足它们的和含于 U_0 之中.

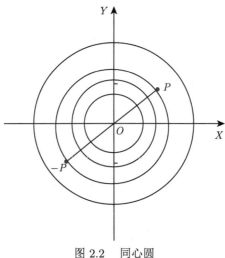

图 2.2　同心圆

作为本节的最后, 我们直接给出下面两个定理, 其证明留给读者自行完成.

定理 2.2.18 如果 E 是线性拓扑空间, 那么

(1) 若 $E_0 \subset E$ 是线性子空间, 则 $\overline{E_0}$ 也是线性子空间;

(2) 若 E_0 同上, 则 E_0 在它的导出拓扑下也构成线性拓扑空间.

定理 2.2.19 (1) 设 E 是线性拓扑空间, $E_0 \subset E$ 是一线性子空间, 则商空间 E/E_0 在通常的 "商拓扑" 下, 即 E/E_0 的开集由形如 $U + E_0$ (U 为 E 的开集) 的集合所组成, 亦构成一个线性拓扑空间. 此外, E/E_0 是 T_2 空间的充要条件是 E_0 为闭集.

(2) 设 $E_\lambda (\lambda \in \Lambda)$ 为一族线性拓扑空间, 则积空间 $E = \prod\limits_{\lambda \in \Lambda} E_\lambda$ 在通常的乘积拓扑下, 亦构成一线性拓扑空间.

注意, 在定理 2.2.19 的 (1) 后半段命题证明中, 需要使用注 2.2.13 以及结论: 若线性拓扑空间 E 在 θ 点的一个邻域基为 $\mathscr{U}_0$, 且 E 是 T_2 空间, 则必有:

$$\bigcap \{U \mid U \in \mathscr{U}_0\} = \{\theta\}.$$

练习题 2

2.1 证明例 2.2.5 中的 "Schatz 的苹果" A 满足性质: 当 $K = \mathbb{R}$ (实数域) 时, 虽然 A 为吸收集, 但却不存在任何吸收集 B, 使得 $B + B \subset A$.

2.2 在平面中举出两个集 A, B, 使得

$$A + A \neq 2A \quad \text{和} \quad B + B = 2B.$$

2.3 验证运算法则 2.2.11 中的五条性质.

2.4 验证在线性拓扑空间中有以下性质:

(i) 若 G 为 θ 的邻域, 则 $G \pm G$ 亦是 θ 的邻域.

(ii) 若集 S 含有内点, 则 $S - S$ 必为 θ 的邻域.

(iii) $\overline{\overline{A} + \overline{B}} = \overline{A + B}$ (故当 $\overline{A} + \overline{B}$ 为闭集时, 则其为 $\overline{A + B}$).

(iv) 若 A 是非空闭集, 则有 $A + \overline{\{\theta\}} = A$.

(v) 举例说明, A 不闭时, 在 T_1 空间或非 T_1 空间中, 上面的 (iv) 未必成立. (提示: $\mathbb{R}^2$ 在拟范 $\|(x, y)\|^\triangle = |x|$ 下为非 T_1 的线性拓扑空间).

2.5 试举一例说明: 注 2.2.13 不能换为

$$\overline{A} = \bigcap \{G \mid G \text{为开集}, G \not\supseteq A\},$$

即使 A 是空间的稠子集也不行.

2.6　证明在线性拓扑空间中有以下性质:

(i) $na \to \theta \, (n \to \infty) \Leftrightarrow a \in \overline{\{\theta\}}$;

(ii) 若 $|\lambda_n| \geqslant 1 \, (n \in \mathbb{N})$, 有 $\lambda_n a \to \theta \, (n \to \infty)$, 则 $a \in \overline{\{\theta\}}$;

(iii) $\forall \{\lambda_n\} \subseteq K$, 若有 $a \in \overline{\{\theta\}}$, 则 $\lambda_n a \to \theta \, (n \to \infty)$.

2.7　在线性拓扑空间 E 中证明以下关系是等价的:

(i) E 满足 T_0 公理;

(ii) $\{\theta\}$ 是闭集;

(iii) $\forall a \neq \theta$, 存在 θ 的邻域 U, 使得 $a \notin U$.

2.8　验证推论 2.2.15.

2.9　验证定理 2.2.18 及定理 2.2.19.

2.10　试证: 在一维的复线性空间中, 其均衡集必为吸收的凸集.

2.11　试举一反例说明, 练习 2.10 的结论对于维数大于 1 的复线性空间未必成立.

第 3 讲　线性拓扑空间上的连续线性泛函 (映射)

3.1　线性泛函连续的几个充要条件

下面, 我们来讨论线性拓扑空间中线性泛函的连续性问题. 首先, 不难导出一个定理:

定理 3.1.1　设 E, F 是线性拓扑空间, $T : E \to F$ 是线性算子, 则 T 在 E 上连续的充要条件是 T 在 E 的某一点连续.

对于线性泛函 (即 F 是实数域或复数域) 而言, 我们有下面有用的结论:

定理 3.1.2　设 f 是线性拓扑空间 E 上的线性泛函, $f \neq 0$ (零泛函). 那么, f 在 E 上连续的充要条件是其满足以下其中一个假设:

(1) $N(f) = \{x \mid f(x) = 0, x \in E\}$ 是一个闭集;

(2) $N(f)$ 不稠于 E;

(3) 存在 θ 的一个邻域 U, 使得 f 在 U 上的值 $f(U)$ 是有界的.

证明　我们证明的路线是:

f 在 E 上连续 $\Rightarrow$ (1) $\Rightarrow$ (2) $\Rightarrow$ (3) $\Rightarrow$ f 在 E 上连续.

事实上, 若 f 在 E 上连续, 则闭集 $\{0\} \subset K$ 的原像 $f^{-1}(\{0\}) = N(f)$ 必是闭集, 从而导出 (1). 又因为 $f \neq 0$, 故 (1) 显然导出 (2). 再注意到定理 2.2.1 及推论 2.2.10, 由 (2) 可知, $\exists x_0 \in E$ 及一个均衡的 θ 点邻域 W, 使得

$$(x_0 + W) \cap N(f) = \varnothing. \tag{3.1}$$

因此, 若 $f(W)$ 不是有界的, 由 W 的均衡性, 我们可知: $\forall \alpha \in K$, 若 $x_1 \in W$ 使得 $|\alpha| < |f(x_1)|$, 则有 $x_2 = \dfrac{\alpha}{f(x_1)} x_1 \in W$. 因此有 $f(x_2) = \alpha$, 也即导出 $f(W) = K$. 这样一来, 必存在一点 $y \in W$, 使得 $f(x_0 + y) = 0$, 从而与式 (3.1) 矛盾. 此即导出了 (3).

最后, 由 (3) 导出 f 在 E 上的连续性. 根据 (3) 的假设, 存在 θ 的一个邻域 U, 使得 $|f(U)| < \beta_0$. 那么, 由定理 2.2.1 可知, $\forall \varepsilon > 0, V = \dfrac{\varepsilon}{\beta_0} U$ 亦为 θ 的一个邻域, 且由 f 的齐性知, $|f(V)| < \varepsilon$. 这说明 f 在 θ 点是连续的. 再由定理 3.1.1, 可知 f 是 E 上的连续泛函. $\qquad\Box$

注 3.1.3 通过平移变换可知, 若将定理 3.1.2 中的集合 $N(f)$ 换为集合 $N_{\alpha_0} = \{x \mid f(x) = \alpha_0, x \in E\}$ (其中 α_0 为常数), θ 换为某元 x_0, 则相应结论仍成立.

注 3.1.4 类似可证: 对于从线性拓扑空间 E 到 F 的线性算子 T 而言, 若定理 3.1.2 中相应的假设 (3) 成立, 则 T 是连续的. 但是反过来, 只有当 F 在 θ 点具有 "有界" 邻域时 (集的有界性定义参看定义 3.2.1), 相应结论才是正确的. 否则, 例如空间 s 到自身上的恒等变换 I 显然是连续的, 但不是有界的. 而当定理 3.1.2 中的 (1), (2) 成立时, T 未必连续, 一个反例是取 $C[0,1]$ 中多项式全体所成的子空间, 并将 T 取为微分算子 $\dfrac{d}{dt}$.

定理 3.1.5 设 E 是线性拓扑空间, f 是 E 上的线性泛函, 那么, f 在 E 上连续的充要条件是其满足以下其中一个假设:

(1) $\mathrm{Re}.f(x)$(即 $f(x)$ 的实部) 在 E 上连续;

(2) 存在连续凸泛函 $p(x)$, 使得 $|f(x)| \leqslant p(x), \forall x \in E$;

(3) 存在非空开集 G, 使得 $f(G) \neq K$(数域).

证明 首先, 假设条件 (1) 是 f 在 E 上连续的充要条件是明显的, 只要注意到关系式:
$$f(x) = \mathrm{Re}.f(x) - i\mathrm{Re}.f(ix) \quad (x \in E),$$
我们就可以导出结论.

然后, 我们证明 f 的连续性与假设 (2), (3) 是等价的. 事实上, 若 f 在 E 上连续, 则 $p(x) = |f(x)|$ 显然为一个连续凸泛函, 从而导出了 (2). 而当 (2) 成立时, 由 $p(x)$ 的连续性知 $\exists U \in \mathscr{U}$, 使得 $|p(U)| < 1$. 从而有 $|f(U)| < 1$, 当然 $f(U) \neq K$, 由此导出了 (3). 最后, 当 (3) 成立时, 则知: $\exists \alpha_0 \in K$, 使得 $f^{-1}(\alpha_0) \cap G = \varnothing$. 因此, $f^{-1}(\alpha_0)$ 不稠于 F, 也即集 $N_{\alpha_0} = \{x \mid f(x) = \alpha_0, x \in E\}$ 不稠于 E. 由此, 由注 3.1.3 可知, f 是在 E 上连续的. $\qquad\square$

下面我们给出一个十分有意义的例子:

例 3.1.6 在平面上, 我们定义 "拟范数"(简称拟范) 如下:
$$\|u\| = \|(x,y)\|^{\triangle} = |x| \quad (u = (x,y) \in \mathbb{R}^2).$$
在此拟范下的线性拓扑空间记为 E. 在 E 上, 定义线性泛函:
$$f_0(u) = y, \quad u = (x,y) \in E.$$
那么, 显然有
$$N(f_0) = \{x \text{ 轴上的所有点}\}.$$
然而, $N(f_0)$ 在 E 上不是闭的. 事实上, $\forall u = (x,y) \in E$, 当令 $(x,0) = u_0$ 时, 显然有 $u_0 \in N(f_0)$, 并且还有

$$d(u, u_0) = \|u - u_0\|^{\triangle} = \|(0, y)\|^{\triangle} = 0,$$

故知 $u \in \overline{N(f_0)}$. 由此导出 $N(f_0) \neq \overline{N(f_0)} = E$. 因此由定理 3.1.2可知, $f_0(u)$ 在 E 上不是连续的.

注 3.1.7 由例 3.1.6, 我们特别需要留心的是: ① 当我们考虑一个线性泛函是否连续时, 除了该泛函形式外, 还取决于其定义的空间上的拓扑结构; ② 在一般拓扑结构下, 有限维线性子空间未必是闭的. 当然, 当空间满足 T_2 公理时, 则结论是肯定的.

3.2 线性泛函的有界性与连续性关系

下面, 为了介绍线性拓扑空间中线性泛函的有界性与连续性关系, 我们先介绍几个定义 (见文献 [6]):

定义 3.2.1 设 E 为线性拓扑空间, $A, B \subset E$, 我们称 A **被** B **吸收**, 是指: $\exists \delta_0 > 0$, 使得当 $|\lambda| \leqslant \delta_0$ 时, 有 $\lambda A \subset B$. 集 $M \subset E$ 称为**有界**的, 是指 M 可以被 θ 元的任意邻域吸收.

注 3.2.2 不难验证, 在线性拓扑空间中, 对于"有界集", 下列运算仍是保持其有界性的:

(1) 有限个之"和";

(2) 有限个之"交";

(3) 数乘;

(4) 平移;

(5) 闭包;

(6)"均衡包" $\left(\text{即对 } M, \text{ 作集 } B = \bigcup\limits_{|\alpha| \leqslant 1} \alpha M\right)$.

而且, 下列集合必为有界集:

(i) 有限集;

(ii) 有限集的凸包;

(iii) 紧集.

但需注意, 除了所谓"局部凸"的空间外, 一般来说, 任意有界集的"凸包"未必是有界的. 例如, 在后续的 6.2 节中, 我们将介绍一类特殊的空间 L^{β} [或 l^{β}] $(0 < \beta < 1)$, 在这些空间中, 我们可以找到具体的反例来证明这一点.

定义 3.2.3 线性拓扑空间 E 到 F 内的线性算子 T 称为是有界的, 是指 T 将 E 内的任意有界集映射为 F 内的有界集. 特别地, 当 $F = K$ (数域) 时, 则称其为**有界线性泛函**.

引理 3.2.4 设 M 为线性拓扑空间 E 内的非空有界集, 那么, $\forall\{\varepsilon_n\}\subset K$, $\{x_n\}\subset M$, 若有 $\varepsilon_n\to 0$, 则有 $\varepsilon_n x_n\to\theta\,(n\to\infty)$. 反之, 若 $\forall\{x_n\}\subset M$, 有 $\frac{1}{n}x_n\to\theta\,(n\to\infty)$, 则 M 必为有界集.

证明 先证前半命题. 显然, 当 M 为有限集时, 由线性拓扑空间里 "数乘" 的连续性, 该结论是显然的. 现设 M 为无限集, 并设 $\forall\{x_n\}\subset M$, $\{\varepsilon_n\}\subset K$, $\varepsilon_n\to 0$. 那么, 因为 M 为有界集, 故对 θ 的每一个邻域 U, $\exists\delta_0>0$, 使得当 $|\lambda|\leqslant\delta_0$ 时, 有 $\lambda M\subset U$. 因此, 特别有 $\lambda\{x_n\}\subset U$. 此即: 当 $|\lambda|\leqslant\delta_0$ 时, 均有 $\{\lambda x_n\}\subset U$. 对于上述 $\delta_0>0$, 取自然数 N, 使得当 $n\geqslant N$ 时, 有 $|\varepsilon_n|\leqslant\delta_0$, 由上则导出 $\varepsilon_n x_n\in U$. 注意到 U 的任意性, 此即导出 $\varepsilon_n x_n\to\theta\,(n\to\infty)$.

为证后半命题, 我们用反证法. 假设 M 不是有界集, 则必存在 θ 的某个邻域 U_0, 其不能吸收 M. 由定理 2.2.9, 存在 θ 的均衡邻域 $W_0\subset U_0$, 从而 W_0 也不能吸收 M. 由此可知

$$\frac{1}{n}M\not\subset W_0,\quad\forall n\in\mathbb{N}.$$

事实上, 只要有某自然数 n_0, 使得 $\frac{1}{n_0}M\subset W_0$, 则由 W_0 的均衡性可知, 只要数 λ 满足 $|\lambda|\leqslant\frac{1}{n_0}$, 就有

$$\lambda M=(n_0\lambda)\cdot\frac{1}{n_0}M\subset(n_0\lambda)W_0\subset W_0,$$

从而 W_0 吸收了 M, 与原假设矛盾. 这样一来, 我们可取一序列 $\{x_n^0\}\subset M$, 其满足

$$\frac{1}{n}x_n^0\notin W_0\quad(n\in\mathbb{N}).$$

此与假设 $\frac{1}{n}x_n^0\to\theta\,(n\to\infty)$ 矛盾! □

注 3.2.5 上述引理对于准范有界集不一定成立, 反例: 全空间 s 是准范有界的, 但对于 $\{nx\}\subset s$, 其中 $x\neq\theta$, $x=\frac{1}{n}nx\nrightarrow\theta$.

作为引理 3.2.4 的应用, 也为了以后 5.1 节的需要, 我们给出一个推论.

推论 3.2.6 设 B 为线性拓扑空间 E 内的有界集, $B\not\subset\overline{\{\theta\}}$, $\alpha,\beta\in K$, 那么

$$\alpha B\subset\beta B\Rightarrow|\alpha|\leqslant|\beta|.$$

证明 反之, 若存在 $\alpha,\beta\in K$ 满足 $\alpha B\subset\beta B$, 但是 $|\alpha|>|\beta|$. 因为 $B\subset\frac{\beta}{\alpha}B$,

并且由此可以导出

$$\frac{\beta}{\alpha}B \subset \left(\frac{\beta}{\alpha}\right)^2 B, \cdots, \left(\frac{\beta}{\alpha}\right)^{n-1} B \subset \left(\frac{\beta}{\alpha}\right)^n B.$$

从而有

$$B \subset \left(\frac{\beta}{\alpha}\right)^n B, \quad \text{对于任意的 } n \in \mathbb{N} \text{ 均成立}.$$

则对 θ 的每一个邻域 U, 当 n 充分大时有 $\left(\frac{\beta}{\alpha}\right)^n B \subset U$. 从而有

$$B \subset \bigcap_{U \in \mathscr{U}} U = \overline{\{\theta\}}.$$

与假设矛盾. □

根据引理 3.2.4, 我们可以直接推导出以下关于线性算子连续性与有界性关系的定理:

定理 3.2.7　设 T 是从线性拓扑空间 E 到 F 内的线性算子, 若 T 连续, 则 T 是有界的.

证明　由定义可知, 需证明: 对 E 内每一个有界集 M, $T[M]$ 亦为 F 内的有界集. 下面, 我们就来证明这一事实.

$\forall \{y_n\} \subset T[M]$, 存在序列 $\{x_n\} \subset M$, 使得 $T(x_n) = y_n$. 由于 M 是有界集, 故由引理 3.2.4, 我们有

$$\frac{1}{n}x_n \to \theta \quad (n \to \infty).$$

注意到线性算子 T 是连续的假设, 由此即导出

$$\frac{1}{n}y_n = \frac{1}{n}T(x_n) \to \theta \quad (n \to \infty).$$

再次用引理 3.2.4, 可以导出 $T[M]$ 是 F 内的有界集. □

注 3.2.8　定理 3.2.7 的逆命题未必成立. 例如, 在赋范线性空间 E 中, 我们易知, 其按拓扑有界与按范数有界是等价的. 考察由它的 "弱" 拓扑所成的线性拓扑空间 "E(弱)" 到 E 上的恒等算子 I. 从 "共鸣定理" 可知, 其将弱有界集变为有界集. 然而 E 中序列的弱收敛未必等价于强收敛, 从而即知 I 是有界而未必是连续的线性算子.

如果对于拓扑空间 E 中每一点 x, 均存在其 "可数" 的邻域基 $\mathscr{U}_x$, 我们则称 E 满足 "第一可数公理", 常记为 "A_1 公理".

定理 3.2.9　设 E 是满足 "第一可数公理" A_1 的线性拓扑空间, f 是 E 上的线性泛函, 那么 f 连续的充要条件是 f 有界.

证明　必要性. 由定理 3.2.7 可得.

充分性. 反之, 设 f_0 为有界线性泛函, 但其不是连续的. 那么, 由于 E 满足 A_1 公理, 故存在 E 中 θ 点的一列均衡邻域基 $\{V_n\}$, 使得

$$V_1 \supset V_2 \supset \cdots \supset V_n \supset \cdots.$$

由定理 3.1.2 可知, $f_0(x)$ 在每个 V_n 均是无界的, 即

$$\exists x_n \in V_n, \text{ 使得} |f_0(x_n)| \geqslant n. \tag{3.2}$$

但注意到, 此时有 $x_n \to \theta (n \to \infty)$, 故由引理 3.2.4 可知, $\{x_n\}$ 应为 E 的有界集. 再由 f_0 的有界性假设, 则可导出 $\{f_0(x_n)\}$ 亦为有界数集. 但此显然与 (3.2) 式矛盾. □

3.3　商映射、投影及内射映射

在本节中, 我们将探讨与商空间和积空间相关的线性连续映射.

定理 3.3.1　设 E 是一个线性拓扑空间, $E_0 \subset E$ 为线性子空间, φ 是从 E 到商空间 E/E_0 上的 "商映射", 即 $\varphi(x) = x + E_0, \forall x \in E$. 那么, φ 必是线性连续算子, 并且还是 "开算子", 即将开集变为开集. 此外, 从商空间 E/E_0 到任意拓扑空间 F 内的算子 A 是连续的 (开的) 充要条件是: 从 E 到 F 内的复合算子 $A \circ \varphi$ 是连续的 (开的).

证明　首先, 显然 φ 是线性的. 并且, 对于 E/E_0 中的开集 G, 由定理 2.2.19 中关于商空间拓扑的定义, 我们知 $\varphi^{-1}(G)$ 亦是 E 中的开集, 因而导出 φ 是连续的.

其次, 对 E 中的开集 G, 由于

$$\varphi(G) = \{[x] \mid x \in G\} = \{x + E_0 \mid x \in G\} = G + E_0,$$

因此, 同样直接由定义可知其为 E/E_0 中的开集, 也即 φ 为开算子.

最后, 设 A 将 E/E_0 映射到拓扑空间 F 内, 且 O 为 F 内的开集. 那么, 为了使 A 是连续的当且仅当 $A^{-1}(O)$ 为 E/E_0 中的一个开集. 由商拓扑定义, 此等价于 $\varphi^{-1}[A^{-1}(O)]$ 是空间 E 中的一个开集, 也即 $(A \circ \varphi)^{-1}(O)$ 是 E 内的开集. 从而, 等价于说 $A \circ \varphi$ 是连续的. 类似地, 由上面 φ 是开的连续映射, 不难导出 A 是开映射的充要条件是 $A \circ \varphi$ 是开映射. 因而导出定理所需的全部结论. □

为了介绍与积空间有关的线性映射的连续性, 我们先来介绍下面的定义:

定义 3.3.2 设 Λ 是非空指标集, 线性拓扑空间 $E_\lambda (\lambda \in \Lambda)$ 的 "积空间" 记为 $E = \prod\limits_{\lambda \in \Lambda} E_\lambda$, 映射 $J_{\lambda_0}: (x_\lambda)_{\lambda \in \Lambda} \mapsto x_{\lambda_0}$, 称为积空间 E 到 E_{λ_0} 的**投影**. E 的子空间 "直接和" 记为 $E_0 = \sum\limits_{\lambda \in \Lambda} E_\lambda$ (E_0 为 E 中仅有 "有限个坐标元非 θ" 的元所组成), 映射 $I_{\lambda_0}: x_{\lambda_0} \mapsto (x_\lambda)_{\lambda \in \Lambda}$, 其中 $x_\lambda = x_{\lambda_0}$, 当 $\lambda = \lambda_0$ 时; $x_\lambda = \theta$, 当 $\lambda \neq \lambda_0$ 时, 称为 E_{λ_0} 到直接和 E_0 的**内射**.

类似地, 注意到线性拓扑空间的积空间定义及上面的定义, 我们不难导出下面的命题:

定理 3.3.3 对于任意的 $\lambda \in \Lambda$, 投影 J_λ 是开的、连续线性映射, 内射映射 I_λ 为 E_λ 到直接和 $E_0 = \sum\limits_{\lambda \in \Lambda} E_\lambda$ 的一个子空间上的拓扑同胚线性映射.

推论 3.3.4 设 T 为线性拓扑空间 E 到线性拓扑积空间 $E_1 = \prod\limits_{\lambda \in \Lambda} E_\lambda^{(1)}$ 内的线性算子, 其定义为 $[T(x)]_\lambda = J_\lambda[T(x)] (\lambda \in \Lambda)$. 那么, T 连续的充要条件是相应的每个 $T_\lambda = J_\lambda \circ T$ 都是连续的; 而如果 $\forall U \in \mathscr{U}$ (E 在 θ 点的邻域族), $\exists \lambda \in \Lambda$ 和 $V_\lambda \subset \mathscr{U}_\lambda^{(1)} (E_\lambda^{(1)}$ 空间之邻域族), 使得 $T_\lambda^{-1}[V_\lambda] \subset U$, 那么 T 就是 "相对开" 算子. 即 T 将开集变为 $T(E)$ 中的相对开集 $[(E_1$ 中开集$) \cap T(E)]$.

练 习 题 3

以下均设 E, F 为线性拓扑空间.

3.1 证明: 线性泛函 f 连续的充要条件是 $|f|$ 连续.

3.2 证明: 如 E 满足 T_0 公理, 则当 $\dim(N(f))$ 是有限维时, 线性泛函 f 必为连续的, 其中 $N(f) = \{x \mid f(x) = 0, x \in E\}$.

3.3 试举例证明: 当 $\dim(N(f)) \geqslant \aleph_0$ 时, 即使 $N(f)$ 包含一个闭的无穷维线性子空间, 线性泛函 f 也未必连续.

3.4 验证注 3.2.2.

3.5 证明: E 的线性子空间 E_0 是有界的充要条件是 $E_0 \subset \overline{\{\theta\}}$. 因此, 对满足 T_0 公理的线性拓扑空间而言, 除 θ 外, 将不存在有界的线性子空间.

3.6 证明 E 中集 M 有界的充要条件是: 它的所有可数个元所构成的子集均是有界的.

3.7 证明: 任意 Cauchy 点列 $\{x_n\}$ 均是有界集; 但是对于 "广义 Cauchy 点列"("Cauchy 网") $\{x_\delta \mid \delta \in \Delta\}$ 而言 [也即, 这里 Δ 是一半序定向集, 满足条件: $\forall U \in \mathscr{U}, \exists \delta_U \in \Delta$, 使得对任意 $\delta' > \delta_U, \delta'' > \delta_U$, 均有 $x_{\delta'} - x_{\delta''} \in U$] 却未必正确.

3.8　试作一个赋准范空间, 满足按准范意义下的 "距离" 的有界集, 并非由此距离导出拓扑下的有界集.

3.9　E 中的集 S 称为 "拟有界" 的, 是指: 对 θ 的每一邻域 U, 对应一个 $n \in \mathbb{N}$, 使得

$$S \subset \underbrace{U + U + \cdots + U}_{n\text{个}}.$$

试验证:

(i) 有界集必为拟有界的;

(ii) E 到 F 内的连续线性算子保持拟有界性质;

(iii) 试举出一个拟有界但不是有界集的例子.

3.10　设 E 到 F 内的线性映射 T 具有性质: 存在 F 中一有界集 M_1 使得 $T^{-1}[M_1]$ 具有内点. 证明 T 是连续的.

3.11　(i) 证明若从 E 到 F 内的线性映射 T 具有性质: 对 F 中每一个非空开集 G_1, $T^{-1}(G)$ 均具有内点, 则 T 是连续的.

(ii) 试举一个反例说明 (i) 中的 T 若不是线性的, 则结论未必正确.

3.12　举一个反例说明, 即使在赋准范空间中, 连续线性算子也可能将 θ 点的所有邻域均映为无界.

3.13　设 $\{T_\lambda \mid \lambda \in \Lambda\}$ 为 E 到 F 内的一族线性算子, 我们称其为 "等度连续" 的, 是指: $\forall V_1 \in \mathscr{U}_1, \exists U \in \mathscr{U}$ (这里, $\mathscr{U}$, $\mathscr{U}_1$ 各为 E 及 F 内 θ 点的邻域族), 使得一致有: $T_\lambda[U] \subset V_1, \forall \lambda \in \Lambda$.

(i) 试证: 若 $\forall V_1 \in \mathscr{U}_1$, 集 $\bigcap\{T_\lambda^{-1}[V_1] \mid \lambda \in \Lambda\}$ 均具有内点, 则 $\{T_\lambda \mid \lambda \in \Lambda\}$ 是等度连续的.

(ii) $\{f_n\}$ 是一连续线性泛函列, 且有

(a) $\{f_n(x)\}$ 是逐点有界数列 ($\forall x \in E$);

(b) 映射 $T: x \mapsto \{f_n(x)\}$ 是从 E 到 ℓ^∞ 空间内的连续映射.

试证: $\{f_n\}$ 是等度连续的.

(iii) 试证: 对连续线性泛函列 $\{f_n\}$ 而言, (ii) 中的假设 (a), (b) 亦为其是等度连续的必要条件.

(iv) 若 $\{T_\lambda \mid \lambda \in \Lambda\}$ 是一等度连续线性算子族, 而 T 为 E 到 F 内的一连续线性算子, 试证: $\{(T_\lambda + T) \mid \lambda \in \Lambda\}$ 亦是等度连续的.

(v) 试证: 当等度连续的可加泛函列 $\{f_n\}$ 在 E 的某个稠子集上收敛时, 则必在全空间 E 上收敛.

第 4 讲 赋准范空间

4.1 线性拓扑空间的赋准范性

为了介绍一个线性拓扑空间 E 能成为一个 "赋准范" 空间 (即: E 内可定义一个 "准范", 并且, 该 "准范" 所导出的拓扑与原拓扑是等价的) 的充要条件, 我们首先介绍一个引理.

引理 4.1.1 对于集 M 中具有 "A_1 公理"(第一可数公理) 的两个拓扑 $\mathscr{T}_1$, $\mathscr{T}_2$ 而言, 其等价的充要条件是它们序列的收敛性相同, 即: $x_n \xrightarrow{\mathscr{T}_1} x \Leftrightarrow x_n \xrightarrow{\mathscr{T}_2} x$.

证明 事实上, 我们仅需要证明下面的结论: 若 M 有两个拓扑 $\mathscr{T}_1$, $\mathscr{T}_2$, 且 $\mathscr{T}_2$ 满足 A_1 公理, 那么 $\mathscr{T}_2$ 强于 $\mathscr{T}_1$ 的充要条件是

$$x_n \xrightarrow{\mathscr{T}_2} x \Rightarrow x_n \xrightarrow{\mathscr{T}_1} x.$$

下面, 我们证明这一事实.

必要性. 设 $x_n \xrightarrow{\mathscr{T}_2} x$, 因此, 对 x 的每一个 $\mathscr{T}_2$ 下的开邻域 $V_x^{(2)}$, 存在 $N \in \mathbb{N}$, 使得当 $n \geqslant N$ 时, 均有 $x_n \in V_x^{(2)}$. 由于拓扑 $\mathscr{T}_2$ 强于 $\mathscr{T}_1$, 因而对于 x 的每一个 $\mathscr{T}_1$ 下的开邻域也有上面的性质, 此即 $x_n \xrightarrow{\mathscr{T}_1} x$.

充分性. 反之, 若 $\mathscr{T}_2$ 不强于 $\mathscr{T}_1$, 则有 $\mathscr{T}_1$ 下的某点 x_0 的一个开邻域 $G_{x_0}^{(1)}$, 其内部不含有 $\mathscr{T}_2$ 下的 x_0 的开邻域. 注意到 M 在拓扑 $\mathscr{T}_2$ 下满足 A_1 公理, 因而对点 x_0, 必存在 $\mathscr{T}_2$ 拓扑的可数局部邻域基:

$$V_1^{(2)} \supset V_2^{(2)} \supset \cdots \supset V_n^{(2)} \supset \cdots$$

使得

$$\exists x_n \in V_n^{(2)}, \text{且对于任意 } n, \text{有 } x_n \notin G_{x_0}^{(1)}.$$

故

$$x_n \xrightarrow{\mathscr{T}_2} x_0 \quad (n \to \infty).$$

而由假设, 应有 $x_n \xrightarrow{\mathscr{T}_1} x_0$ $(n \to \infty)$. 此与对任意的 n 有 $x_n \notin G_{x_0}^{(1)}$ 矛盾. $\square$

定理 4.1.2 (角谷静夫 (Kakutani)) 线性拓扑空间 E 能成为一个赋准范空间的充要条件是: E 满足 T_0 公理及 A_1 公理.

证明　必要性是明显的, 因为在准范 "$\|\cdot\|^*$" 定义的距离 $d(x,y)=\|x-y\|^*$ 下, E 成为一个距离线性空间, 而距离空间当然是满足 T_0 公理及 A_1 公理的.

下面, 我们来证明定理的充分性. 首先, 由于 E 满足 A_1 公理, 因此, 我们可以取 θ 点的一个 "可数" 开邻域基为 $\{V_n \mid n=0,1,2,\cdots\}$, 然后下面将该 "准范" 构造出来.

我们先令 $U_1=V_0$. 设 θ 点的邻域族为 $\mathscr{U}$, 由定理 2.2.9 可知, 存在一个邻域 $G\in\mathscr{U}$, 使得 $G+G\subset U_1$. 而由邻域性质还知, 存在邻域 $W\in\mathscr{U}$, 使得 $W\subset V_1\cap G$. 进一步, 由定理 2.2.1, $-W\in\mathscr{U}$. 由此, 存在邻域 $U_{\frac{1}{2}}\in\mathscr{U}$, 使得

$$U_{\frac{1}{2}}=W\cap(-W).$$

由此则有

$$U_{\frac{1}{2}}+U_{\frac{1}{2}}\subset W+W\subset G+G\subset U_1,$$
$$U_{\frac{1}{2}}\subset W\subset V_1,$$
$$-U_{\frac{1}{2}}=U_{\frac{1}{2}}.$$

类似地, 由归纳法, 我们便可得到一列邻域 $\{U_{\frac{1}{2^n}}\}$, 其满足以下条件:

$$U_{\frac{1}{2^n}}+U_{\frac{1}{2^n}}\subset U_{\frac{1}{2^{n-1}}},$$
$$U_{\frac{1}{2^n}}\subset V_n,$$
$$-U_{\frac{1}{2^n}}=U_{\frac{1}{2^n}}\quad(\forall n\in\mathbb{N}). \tag{4.1}$$

(注意: 上面证法中没有用到有关邻域的 "均衡性" 的概念.)

然后, 当有理数 $r>1$ 时, 我们令

$$U_r=E\ (全空间).$$

因为有理数 $r\in(0,1)$ 为有限二进位小数, 满足

$$r=\frac{\delta_1}{2}+\frac{\delta_2}{2^2}+\cdots+\frac{\delta_n}{2^n}\quad(其中\delta_k=0\ 或\ 1,k=1,\cdots,n),$$

由上面邻域则可定义出以 r 为下标的邻域如下:

$$U_r=\delta_1 U_{\frac{1}{2}}+\delta_2 U_{\frac{1}{2^2}}+\cdots+\delta_n U_{\frac{1}{2^n}}.$$

若类似还有

$$r'=\frac{\delta_1'}{2}+\frac{\delta_2'}{2^2}+\cdots+\frac{\delta_n'}{2^n},$$

那么, 由 (4.1) 可得

$$\delta_k U_{\frac{1}{2^k}} + \delta'_k U_{\frac{1}{2^k}} \subset U_{\left(\frac{\delta_k}{2^k} + \frac{\delta'_k}{2^k}\right)} \quad (1 \leqslant k \leqslant n, \forall n \in \mathbb{N}).$$

从而不难由归纳法导出, 对于任意两个上述形式的正有理数 r, r', 我们有

$$U_r + U_{r'} \subset U_{r+r'}, \quad -U_r = U_r. \tag{4.2}$$

并且, 上式当 r (或 r') $\geqslant 1$ 时, 也是正确的.

最后, 我们在 E 上定义一个非负泛函 $p(x)$ 如下:

$$p(x) = \begin{cases} \sup\{r \mid x \notin U_r, x \in E\}, & x \neq \theta, \\ 0, & x = \theta, \end{cases}$$

其中, $r \in P = \{$上述 $(0,1)$ 内有限二进位小数之全体$\}$ 或 r 为大于 1 的有理数.

由 $p(x)$ 的定义, 首先, 显然有: $p(x) \geqslant 0, \forall x \in E$. 并由 (4.1) 中的 $U_{\frac{1}{2^n}} \subset V_n$, 以及定理假设 E 满足 T_0 公理, 根据定理 2.2.12 可知, E 亦是 T_1 空间. 因此 $\forall x \neq \theta$, 必存在上述的某个 V_n, 使得 $x \notin V_n$. 由此, 我们便导出了 "准范" 定义中的第一条性质: $p(x) \geqslant 0, p(x) = 0 \Leftrightarrow x = \theta \, (\forall x \in E)$.

其次, 从 $p(x)$ 的定义知: 对任意非零的 $x_1, x_2 \in E$, 以及任意分别比 $p(x_1)$, $p(x_2)$ 大的且属于上述集 P 的有理数 $r_1 = p(x_1) + \varepsilon_1$, $r_2 = p(x_2) + \varepsilon_2$, 我们有

$$x_1 \in U_{r_1}, \quad x_2 \in U_{r_2}.$$

从而由 (4.2) 式, 有

$$x_1 + x_2 \in U_{r_1} + U_{r_2} \subset U_{r_1+r_2}.$$

再次由 $p(x)$ 的定义推出

$$p(x_1 + x_2) = \sup\{r \mid x_1 + x_2 \notin U_r\} \leqslant r_1 + r_2$$
$$= p(x_1) + p(x_2) + \varepsilon_1 + \varepsilon_2.$$

这样一来, 注意到 P 在正实轴上是稠的, 因而 P 上的数可以从右边充分接近 $p(x_1)$, $p(x_2)$. 也即由上式可以导出 "准范" 定义中的第二条性质:

$$p(x_1 + x_2) \leqslant p(x_1) + p(x_2), \quad \forall x_1, x_2 \in E.$$

并且, 已知 $p(x) \geqslant 0$, 从而上式当 x_1, x_2 取 θ 元时亦正确.

此外, 从 (4.2) 中关系 $-U_r = U_r$, 我们立即又有 $p(-x) = p(x)$ $(\forall x \in E)$.

最后, 我们令

$$d(x, \theta) = p(x), \quad \forall x \in E.$$

那么, 从上述 $p(x)$ 的性质可知 d 必为 E 上定义的 "距离", 并且在此拓扑下, E 是具有 A_1 公理的. 下面证明此拓扑必然与原线性空间的拓扑等价. 注意到 $p(x)$ 定义及 (4.1) 式, 有

$$p(x) < \frac{1}{2^n} \Rightarrow x \in U_{\frac{1}{2^n}} \Rightarrow x \in V_n \quad (\forall n \in \mathbb{N}).$$

由于 $\{V_n\}$ 为零点的邻域基, 故 $\{U_{\frac{1}{2^n}}\}$ 亦是, 从而

$$x \in U_{\frac{1}{2^n}} \Rightarrow p(x) \leqslant \frac{1}{2^n} \quad (\forall n \in \mathbb{N}).$$

由此即知, 在 $p(x)$ 距离下的拓扑与原定义的拓扑, $x \to \theta$ 的收敛性是相同的. 由定理 2.2.1, 以及这里定义的距离 d 是满足 "平移不变" 的, 可以导出: 对整个 E 而言, 两种拓扑下的收敛性是相同的. 因此, 由引理 4.1.1, 我们则导出该两拓扑是等价的. 并且, 由此可由线性拓扑空间关于 "数乘" 的连续性, 直接导出 $\forall x, x_n \in E, \alpha_n \in K, n \in \mathbb{N}$,

$$\lim_{\alpha_n \to 0} p(\alpha_n x) = 0, \quad \lim_{x_n \to \theta} p(\alpha x_n) = 0.$$

因此综合上面的结果, 可以推出 $p(x)$ 为 E 上定义的一个 "准范" 数. □

由以上定理, 我们不难得到下面的推论:

推论 4.1.3　如果线性拓扑空间 E 满足 T_0 公理且含有一个 "有界" 的 θ 点邻域, 那么 E 可成为赋准范空间.

证明　设 $V \in \mathscr{U}$ 为 E 的有界 θ 点邻域, 令

$$V_n = \frac{1}{n} V \quad (n \in \mathbb{N}).$$

那么, $\{V_n\}$ 必成为 E 在 θ 点的一组邻域基. 事实上, $\forall U \in \mathscr{U}$, 由于假设 V 是有界的, 因此, 必存在自然数 n, 使得 $V_n \subset U$. 这样一来, 即知 E 是满足 A_1 公理的, 从而直接由定理 4.1.2 可得所需结论. □

注 4.1.4　推论 4.1.3 的逆命题是不正确的. 事实上, 对于赋准范空间 s, 其范数定义为: $\|x\| = \sum_{k=1}^{\infty} \frac{1}{2^k} \frac{|\xi_k|}{1 + |\xi_k|}, \forall x = \{\xi_k\} \in s$, 它就不存在有界的 θ 点邻域. 否则, 由其吸收性, 可知空间 s 是有界的, 但从练习题 3.5 可知 $s \subset \overline{\{\theta\}} = \theta$, 而这显然是不可能的.

注 4.1.5 从定理 4.1.2 的证明中, 注意到 $U_{\frac{1}{2^n}}$ 可以取为都是均衡的, 因此, 不难看出对上述 P 中任意有理正数 r, U_r 也都是均衡的, 也即有

$$\lambda U_r \subset U_r \quad (|\lambda| \leqslant 1).$$

由此, 我们看到从定理 4.1.2 中所得到的是一种特殊的准范数 $\|x\|^* = p(x)$, 其满足性质: 对于所有的 $|\lambda| \leqslant 1$, 有

$$\|\lambda x\|^* \leqslant \|x\|^* \quad (x \in E). \tag{4.3}$$

由此我们不难直接导出: 当 $|\lambda_0| = 1$ 时, 有 $\|\lambda_0 x\|^* \leqslant \|x\|^*$; 以及 $\left\|\dfrac{1}{\lambda_0}(\lambda_0 x)\right\|^* \leqslant \|\lambda_0 x\|^*$. 也即有

$$\|\lambda_0 x\|^* = \|x\|^* \quad (|\lambda_0| = 1), \tag{4.4}$$

以及 $\forall\, 0 \leqslant \alpha \leqslant 1$, 有

$$\|\alpha x + (1 - \alpha)y\|^* \leqslant \|x\|^* + \|y\|^* \quad (x, y \in E). \tag{4.5}$$

由于人们常将由满足 (4.3) 式的准范数所决定的距离称为 "均衡距离", 因此我们不妨称此准范为 "均衡准范". 此外, 对于可以取 $+\infty$ 且满足以下性质的实泛函 $p(x)$:

1. 准范数的第一性质: $p(x) > 0$ 且 $p(x) = 0 \Leftrightarrow x = \theta$;
2. 满足式 (4.4) 和 (4.5),

人们称其为 "模数", 并将相应的空间称为 "模空间". 在某些文献中, 例如 Rolewicz 的著作 [3], 对 "模数" 的定义还额外要求满足以下性质: 若 $p(x) < +\infty$ 且 $\alpha_n \to 0$, 则 $p(\alpha_n x) \to 0$.

注 4.1.6 由定理 4.1.2 及注 4.1.4, 我们可以进一步导出以下结论: 在赋准范空间中, 原准范数可以与具有 "模数" 性质的新准范数等价. 这一结论也可以直接推导得出, 因为我们有下面的命题:

命题 4.1.7 设 E 是具有准范 $\|x\|^*$ 的赋准范空间, 那么, 对于任意的 $x \in E$, 定义

$$\|x\|_1^* = \sup_{|\lambda| \leqslant 1} \|\lambda x\|^*,$$

则 $\|\cdot\|_1^*$ 必为与 $\|\cdot\|^*$ 等价的 "均衡准范" 数 (从而还是一 "模数").

证明 根据准范的定义, 对于 E 中的每一个元素 x, $\|\lambda x\|^*$ 是 λ 的连续函数. 因此, 当 $|\lambda| \leqslant 1$ 时, $\|\lambda x\|^*$ 必能在某个点达到其上确界. 也就是说, 存在某个数 λ_0, 满足 $|\lambda_0| \leqslant 1$, 使得

$$\|x\|_1^* = \|\lambda_0 x\|^*.$$

从而 $\|x\|_1^*$ 的定义是合理的. 下面证明 $\|\cdot\|_1^*$ 确为 E 上一个准范数.

首先, 从定义可以看出, 当 $x = \theta$ 时, $\|x\|_1^* = 0$. 而当 $\|x\|_1^* = 0$ 时必有 $\|x\|^* = 0$, 从而 $x = \theta$. 并且显然还有 $\|x\|_1^* \geqslant 0$. 故 $\|\cdot\|_1^*$ 满足准范定义的第一性质.

其次, 对于任意 $x, y \in E$, 有

$$\|x + y\|_1^* = \sup_{|\lambda| \leqslant 1} \|\lambda(x+y)\|^* \leqslant \sup_{|\lambda| \leqslant 1} \|\lambda x\|^* + \sup_{|\lambda| \leqslant 1} \|\lambda y\|^*$$

$$= \|x\|_1^* + \|y\|_1^*.$$

故知 $\|\cdot\|_1^*$ 满足准范定义的第二性质.

再次, 显然有 $\|-x\|_1^* = \|x\|_1^*$. 并且 $\forall x \in E$ 及 $\forall \{\alpha_n\} \subset K, \alpha_n \to 0 \, (n \to \infty)$, 由于 $\{\lambda \in K \mid |\lambda| \leqslant 1\}$ 是 K 中的紧集, $\|\lambda y\|^*$ 是 λ 的连续函数 $(\forall y \in E)$. 因而, $\forall n, \exists \beta_n$, 使得 $|\beta_n| \leqslant 1$, 且有

$$\|\beta_n \alpha_n x\|^* = \|\beta_n(\alpha_n x)\|^* = \sup_{|\lambda| \leqslant 1} \|\lambda(\alpha_n x)\|^* = \|\alpha_n x\|_1^*.$$

因而由 $\|\cdot\|^*$ 的准范性 (注意 $\beta_n \alpha_n \to 0$), 立即得到

$$\|\alpha_n x\|_1^* \to 0 \quad (n \to \infty).$$

类似地, $\forall \alpha \in K$, 以及 $\forall \{x_n\} \subset E, x_n \to \theta \, (n \to \infty)$, 存在数列 $\{\lambda_n\} \in K$, 使得

$$\|\lambda_n \alpha x_n\|^* = \sup_{|\lambda| \leqslant 1} \|\lambda(\alpha x_n)\|^* = \|\alpha x_n\|_1^*$$

及 $|\lambda_n \alpha| \leqslant |\alpha|$. 由 $\|\cdot\|^*$ 的数乘连续性和数域 K 里的有界数列必有收敛子列可得 $\|\alpha x_n\|_1^* \to 0 (n \to \infty)$. 综上, 可以得到 $\|\cdot\|_1^*$ 确是一个准范数.

$\|\cdot\|_1^*$ 是一均衡准范数也是显然的. 事实上, 我们只要注意到当 $|\alpha| \leqslant 1$ 时, 从定义直接可得

$$\|\alpha x\|_1^* = \sup_{|\lambda| \leqslant 1} \|\lambda(\alpha x)\|^* \leqslant \sup_{|\lambda'| \leqslant 1} \|\lambda' x\|^* = \|x\|_1^*.$$

最后, 我们验证 $\|\cdot\|_1^*$ 与原范数 $\|\cdot\|^*$ 是等价的. 事实上, 由定义 $\|x\|^* \leqslant \|x\|_1^*$, 故由 $\|x\|_1^* \to 0$ 有 $\|x\|^* \to 0 \, (\forall x \in E)$. 反过来, 如果 $\|x\|^* \to 0$ 导不出 $\|x\|_1^* \to 0$ $(\forall x \in E)$, 我们可找到一序列 $\{x_n\} \subset E$ 使得 $\|x_n\|^* \to 0$, 但 $\|x_n\|_1^* \nrightarrow 0 \, (n \to \infty)$. 利用上面的方法, 我们则知存在数列 $\{\lambda_n\}, |\lambda_n| \leqslant 1$, 使得

$$\|x_n\|_1^* = \sup_{|\lambda| \leqslant 1} \|\lambda x_n\|^* = \|\lambda_n x_n\|^*.$$

类似上面, 从 $\{\lambda_n\}$ 的有界性及 $\|x_n\|^* \to 0$, 由准范性质, 立即可得 $\|\lambda_n x_n\|^* \to 0$, 也即 $\|x_n\|_1^* \to 0$. 这就导出了矛盾. 由此得出所需全部结论. □

4.2 关于不连续线性泛函的存在性

(一)

作为注 1.2.7 的推广, 我们有下面的定理:

定理 4.2.1 若 E 是无穷维的线性拓扑空间, 并且满足 A_1 公理, 则 E 上必存在着处处不连续的线性泛函.

证明 由于 E 满足 A_1 公理, 故其存在 θ 点的一个 "可数" 邻域基 $\{V_n \mid n \in \mathbb{N}\}$, 不妨设 $V_{n+1} \subset V_n$ $(\forall n \in \mathbb{N})$. 此外, 设 H 为 E 中一 Hamel 基, 并取序列 $\{h_n\} \subset H$.

那么, $\forall n \in \mathbb{N}$, 由定理 2.2.9 知, V_n 是吸收的. 因而存在数 $\varepsilon_n > 0$, 使得 $\varepsilon_n h_n \in V_n$, 也即

$$\varepsilon_n h_n \to \theta \quad (n \to \infty). \tag{4.6}$$

然后, 类似于第 1 讲的方法, 定义泛函 f_0 如下: 当 $x = \sum_{n=1}^{m} \xi_n h_n + \sum_{k=1}^{l} \eta_k h_{\alpha_k}$ 时 (其中 $h_{\alpha_k} \in H \setminus \{h_n\}$, $1 \leqslant k \leqslant l$), 令

$$f_0(x) = \sum_{n=1}^{m} \frac{n \xi_n}{\varepsilon_n}.$$

显然, f_0 为 E 上的线性泛函. 但由 (4.6) 式, 以及

$$f_0(x + \varepsilon_n h_n) = f_0(x) + f_0(\varepsilon_n h_n)$$
$$= f_0(x) + n \to \infty \quad (n \to \infty),$$

可知 f_0 在 E 上处处不连续. $\qquad\square$

同样, 作为注 1.2.8 及例 3.1.6 的补充, 我们又有下面的结论:

定理 4.2.2 若线性拓扑空间 E 不满足 T_0 公理, 则 E 上存在一个处处不连续的线性泛函.

证明 首先, 因为 E 不满足 T_0 公理, 所以 E 中集 $\{\theta\}$ 不是闭集, 也即 $\{\theta\} \subsetneqq \overline{\{\theta\}}$. 因此, 必存在元 $a \neq \theta$, 使得 $a \in \overline{\{\theta\}}$. 又因为 $\overline{\{\theta\}} = \bigcap_{U \in \mathscr{U}} U$, 其中 $\mathscr{U}$ 是 θ 的邻域基. 对于任意的 $n \in \mathbb{N}$ 和 $U \in \mathscr{U}$, 有 $\frac{1}{n} U \in \mathscr{U}$, 故 $a \in \frac{1}{n} U \in \mathscr{U}$, 即 $na \in U$. 因此 $na \to \theta \, (n \to \infty)$.

其次, 由注 1.1.8, 我们可以知道存在 E 的 Hamel 基 H, 使得 $a \in H$. 从而我们可定义泛函 f_0 如下: 当 $x = \xi a + \sum_{k=1}^{l} \eta_k h_{\alpha_k}$ 时 (其中 $h_{\alpha_k} \in H \setminus \{a\}$, $1 \leqslant k \leqslant l$),

令 $f_0(x) = \xi$. 显然 f_0 是 E 上的线性泛函. 但对于 $\forall x \in E$, 却有 $x + na \to x$, 以及

$$f_0(x + na) = f_0(x) + n \to \infty \quad (n \to \infty).$$

这就说明 f_0 在 E 上处处均不连续.   □

(二)

作为定理 4.2.1 和定理 4.2.2 的补充, 我们还有下面的定理:

定理 4.2.3 设 E 是有限维的线性拓扑空间, 并且满足 T_0 公理, 那么 E 必与欧氏空间拓扑等价.

证明 我们用归纳法证. 首先, 设 E 是 1 维的, 则存在元 $e \neq \theta$. 使得 $E = \{\lambda e \mid \lambda \in K\}$. 于是, $\forall U \in \mathscr{U}_0(E$ 中 θ 点的邻域基), 根据定理 2.2.9 以及 U 是吸收集的性质, 对上述元 e, 必存在 $\delta > 0$, 使得当 $|\lambda| < \delta$ 时有 $\lambda e \in U$, 即 U 包含着欧氏拓扑邻域 $\{\lambda e \mid |\lambda| < \delta\}$.

反之, $\forall \varepsilon > 0$, 由于 E 满足 T_0 公理, 因 $\varepsilon e \neq \theta$, 故必存在邻域 $W \in \mathscr{U}_0$, 使得 $\varepsilon e \notin W$. 并且同样由定理 2.2.9, 我们不妨取 W 为 θ 点的一均衡邻域. 这样一来, 当 $|\lambda| \geqslant \varepsilon$ 时, 也必有 $\lambda e \notin W$. 否则, 由 $\left|\dfrac{\varepsilon}{\lambda}\right| \leqslant 1$, 导出 $\varepsilon e = \dfrac{\varepsilon}{\lambda}(\lambda e) \in W$, 矛盾. 此即导出 $W \subset \{\lambda e \mid |\lambda| < \varepsilon\}$. 综上, 也即得到 E 上的拓扑与欧氏拓扑是等价的.

其次, 设当 E 的维数 $\leqslant n - 1$ 时, 定理 4.2.3 的结论成立.

然后, 当设 E 是 n 维时, 我们来证明上述结论. 事实上, 由于 E 中的欧氏距离由 "内积" 定义为

$$d(x, \theta) = \|x\| = (x, x)^{\frac{1}{2}}, \quad \forall x \in E,$$

因此, 从内积出发, 我们就可找出 E 中一列规范正交基: $e_1, e_2, \cdots, e_n$. 可以设 E 中的子空间为

$$E_1 = L(e_1, e_2, \cdots, e_{n-1}), \quad E_2 = L(e_n).$$

由假设可知, E 在 E_1 及 E_2 上的导出拓扑均与其上的欧氏拓扑是等价的.

这样一来, $\forall U \in \mathscr{U}_0$, 由定理 2.2.9 知, 存在 $V \in \mathscr{U}_0$, 使得 $V + V \subset U$. 又由于 $V \cap E_1$ 与 $V \cap E_2$ 分别为子空间 E_1 和 E_2 中零点的邻域, 故由它们与欧氏拓扑的等价性, 可知必存在数 $\delta > 0$, 使得

$$\{x \mid \|x\| < \delta, x \in E_1\} \subset V \cap E_1,$$

$$\{x \mid \|x\| < \delta, x \in E_2\} \subset V \cap E_2.$$

由此导出

$$\{x \mid \|x\| < \delta, x \in E\}$$

$$\subset \{x \mid \|x\| < \delta, x \in E_1\} + \{x \mid \|x\| < \delta, x \in E_2\}$$

$$\subset V \cap E_1 + V \cap E_2 \subset V + V \subset U.$$

也即 E 的拓扑比欧氏拓扑弱.

另一方面, 对于所有的正数 ε, 由于集合 S_ε 在 E 中定义为满足范数等于 ε 的点的集合, 即 $S_\varepsilon = \{x \mid \|x\| = \varepsilon, x \in E\}$, 在欧氏拓扑下是一个紧集. 因此, 由于欧氏拓扑比 E 上的拓扑更强, 根据点集拓扑的知识, 我们可以知道, 在 E 的拓扑下, S_ε 也是一个紧集. 再注意到定理 2.2.12, 由于 E 满足 T_0 公理, 可知 $\{\theta\}$ 是闭集. 由于 $S_\varepsilon = \{\theta\} + S_\varepsilon$ 是一个紧集和一个闭集之和, 故 S_ε 是一个闭集. 通过定理 2.2.12 的证明可以知道: 线性拓扑空间均为正则空间. 因此, 对于闭集 S_ε 及点 $\theta \notin S_\varepsilon$, 存在 θ 的一开邻域, 特别可取一均衡邻域 W_0, 使得 $W_0 \cap S_\varepsilon = \varnothing$. 这样一来, 由 W_0 的均衡性, 以及 S_ε 的定义, 我们则可以导出

$$W_0 \subset O_\varepsilon = \{x \mid \|x\| < \varepsilon, x \in E\}. \tag{4.7}$$

反之, 假如 $W_0 \subset O_\varepsilon$, 则存在 $x_0 \in W_0$ 且 $\|x_0\| > \varepsilon$. 于是存在 $0 < \lambda < 1$ 使得 $\|\lambda_0 a_0\| = \varepsilon$. 由于 W_0 是 "均衡的", 故 $\lambda_0 a_0 \in W_0$ 与 $W_0 \cap S_\varepsilon = \varnothing$ 矛盾. 从而 (4.7) 成立, 这样就证明了 E 的拓扑比欧氏拓扑强.

综合上述两个结果, 我们则导出: 当 E 是 n 维空间时, E 上的拓扑与欧氏拓扑是等价的. 由此, 通过归纳法即可证明本命题的结论成立. □

有了上面的定理, 我们显然可以直接导出下面的两个推论:

推论 4.2.4 设 E 是满足 T_0 公理的有限维线性拓扑空间, F 为线性拓扑空间, 那么, 任意从 E 到 F 内的线性算子均是连续的.

证明 设 E 为 n 维线性拓扑空间, 由于 E 满足 T_0 公理, 由定理 4.2.3 可知, E 必拓扑同胚于 n 维欧氏空间 K^n. 再注意到对于每一个从 K^n 到 F 内的线性算子 T 必有下面形式:

$$(\lambda_1, \lambda_2, \cdots, \lambda_n) \xrightarrow{T} \lambda_1 y_1 + \lambda_2 y_2 + \cdots + \lambda_n y_n, \quad (\lambda_1, \lambda_2, \cdots \lambda_n) \in K^n,$$

其中, $y_1, y_2, \cdots, y_n$ 是由算子 T 所决定的空间 F 中的 n 个元. 因此, 由线性拓扑空间 F 中关于加法与数乘的连续性, 我们立即可得本推论的结论. □

推论 4.2.5 在满足 T_0 公理的有限维拓扑空间中, 所有的线性泛函都是连续的.

注 4.2.6　在推论 4.2.5 中, 空间满足 T_0 公理的要求是不能去掉的. 这可以从例 3.1.6 中得到验证. 在该例中, 考虑 $\mathbb{R}^2$ 上由拟范数 $\|(x,y)\|^\triangle = |x|$ 所定义的 "赋拟范" 空间 E, 并定义线性泛函为: $f_0[(x,y)] = y, \forall (x,y) \in E$. 固定 E 中的点 $u_0 = (x_0, y_0)$, 取点列

$$\{u_n\} = \left\{ \left(x_0 + \frac{1}{n}, y_0 + 1 \right) \right\}.$$

则有 $\|u_n - u_0\|^\triangle = \dfrac{1}{n} \to 0$, 但 $f_0(u_n) - f_0(u_0) = 1$. 因此, f 是不连续的.

4.3　线性算子的连续性与有界性的关系

作为定理 3.2.9 的深入讨论, 在赋准范空间上定义的线性算子, 其连续性与有界性之间有下面的关系:

定理 4.3.1　设 T 为赋准范空间 E 到线性拓扑空间 F 内的线性算子, 那么, T 连续 $\Leftrightarrow$ T 有界.

证明　必要性. 可直接从定理 3.2.7 得到.

充分性. 首先, 由线性算子的性质 (见定理 3.1.1) 仅需证明 T 在 $x = \theta$ 连续. 下面, 我们就来证明这一事实.

事实上, 反之, 假设存在非零序列 $\{x_n\} \subset E$, 使得

$$x_n \to \theta, \quad T(x_n) \nrightarrow T(\theta) = \theta \quad (n \to \infty).$$

那么, 我们令整数:

$$k_n = \left[\frac{1}{\sqrt{\|x_n\|^*}} \right] \quad (\text{这里, } [\alpha] \text{ 代表 } \alpha \text{ 的整数部分})$$

及

$$y_n = k_n x_n \quad (\forall n \in \mathbb{N}).$$

从 $\{x_n\}$ 的假设不难看出 (注意准范的性质):

$$\|y_n\|^* = \|k_n x_n\|^* \leqslant k_n \|x_n\|^* \leqslant \frac{1}{\sqrt{\|x_n\|^*}} \|x_n\|^*$$

$$= \sqrt{\|x_n\|^*} \to 0 \quad (n \to \infty).$$

从而由引理 3.2.4, 可知 $\{y_n\}$ 为 E 内有界集. 这样一来, 由于 T 为有界算子, 可知 $\{T(y_n)\}$ 亦为 F 内的有界集. 因此, 再次运用引理 3.2.4, 我们可知: 由于

$\dfrac{1}{k_n} \to 0 \, (n \to \infty)$, 故应有

$$\frac{1}{k_n} T(y_n) \to \theta \quad (n \to \infty).$$

然而, 另一方面, 我们又有

$$\frac{1}{k_n} T(y_n) = T\left(\frac{y_n}{k_n}\right) = T(x_n) \nrightarrow \theta \quad (n \to \infty).$$

此显然与上式矛盾. □

事实上, 我们可以进一步推广定理 4.3.1 及定理 3.2.9 如下:

定理 4.3.2 设线性拓扑空间 E 满足 A_1 公理, T 为 E 到线性拓扑空间 F 内的线性算子, 那么, T 连续 $\Leftrightarrow T$ 有界.

证明 由定理 3.2.7, 仅需要证明定理的充分性. 反之, 设 T_0 为 E 到 F 内一个有界线性算子, 但其不是连续的. 那么, 由于 E 满足 A_1 公理, 故对 E 中 θ 点的每一个均衡邻域基 $\{V_n\}$:

$$V_1 \supset V_2 \supset \cdots \supset V_n \supset \cdots.$$

我们易知 $\left\{\dfrac{1}{n} V_n\right\}$ 亦为 θ 点的邻域基. 此外, 由定理 3.1.1 知, T_0 在 $x = \theta$ 必不连续. 因此, 存在 F 内 θ 点的某邻域 U_0, 以及 E 中收敛于 θ 的序列 $\{x_n\}$, 使得

$$x_n \in \frac{1}{n} V_n, \quad T_0(x_n) \notin U_0. \tag{4.8}$$

由 (4.8) 的前式可知, $n x_n \in V_n$, 从而有 $n x_n \to \theta \, (n \to \infty)$. 故由引理 3.2.4 可知, $\{n x_n\}$ 为 E 中有界集, 且从假设知 $\{T(n x_n)\}$ 也是 F 中的有界集. 再次借助引理 3.2.4, 我们就可以导出

$$\frac{1}{n} T(n x_n) \to \theta \quad (n \to \infty),$$

也即 $T(x_n) \to \theta \, (n \to \infty)$. 此显然与 (4.8) 的后式矛盾. □

从第 3 讲可以得到: 在赋准范空间中, "按准范有界" 的集未必是 "有界" 集. 然而, 反过来的结论却是正确的. 因为, 我们有下面的命题:

定理 4.3.3 设 M 是赋 (拟) 准范空间 E 内的有界集, 那么, 必存在数 $\alpha > 0$, 使得: $\|x\|^* \leqslant \alpha, \forall x \in M$, 其中 $\|\cdot\|^*$ 为 E 的准范数.

证明 令

$$U = \{x \mid \|x\|^* < 1, x \in E\}.$$

由准范性质可知, U 显然为 θ 点的邻域. 因而由有界集的定义, 可知 M 应被 U 所吸收, 也即: 存在 $\delta > 0$, 使得当 $|\lambda| \leqslant \delta$ 时, 有 $\lambda M \subset U$. 选取自然数 n_0, 使得 $\dfrac{1}{n_0} < \delta$, 因此, $\forall x \in M$, 有

$$\frac{1}{n_0} x \in \frac{1}{n_0} M \subset U,$$

即

$$\left\| \frac{x}{n_0} \right\|^* < 1.$$

再注意到准范定义, 则有

$$\|x\|^* = \left\| n_0 \left(\frac{x}{n_0} \right) \right\|^* \leqslant n_0 \left\| \frac{x}{n_0} \right\|^* < n_0. \qquad \square$$

作为本节的最后, 我们给出下面两个注:

注 4.3.4 需要注意的是, 在赋准范空间 E 中, 已知某圆心开球 $O_\gamma(\theta) = \{x \mid \|x\| < \gamma, x \in E\}$ 是有界集, 一般推不出包含它的开球 $O_{\gamma+\delta}(\theta)(\delta > 0)$ 也是有界集. 反例如下:

在 $\mathbb{R}$ 上重新定义一个准范数如下:

$$\|x\|^* = \begin{cases} |x|, & |x| < 1, \\ 1, & |x| \geqslant 1. \end{cases}$$

并设在此准范拓扑下, 空间为 E, 如图 4.1 所示. 那么, 我们可知:

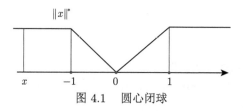

图 4.1 圆心闭球

当 $\delta < 1$ 时, 圆心开球 $O_\delta(\theta)$ 均为有界集. 事实上对任意元 $x \in \mathbb{R}$, 当 $\|x\|^* < 1$ 时, 其必等价于 $|x| < 1$. 而对上面赋准范空间而言, 其在零点的邻域基与

通常的欧氏拓扑的邻域基是相同的, 因此, 该球必能为每一个零点的邻域吸收. 然而, 由于单位闭球 $B_1(\theta) = E$ (全空间), 对于任意非零元 $x \in E$, 有 $nx \in E$, 从而 $x = \dfrac{nx}{n} \nrightarrow \theta$, 故 E 是无界集.

注 4.3.5 从注 4.3.4 的反例中, 我们还可以得出以下结论: 在赋准范空间中, "单位开球"$O_1(\theta)$ 的"闭包" $\overline{O_1(\theta)}$ 一般未必等于"单位闭球"$B_1(\theta)$. 事实上, 从例 4.3.4 已知 $B_1(\theta) = E$ (全空间), 然而由定义

$$\overline{O_1(\theta)} = \bigcap \{O_1(\theta) + V \mid V \in \mathscr{U}\} \quad (\mathscr{U} \text{为 } \theta \text{ 点邻域基}),$$

知 $\overline{O_1(\theta)} = [-1, 1] \subsetneqq E$. 这一点在赋准范空间中必须注意!

附录 不存在 (非零) 连续线性泛函的赋准范空间

我们需要注意的是, 在赋准范空间中, 非平凡的连续线性泛函不一定存在. 我们有下面的例子:

例 4.3.6 在有限区间 $[a, b]$ 上所有 "概有限" 的可测函数 $x(t)$ 的全体 ("概相等" 视为一元), 按通常的加法和数乘运算所成的线性空间中, 引入准范数:

$$\|x\|^* = \int_a^b \frac{|x(t)|}{1 + |x(t)|} dt,$$

则其构成一个 Fréchet 空间, 记为 $S[a, b]$. 那么, $S[a, b]$ 上的非零连续线性泛函是不存在的.

验证 首先, 我们不难验证: 在上述空间 $S[a, b]$ 中, "序列收敛"($x_n \to x_0(n \to \infty)$), 等价于 "依测度收敛" ($\forall \sigma > 0, \mu(t \mid |x_n(t) - x_0(t)| \geqslant \sigma, t \in [a, b]) \to 0(n \to \infty)$).

假设空间 $S[a, b]$ 上存在非零的连续线性泛函 F_0, 那么, 注意到函数论中知识: "平均收敛" 蕴含着 "依测度收敛", 因而, F_0 亦必是 $S[a, b]$ 的线性子空间 $L^1[a, b]$ 上的连续线性泛函. 并且, F_0 在 $L^1[a, b]$ 上亦是非零泛函 (否则可以导出其亦为 $S[a, b]$ 上的零泛函). 从而由 $(L^1[a, b])^* = M[a, b]$ 的结论可知, 必存在一函数 $f_0(t) \in M[a, b]$, 使得

$$F_0(x) = \int_a^b x(t) f_0(t) dt, \quad \forall x = x(t) \in L^1[a, b].$$

选取一正数 ε_0, 使得集合 $A_0 = \{t \mid |f_0(t)| \geqslant \varepsilon_0, t \in [a, b]\}$ 满足 $\mu(A_0) > 0$. 并且, 对任意自然数 n, 我们用 $C_n(t)$ 表示集 A_0 中一测度在 $\dfrac{\mu(A_0)}{n}$ 与 $\dfrac{\mu(A_0)}{n-1}$ 之

间的某一子集的特征函数. 令

$$x_n(t) = n \cdot \frac{\overline{f_0(t)}}{|f_0(t)|} C_n(t) \quad (\forall n \in \mathbb{N}),$$

这里, 如常所设, 当分母为 0 时, 整个分数约定为 0. 则有: $\forall \sigma > 0$,

$$\mu\{t \mid |x_n(t)| \geqslant \sigma, t \in [a,b]\}$$

$$\leqslant \mu\{t \mid |nC_n(t)| \geqslant \sigma, t \in [a,b]\}$$

$$\leqslant \frac{\mu(A_0)}{n-1} \to 0 \quad (n \to \infty),$$

即 $x_n(t)$ 当 $n \to \infty$ 时 "依测度收敛" 于 θ, 根据 "依测度收敛" 等价于 "序列收敛", 有

$$\|x_n\|^* \to 0 \quad (n \to \infty).$$

但另一方面, 我们有

$$F_0(x_n) = \int_a^b x_n(t) f_0(t) dt = \int_a^b n|f_0(t)| C_n(t) dt$$

$$\geqslant n\varepsilon_0 \frac{\mu(A_0)}{n} = \varepsilon_0 \mu(A_0) > 0 \quad (\forall n \in \mathbb{N}),$$

即有 $F_0(x_n) \nrightarrow F_0(\theta) = 0 \, (n \to \infty)$. 而此显然与 F_0 的假设矛盾!

注 4.3.7　若我们利用非零连续线性泛函将 "拟有界集" 变为 "拟有界集" 的性质, 则可以得到例 4.3.6 一个简单的验证方法:

反之, 设 F_0 为空间 $S[a,b]$ 的一个非零连续线性泛函, 则 F_0 必将 $S[a,b]$ 中的 "拟有界集" 变为数域 K 中的 "拟有界集". 然而, 我们可以验证, $S[a,b]$ 就是一拟有界集. 事实上, $\forall U \in \mathscr{U}$ (θ 点的邻域族), $\exists$ (开球)$O_\varepsilon(\theta) \subset U$, 取自然数 $n > \dfrac{1}{\varepsilon}$, $\forall x \in S[a,b]$, 对于 $k = 1, \cdots, n$, 我们取

$$y_k^{(n)}(t) = \begin{cases} x(t), & \dfrac{k-1}{n}(b-a) + a < t < a + \dfrac{k}{n}(b-a), \\ 0, & \text{其他}. \end{cases}$$

则由

$$\|y_k^{(n)}(t)\| = \int_{a+(b-a)\frac{k-1}{n}}^{a+(b-a)\frac{k}{n}} \frac{|y_k^{(n)}(t)|}{1+|y_k^{(n)}(t)|} dt \leqslant \frac{1}{n} < \varepsilon,$$

我们可知 $y_k^{(n)} \in B_\varepsilon(\theta)(k = 1, 2, \cdots, n)$. 由此可以导出

$$x = \sum_{k=1}^n y_k^{(n)} \subset \underbrace{U + U + \cdots + U}_{n \text{ 个}},$$

即 $S[a, b]$ 为一个拟有界空间. 由此则知, $F_0(S[a, b])$ 也是拟有界的. 但注意到在数域 K 中集的 "拟有界" 与 "有界" 性是等价的. 这事实上是由拟有界定义以及有限个有界集之和仍为有界集的性质得到的. 从而因为 $F_0(S[a, b])$ 亦为 K 内一个线性子空间, 故

$$F_0(S[a, b]) = \{0\},$$

也即 F_0 为一零泛函, 与题设矛盾.

从上述例 4.3.6 的验证方法中, 我们实际上得到了下面一个推广结论:

推论 4.3.8 在所有 "拟有界" 的线性拓扑空间上, 均不存在非零泛函的连续线性泛函.

练 习 题 4

4.1 直接证明: 对于满足 T_0 公理的线性拓扑空间, 其内任意有限维的线性子空间均是闭的, 并且还是完备的.

4.2 试证线性拓扑空间 E 上存在非连续的线性泛函的充要条件是:

(i) E 存在不闭的线性真子空间 E_0, 以及一元 $x_1 \in E \setminus E_0$, 使得 $E = E_0 \oplus L(\{x_1\})$;

(ii) E 存在不闭的线性真子空间.

4.3 若线性拓扑空间 E 中存在不闭的线性真子空间. 试证: 对每一个 (非平凡) 线性拓扑空间 F, 均存在从 E 到 F 内的非连续线性算子.

4.4 设 E, F 均为 (非平凡) 线性拓扑空间, 且有 $\dim(F) < +\infty$. 证明存在从 E 到 F 内的非连续线性算子 T 的充要条件是: E 上存在着不连续的线性泛函.

4.5 在练习题 4.4 的假设下, 设 T 为 E 到 F 内的线性算子. 证明 T 连续的充要条件是: E 上存在着 θ 点的一开邻域 U, 使得 $T(U)$ 是 F 中的有界集.

4.6 在线性空间 E 中, 若给定两个拓扑 $\mathscr{T}_1, \mathscr{T}_2$, 使得 E 分别成为线性拓扑空间, 并且这两个拓扑具有某一共同的有界零邻域. 证明: 这两个线性拓扑空间是等价的.

4.7 设空间 E 上定义了一族拓扑 $\mathscr{T}_\lambda(\lambda \in \Lambda)$, 我们称 $\mathscr{T}$ 为此拓扑族之 "总和" 是指: E 在 $\mathscr{T}$ 下其每一点的 "邻域" 基为任意 "有限个" $\mathscr{T}_\lambda$ 的拓扑下该点某邻域基中邻域之 "交". 也即: 当设 θ 点 $\mathscr{T}_\lambda$ 拓扑下该点的某邻域基为 $\mathscr{U}_\lambda$ 时, $\mathscr{T}$

拓扑下的邻域基为

$$\mathscr{U}_0 = \left\{ \bigcap_{k=1}^n U_{\lambda_k} \;\middle|\; U_{\lambda_k} \in \mathscr{U}_{\lambda_k}, \lambda_k \in \Lambda, 1 \leqslant k \leqslant n,\ \forall n \in \mathbb{N} \right\}.$$

并且, 我们记: $\mathscr{T} = \bigvee_{\lambda \in \Lambda} \mathscr{T}_A$. 试证:

(i) 对任意 "广义点列" $\{a_\delta\}$, 也即 $\delta \in \Delta$, Δ 为一半序定向列, 有

$$a_\delta \xrightarrow{\mathscr{T}} a_0 \Leftrightarrow a_\delta \xrightarrow{\mathscr{T}_\lambda} \alpha_0, \quad \forall \lambda \in \Lambda;$$

(ii) 当空间 E 上定义了一列满足 A_1 公理和 T_0 公理的拓扑 $\{\mathscr{T}_n\}$ 时, E 能成为与拓扑 $\mathscr{T} = \bigvee_n \mathscr{T}_n$ 等价的赋准范空间.

4.8　设 E 为赋范线性空间, 对 E 上连续线性泛函 $f_0 \in E^*$, 若

$$G^\omega = \{f_0^{-1}(K \text{ 中的开集})\}$$

为 E 中的开集; 或 $\forall x \in E$,

$$U_x = \{y \mid |f_0(y - x)| < \delta\} \quad (\forall \delta > 0)$$

为 x 的开邻域, 则称此拓扑为 "由 f_0 定义下" 的 E 的 "弱" 拓扑, 记为 $\omega(E, f_0)$. 试证:

(i) 拓扑 $\omega(E, E^*) = \bigvee\{\omega(E, f) \mid f \in E^*\}$, 即该拓扑与泛函中所介绍的 "弱" 拓扑 (即由 "弱收敛" 所决定的拓扑) 是一致的;

(ii) 由泛函列 $\{f_n\} \subset E^*$ 所产生的弱拓扑 $\omega(E, \{f_n\})$ 是可赋准范的.

4.9　对线性空间 E 上的非负泛函 $q(x)$, 在 E 上定义泛函:

$$p(x) = \inf \left\{ \sum_{k=1}^n q(x_k - x_{k-1}) \;\middle|\; \text{其中} x_0 = \theta, x_n = x, x_k \in E, 1 \leqslant k \leqslant n, n \in \mathbb{N} \right\}.$$

那么, $p(x)$ 必为 E 上的次加泛函.

4.10　设线性拓扑空间 E 中存在一个可列 θ 点的均衡邻域基 $\{W_n\}$, 其满足条件:

$$W_n + W_n + W_n \subset W_{n-1} \quad (\forall n \in \mathbb{N}).$$

此外, 设 $W_0 = E$, 那么, 若当对任意 $x \in E$ 且 $x \notin \overline{\{\theta\}}$ 时, 有 $x \in W \setminus W_{n+1}$, 令

$$q(x) = 2^{-n};$$

而当 $x \in \overline{\{\theta\}}$ 时, 我们令

$$q(x) = 0.$$

试证:

(i) $q(x)$ 满足性质

$$q(-x) = q(x), \quad \forall x \in E,$$

$$q(x) > 0, \quad \forall x \notin \overline{\{\theta\}};$$

(ii) $x \in W_m \Leftrightarrow m \leqslant n(x)$ (这里设 $q(x) = 2^{-n(x)}$);

(iii) $x_i \to \theta \Leftrightarrow q(x_i) \to 0 \,(i \to \infty)$;

(iv) $q(x + y + z) \leqslant 2\max\{q(x), q(y), q(z)\}, \forall x, y, z \in E$;

(v) $q\left(\sum\limits_{k=1}^{n} x_k\right) \leqslant 2 \sum\limits_{k=1}^{n} q(x_k), \forall x_k \in E, 1 \leqslant k \leqslant n \,(\forall n \in \mathbb{N})$.

4.11 对于题 4.10 的非负泛函 $q(x)$, 我们考虑练习题 4.9 的泛函 $p(x)$, 并证:

(i) $p(x) \geqslant 0, \forall x \in E$, 且 $p(\theta) = 0$;

(ii) $p(-x) = p(x), \forall x \in E$;

(iii) $p(\alpha x)$ 是 (α, x) 的二元连续函数 $(\forall \alpha \in K, x \in E)$;

(iv) 当上述线性拓扑空间 E 还满足 T_0 公理时, 试证明此时 E 能成为一个赋准范空间.

第 5 讲 赋 β-范空间 $(0 < \beta \leqslant 1)$

5.1 局部有界空间的可赋 β-范性

为了介绍线性拓扑空间 E 能成为一个 "赋 β-范" 空间的充要条件, 我们先给出下面一个引理:

引理 5.1.1 设 E 是赋准范空间, 其准范 $\|x\|^*$ 具有模数性质, 并且满足条件: 存在常数 $c_0 \geqslant 2$, 使得

$$\left\|c_0^k x\right\|^* = 2^k \|x\|^* \quad (x \in E) \quad (k = 0, \pm 1, \pm 2, \cdots).$$

那么, 当令

$$\beta = \frac{\lg 2}{\lg c_0} \ (\text{即 } 2 = c_0^\beta)$$

及定义

$$\|x\|_\beta = \sup_{\lambda > 0} \frac{\|\lambda x\|^*}{\lambda^\beta} \quad (x \in E)$$

时, $\|\cdot\|_\beta$ 必为与原准范 $\|\cdot\|^*$ 等价的 β-范数.

证明 首先, 由 $\|x\|_\beta$ 的定义, 我们可以直接得到下面结果:

$$\|x\|_\beta \geqslant 0, x \in E; \quad \|x\|_\beta = 0 \Leftrightarrow x = \theta.$$

其次, $\forall x, y \in E$, 由准范 $\|\cdot\|^*$ 的三角不等式, 我们又有

$$\frac{\|\lambda(x + y)\|^*}{\lambda^\beta} \leqslant \frac{\|\lambda x\|^*}{\lambda^\beta} + \frac{\|\lambda y\|^*}{\lambda^\beta}, \quad \forall \lambda > 0.$$

从而导出

$$\|x + y\|_\beta = \sup_{\lambda > 0} \frac{\|\lambda(x + y)\|^*}{\lambda^\beta} \leqslant \sup_{\lambda > 0} \frac{\|\lambda x\|^*}{\lambda^\beta} + \sup_{\lambda > 0} \frac{\|\lambda y\|^*}{\lambda^\beta}$$

$$= \|x\|_\beta + \|y\|_\beta.$$

至于 $\|x\|_\beta$ 的 "β-绝对齐性", 则可由定义及准范数 $\|\cdot\|^*$ 具有模数性质的假设导出: 当 $\alpha \neq 0$ 时,

$$\|\alpha x\|_\beta = \sup_{\lambda > 0} \frac{\|\lambda(\alpha x)\|^*}{\lambda^\beta} = |\alpha|^\beta \sup_{\lambda > 0} \frac{\|\lambda \alpha x\|^*}{|\alpha|^\beta \lambda^\beta}$$

$$= |\alpha|^\beta \sup_{\lambda > 0} \frac{\left\|(|\alpha|\lambda)\frac{\alpha}{|\alpha|}x\right\|^*}{(|\alpha|\lambda)^\beta}$$

$$= |\alpha|^\beta \sup_{\mu > 0} \frac{\|\mu x\|^*}{\mu^\beta}$$

$$= |\alpha|^\beta \|x\|_\beta, \quad \forall x \in E.$$

综上可得, $\|x\|_\beta$ 确为 "β-范数".

下面, 我们验证, 此 β-范数 $\|\cdot\|_\beta$ 必与原准范数 $\|\cdot\|^*$ 是等价的. 事实上, 首先, 从 $\|x\|_\beta$ 的定义可知, 当取 $\lambda = 1$ 时, 立即就可得到关系式:

$$\|x\|^* \leqslant \|x\|_\beta, \quad \forall x \in E.$$

而另一方面, 对任意 $\lambda > 0$, 必存在一个整数 k, 使得

$$c_0^k < \lambda \leqslant c_0^{k+1}.$$

从而有 $\lambda = c_0^k \lambda_0$, 其中 $\lambda_0 \in (1, c_0]$. 这样一来, 由引理假设我们有

$$\frac{\|\lambda x\|^*}{\lambda^\beta} = \frac{\|c_0^k \lambda_0 x\|^*}{(c_0^k \lambda_0)^\beta} = \frac{2^k \|\lambda_0 x\|^*}{(c_0^k \lambda_0)^\beta} = \frac{c_0^{\beta k} \|\lambda_0 x\|^*}{(c_0^k \lambda_0)^\beta}$$

$$= \frac{\|\lambda_0 x\|^*}{\lambda_0^\beta} \leqslant \|\lambda_0 x\|^*.$$

再注意到假设 $\|\cdot\|^*$ 是个模数, 且 $0 < \frac{\lambda_0}{c_0} \leqslant 1$, 我们又有

$$\|\lambda_0 x\|^* = \left\|\frac{\lambda_0}{c_0}(c_0 x)\right\|^* \leqslant \|c_0 x\|^* = 2\|x\|^*.$$

从而可得

$$\|x\|_\beta = \sup_{\lambda > 0} \frac{\|\lambda x\|^*}{\lambda^\beta} \leqslant 2\|x\|^*, \quad \forall x \in E.$$

故有

$$\|x\|^* \leqslant \|x\|_\beta \leqslant 2\|x\|^*, \quad \forall x \in E.$$

从而知 β-范数 $\|x\|_\beta$ 与原准范数 $\|x\|^*$ 是等价的. $\square$

注 5.1.2　若把引理 5.1.1 后面的假设改为: 存在两正数 c_0, a_0, 使得 $c_0 \geqslant a_0 > 1$, 并且

$$\left\|c_0^k x\right\|^* \leqslant a_0^k \|x\|, \quad \forall x \in E \quad (k = 0, \pm 1, \pm 2, \cdots),$$

那么, 当令 $\beta_1 = \dfrac{\lg a_0}{\lg c_0}$, 并定义 $\|x\|_{\beta_1} = \sup\limits_{\lambda > 0} \dfrac{\|\lambda x\|^*}{\lambda_1^{\beta}}, \forall x \in E$ 时, 类似引理 5.1.1 的证明, 我们亦可得到 $\|x\|_{\beta_1}$ 是与原准范 $\|\cdot\|^*$ 等价的 "β_1-范数".

为了介绍下面的定理, 我们还需要下面的定义 (可参看文献 [7]):

定义 5.1.3　线性拓扑空间 E 称为**局部有界**的, 是指其在 θ 点存在一有界邻域.

注 5.1.4　显然, 从定理 2.2.1, 以及 3.2 节中关于有界集的性质可知, 此时 E 在任一点均存在有界邻域.

注 5.1.5　由注 4.1.4, 我们显然可知: 线性拓扑空间未必是局部有界的.

作为推论 4.1.3 的推广, 下面我们介绍一个关于赋 β-范的重要定理:

定理 5.1.6 ([7, Aoki-Rolewicz])　一个线性拓扑空间 E 能成为赋 β-范空间的充要条件是: E 满足 T_0 公理且是局部有界的.

证明　必要性. 当 E 是赋 β-范空间时, 显然, E 是一个距离空间, 因此满足 T_0 公理. 此外, 对于 θ 点的邻域 (单位开球):

$$O_1 = \{x | \|x\|_\beta < 1, x \in E\},$$

我们来证明它是有界的. 事实上, $\forall U \in \mathscr{U}$ (E 中 θ 点的邻域族), 因为 E 中拓扑由 β-范数决定, 故 $\exists \delta > 0$, 使得

$$O_\delta = \{x | \|x\|_\beta < \delta\} \subset U.$$

故当 $|\lambda| \leqslant \delta^{\frac{1}{\beta}}$ 时, 有 $\lambda O_1 \subset O_\delta \subset U$, 也即 O_1 被 θ 点的任何邻域所吸收, 从而其是有界的.

充分性. 由于 E 是局部有界的, 故存在 θ 点的有界邻域 V_0, 而由定理 2.2.9 知, 存在均衡邻域 $U_0 \in \mathscr{U}$, 使得 $U_0 + U_0 \subset V_0$. 于是, $U_0 + U_0$ 亦是有界集. 故由定义, 它也应被 U_0 所吸收, 因而存在数 $c_0 > 0$, 使得

$$U_0 + U_0 \subset c_0 U_0, \tag{5.1}$$

而 $2U_0 \subset U_0 + U_0$, 故可知 $c_0 \leqslant 2$.

我们令

$$U_{2^k} = c_0^k U_0 \quad (k = 0, \pm 1, \pm 2, \cdots). \tag{5.2}$$

首先由推论 4.1.3, 类似可知 $\{U_{\frac{1}{2^n}}|n \in \mathbb{N}\}$ 是 E 中 θ 点的一组可数均衡邻域基. 并且由 (5.1) 和 (5.2), 我们不难得到

$$U_{2^k} + U_{2^k} = c_0^k U_0 + c_0^k U_0 = c_0^k(U_0 + U_0) \subset c_0^k c_0 U_0$$

$$= c_0^{k+1} U_0 = U_{2^{k+1}} \quad (k = 0, \pm 1, \pm 2 \cdots). \tag{5.3}$$

其次, 对任意正有理数 $\tilde{r} \in \widetilde{P} = \{n + r | r \in P, n \geqslant 0\}$ (P 的定义见 4.1 节), 当

$$\tilde{r} = \sum_{k=-m}^{n} \delta_k \frac{1}{2^k} \quad (\text{其中 } \delta_k \text{ 仅取 } 1 \text{ 或 } 0, -m \leqslant k \leqslant n)$$

时, 定义

$$U_{\tilde{r}} = \sum_{k=-m}^{n} \delta_k U_{\frac{1}{2^k}}. \tag{5.4}$$

那么, 由 (5.3) 式我们不难验证: $\forall \tilde{r}_1, \tilde{r}_2 \in \widetilde{P}$, 有

$$U_{\tilde{r}_1} + U_{\tilde{r}_2} \subset U_{\tilde{r}_1 + \tilde{r}_2}.$$

这样一来, 与定理 4.3.1 的证明类似, 我们可证

$$\|x\|^* = p(x) = \begin{cases} \sup\{\tilde{r}|x \notin U_{\tilde{r}}, \tilde{r} \in \widetilde{P}\}, & x \neq \theta, \\ 0, & x = \theta \end{cases}$$

为 E 上定义的一个准范数, 并且由它所诱导的拓扑与 E 原有的拓扑是等价的.

此外, 我们再注意到上述邻域 $\{U_{2^k}|k = 0, \pm 1, \pm 2, \cdots\}$ 具有下面的性质: 对任意两整数 k_1, k_2, 由 (5.2) 式我们有

$$c_0^{k_1} U_{\frac{1}{2^{k_2}}} = c_0^{k_1} U_{2^{-k_2}} = c_0^{k_1} c_0^{k_2} U_0 = c_0^{k_1 - k_2} U_0$$

$$= U_{2^{k_1 - k_2}} = U_{2^{k_1} \cdot \frac{1}{2^{k_2}}}.$$

从而, 同样根据 (5.4) 式的定义, 我们可以得出: 对任意整数 k, 均有

$$c_0^k U_{\tilde{r}} = U_{2^k \tilde{r}}, \quad \forall \tilde{r} \in \widetilde{P}.$$

因而, 对任意整数 k, 以及任意 $x \in E, x \neq \theta$, 我们从上式导出

$$\|c_0^k x\|^* = p(c_0^k x) = \sup\{\tilde{r}|c_0^k x \notin U_{\tilde{r}}\}$$
$$= \sup\{\tilde{r}|x \notin c_0^{-k} U_{\tilde{r}}\}$$
$$= \sup\{\tilde{r}|x \notin U_{2^{-k}\tilde{r}}\}$$
$$= 2^k \sup\{2^{-k}\tilde{r}|x \notin U_{2^{-k}\tilde{r}}\}$$
$$= 2^k \sup\{\tilde{r}'|x \notin U_{\tilde{r}'}\} = 2^k p(x).$$

也即, 该准范具有下面特殊性质:

$$\|c_0^k x\|^* = 2^k \|x\|^*, \quad \forall x \in E \quad (k = 0, \pm 1, \pm 2 \cdots).$$

这样一来, 只要我们注意到引理 5.1.1, 令

$$\beta = \frac{\lg 2}{\lg c_0},$$

以及

$$\|x\|_\beta = \sup_{\lambda > 0} \frac{\|\lambda x\|^*}{\lambda^\beta}, \quad \forall x \in E,$$

就可得到与原空间拓扑等价的一个 β-范数. □

由定理 5.1.6, 我们立即得到一个关于线性拓扑空间可以赋范的结论如下:

推论 5.1.7 一个线性拓扑空间 E 能成为赋范空间的充要条件是: E 满足 T_0 公理且在 θ 点存在一个有界、凸邻域.

证明 这里, 我们只需要注意到, 当 U 为凸集时, 必有

$$U + U = 2\left(\frac{U}{2} + \frac{U}{2}\right) = 2U.$$

因此, 在定理 5.1.6 的证明中, 有 $c_0 = 2$, 所以 $\beta = \frac{\lg 2}{\lg 2} = 1$. 也即, 此时 $\|\cdot\|_\beta$ 是一个范数. □

从定理 5.1.6 的证明中, 我们知道式 $U_0 + U_0 \subset c_0 U_0$ 起着关键的作用, 而且得到的 "β-范数" 中的数 $\beta = \frac{\lg 2}{\lg c_0}$, 因此, 我们可以将该命题再进一步精确化. 为此, 先介绍一个定义:

定义 5.1.8 对于局部有界的线性拓扑空间 E, 令

$$c[E] = \inf\{c(U)|U + U \subset c(U)U, U \in \mathscr{U}_b\},$$

这里, $\mathscr{U}_b$ 为 E 中 θ 点的所有 "开" 的 "有界" 均衡邻域, $c[E]$ 称为空间 E 的**凹性模**. 由于 $U + U \supset 2U$, 因此易知 $c[E] \geqslant 2$. 此外, 令

$$\beta^* = \frac{\lg 2}{\lg c[E]},$$

我们有下面的定理:

定理 5.1.9 ([3, Rolewicz]) 线性拓扑空间 E 能成为赋 β-范 (其中 $0 < \beta < \beta^*$) 空间的充要条件是: E 满足 T_0 公理, 且是局部有界的.

注 5.1.10 必须注意的是, 在定理 5.1.9 中, $\beta = \beta^*$ 是未必成立的, 我们有下面的例子:

例 5.1.11 ([8, Pelczyński]) 设 $0 < \beta_n \leqslant 1 (\forall n \in \mathbb{N})$, 并定义空间 l^{β_n} 为满足

$$\|x\|^* = \sum_n |\xi_n|^{\beta_n} < +\infty$$

的所有数列 $x = \{\xi_n\}$ 的全体. 首先容易验证, l^{β_n} 依通常的加法、数乘及准范数 $\|\cdot\|^*$ 构成一个 Fréchet 空间.

其次, 当设 $\beta^* = \varliminf\limits_{n \to \infty} \beta_n \neq 0$ 时, 对于任意正数 $\beta < \beta^*$, 我们证明: 在上述 F-空间 l^{β_n} 内, 必存在一个与原准范等价的 "β-范数". 事实上, 我们在空间 l^{β_n} 中重新定义一个准范数:

$$\|x\|_\beta^* = \sum_n |\xi_n|^{\max(\beta, \beta_n)}, \quad \forall x = \{\xi_n\} \in l^{\beta_n},$$

那么, 从 β 的取法及下极限的定义, 我们就可知, 只可能有有限个数 β_n, 使得 $\beta_n < \beta$. 因而, 不难验证, 上面的准范 $\|\cdot\|_\beta^*$ 是与原准范 $\|\cdot\|^*$ 等价的. 然后, 我们从准范 $\|\cdot\|_\beta^*$ 的定义, 不难得到下面关系式:

$$\|\lambda x\|_\beta^* \leqslant |\lambda|^\beta \|x\|_\beta^*, \quad \text{当} |\lambda| \leqslant 1 \text{时};$$

以及

$$\|\lambda x\|_\beta^* \geqslant |\lambda|^\beta \|x\|_\beta^*, \quad \text{当} |\lambda| \geqslant 1 \text{时}.$$

由此, 从上面第一式我们导出: 当令 $U_0 = \{x | \|x\|_\beta^* < 1\}$ 时, 显然其为空间的一个均衡邻域, 且由准范性质, 我们有

$$U_0 + U_0 \subset \{x | \|x\|_\beta^* < 2\}.$$

而再注意到前面不等式, 对任意元 x, 若有 $\|x\|_\beta^* < 2$, 则必有 $\left\|\left(\dfrac{1}{2}\right)^{\frac{1}{\beta}} x\right\|_\beta^* < 1$. 因而有 $x \in 2^{\frac{1}{\beta}} U_0$, 也即导出

$$U_0 + U_0 \subset 2^{\frac{1}{\beta}} U_0.$$

因而, 注意到 U_0 也是有界的, 由定理 5.1.6 的证明方法, 我们立即可以导出上述所需结论.

下面, 我们特取正数 β_n 如下 (其中, $[\alpha]$ 表示 α 的整数部分, 数 $\beta^* \in (0,1]$): $\forall n \in \mathbb{N}$,

$$\beta_n = \begin{cases} 1, & n \leqslant [e^{e^2}], \\ \beta^*\left(1 - \dfrac{1}{\lg\lg n}\right), & n > [e^{e^2}]. \end{cases}$$

显然, 我们亦有

$$\beta^* = \varliminf_{n\to\infty} \beta_n = \varlimsup_{n\to\infty} \beta_n.$$

因此, 对任意正数 $\beta < \beta^*$, 线性拓扑空间 l^{β_n} 均能成为赋 β-范空间.

最后, 我们来指出, l^{β_n} 是不能成为赋 β^*-范空间的. 事实上, 反之, 如果存在这个 β^*-范数 $\|\cdot\|_0$, 那么, 对于序列 $\{e_n\}$, 我们容易验证, 其在空间 l^{β_n} 原来拓扑下为 "有界集". 从而在 $\|\cdot\|_0$ 所诱导的拓扑下亦为 "有界集". 因此, 由赋 β^*-范空间中拓扑有界性与其距离有界性是等价的, 就可以导出: $\sup_n \|e_n\|_0 < +\infty$.

取数列 $\{\xi_n\}$ 如下: 对于任意的 $n \in \mathbb{N}$,

$$\xi_n = \begin{cases} 1, & n \leqslant [e^{e^2}], \\ \left\{\dfrac{1}{n\lg^2 n}\right\}^{\frac{1}{\beta^*}}, & n > n_0. \end{cases}$$

由级数知识显然有

$$\sum_n |\xi_n|^{\beta^*} < +\infty,$$

因而在 β^*-范数 $\|\cdot\|_0$ 下, 我们有 $x_0 = \sum_n \xi_n e_n \in l^{\beta_n}$. 然而, 另一方面, 我们又有

$$\sum |\xi_n|^{\beta_n} \geqslant \sum_{n>n_0} \left(\frac{1}{n\lg^2 n}\right)^{\frac{1}{\beta^*}\left[\beta^*\left(1-\frac{1}{\lg\lg n}\right)\right]}$$

$$= \sum_{n>n_0} \left(\frac{1}{n\lg^2 n}\right)^{\left(1-\frac{1}{\lg\lg n}\right)}$$

$$= \sum_{n>n_0} \frac{1}{n} e^{\left(2 + \frac{\lg n}{\lg\lg n} - 2\lg\lg n\right)}$$

$$= e^2 \sum_{n>n_0} \frac{1}{n} e^{\frac{\lg n - 2(\lg\lg n)^2}{\lg\lg n}}$$

$$= +\infty.$$

也即有 $x_0 = \{\xi_n\} \notin l^{\beta_n}$. 从而与上结果矛盾.

对于局部有界的拓扑空间而言, 我们容易得到下面有关其凹性模的命题:

命题 5.1.12 设 E, F 均为局部有界的线性拓扑空间, 那么

(i) 如果 E 与 F 是线性拓扑同胚, 则有 $c[E] = c[F]$;

(ii) 如果 E_0 为 E 的线性真子空间, 则有 $c[E_0] \leqslant c[E]$;

(iii) 如果 E_0, E 如 (ii), 则有 $c[E/E_0] \leqslant c[E]$.

5.2 局部拟凸空间的赋可列 β_n-范性

为了介绍下面一个与赋可列个拟 β_n-范有关的线性拓扑空间, 我们先引进一个定义:

定义 5.2.1 在线性拓扑空间 E 中, 我们称集 A 是**星型集**, 是指: $\forall 0 \leqslant t \leqslant 1$, 均有 $tA \subset A$. 一个星型集 A 的**凹性模**, 是指由下面所定义的数:

$$c[A] = \inf\{c > 0 | A + A \subset cA\}.$$

当 $A + A \not\subset cA\,(\forall c > 0)$ 时, 定义 $c[A] = +\infty$. 我们称星型集 A 是拟凸的, 是指 $c[A] < +\infty$.

注 5.2.2 $c[A] = +\infty$ 及 $c[A] = 0$ 的情形都是存在的. 例如在 $\mathbb{R}^2$ 中, 我们取 A 为两条过 O 点的 (半) 射线, 则当夹角 $\alpha \neq \pi$ 时, 有 $c[A] = +\infty$; 而当 $\alpha = \pi$ 时, 则有 $c[A] = 0$.

注 5.2.3 容易验证, 对于"星型集"A 的凹性模 $c[A]$, 有以下基本性质:

(i) 若 $c[A] \neq 0$, 则 $c[A] \geqslant 2$;

(ii) 当 A 为开或闭的"拟凸集"时, 有

$$A + A \subset c[A]A \quad (如\ c[A] \neq 0).$$

关于"凹性模"与凸性, 我们有下面的命题:

命题 5.2.4 若线性拓扑空间 E 中的星型集 A 是闭的, 或者是开的, 那么, 当凹性模 $c[A] = 2$ 时, A 必为一个凸集.

证明   当 $c[A] = 2$ 时, 由注 5.2.3 可知 $A + A \subset 2A$. 因而 $\forall x, y \in A$, 有 $\dfrac{x}{2} + \dfrac{y}{2} \in A$. 注意到星型集必含零元 θ, 故由归纳法, 我们不难验证: 当 $r \in (0, 1)$ 为有限二进位小数时, 必有

$$rx + (1 - r)y \in A.$$

这样一来, 当 A 是闭集时, 显然可知 $\forall \alpha \in (0, 1)$, 必有

$$\alpha x + (1 - \alpha)y \in A \quad (x, y \in A),$$

即 A 是一个凸集.

而当 A 为开集时, $\forall x, y \in A, x \neq y$, 我们可知 A 与直线

$$L = \{tx + (1 - t)y | t \in \mathbb{R}\}$$

之交 $A \cap L$ 仍为 L 内的开集. 事实上, $\forall u_0 \in A \cap L$, 由于 $u_0 \in A = A^\circ$, 故存在 $V_0 \in \mathscr{U}(\theta$ 点邻域$)$, 使得 $u_0 + V_0 \subset A$. 再由 $u_0 \in L$, 可设 $u_0 = t_0 x + (1 - t_0)y$. 注意到线性拓扑空间中 "加法" 与 "数乘" 的连续性, 对上述 u_0 与 V_0, 必存在正数 δ, 使得当 $|t - t_0| < \delta$ 时, 有

$$u = tx + (1 - t)y \in u_0 + V_0,$$

也即 u_0 为 L 上的内点. 因而, 由于 $x, y \in A \cap L$, 且它们为 L 中的内点, 我们可知: 必存在正数 ε, 使得

$$x_1 = t_1 x + (1 - t_1)y \in A \quad (|t_1 - 1| < \varepsilon),$$
$$y_1 = t_0 x + (1 - t_0)y \in A \quad (|t_0| < \varepsilon; t_0, t_1 \in \mathbb{R}).$$

由于对任意有限二进位小数 $r \in (0, 1)$, 有

$$rA + (1 - r)A \subset A.$$

因此, 对任意 $\alpha \in (0, 1)$, 当 $|\alpha - r| < \varepsilon$ 时, 可以导出

$$\begin{aligned}
&\alpha x + (1 - \alpha)y \\
&= [r - r(r - \alpha) - (r - \alpha) + r(r - \alpha)]x \\
&\quad + [-r(\alpha - r) + (1 - r) - (\alpha - r) + r(\alpha - r)]y \\
&= r\{[1 - (r - \alpha)]x + (r - \alpha)y\} \\
&\quad + (1 - r)\{(\alpha - r)x + [1 - (\alpha - r)]y\}.
\end{aligned}$$

注意到 α 的取法以及前面 x_1, y_1 的定义, 由上式可以推出

$$\alpha x + (1 - \alpha)y = r x_1^{(0)} + (1 - r)y_1^{(0)} \in rA + (1 - r)A \subset A,$$

即 A 也是凸集. $\square$

下面, 我们再引进一个定义 (参看文献 [9]):

定义 5.2.5 我们称线性拓扑空间 E 是**局部拟凸**的, 是指其在零点 θ 存在一可数的拟凸邻域基 $\{U_n\}$. 此外, 若存在正数 β, 使得对于所有的 $n \in \mathbb{N}$, 均有 $c[U_n] \leqslant 2^{\frac{1}{\beta}}$, 则称 E 是**局部 β-凸**的.

对于拟凸邻域, 我们先给出接下来需要使用的一个性质:

引理 5.2.6 设 U 为线性拓扑空间 E 中零点 θ 的拟凸邻域, 那么, 必有相应的一个均衡拟凸的开邻域 W 存在, 使得 $W \subset U$.

证明 令

$$V = \bigcap_{|\lambda|=1} \lambda U, \quad U = V^\circ.$$

首先, 根据定理 2.2.9, 由于 U 包含均衡邻域, 故知 $W \neq \varnothing$. 我们容易验证, V 必为一个均衡集. 故由线性拓扑空间的性质不难导出, W 也是一个均衡 (开) 邻域.

其次, 由拟凸集的定义, 设 $U + U \subset \beta U$, 我们容易得到: $\forall \lambda \in K, |\lambda| = 1$, 均有

$$\lambda U + \lambda U \subset \beta(\lambda U),$$

从而有

$$\bigcap_{|\lambda|=1} \lambda U + \bigcap_{|\lambda|=1} \lambda U \subset \beta(\lambda U), \quad \forall |\lambda| = 1.$$

由此导出

$$\bigcap_{|\lambda|=1} \lambda U + \bigcap_{|\lambda|=1} \lambda U \subset \beta \bigcap_{|\lambda|=1} \lambda U,$$

也即 V 亦是拟凸集.

最后, 注意到线性拓扑空间的性质及其上的运算法则 (参考第 2 讲), 我们可以导出

$$V^\circ + V^\circ \subset (V + V)^\circ \subset (\beta V)^\circ = \beta V^\circ,$$

即 W 也是拟凸集. $\qquad\qquad\square$

有了上面的引理, 我们就可给出下面有关线性拓扑空间可赋 “可列个拟 β_n-范” 的一个命题. 为此, 我们先给出一个定义:

定义 5.2.7 线性拓扑空间 E 上的一列拟 β_n-范数 $\|\cdot\|_{\beta_n}$ 所确定的拓扑称为与 E 的原有拓扑是**等价的**, 是指: 对 E 中每一个 “广义序列” $\{x_\delta | \delta \in \Delta\}$, 均有

$$\lim_{\delta \in \Delta} x_\delta = \theta \Leftrightarrow \lim_{\delta \in \Delta} \|x_\delta\|_{\beta_n} = 0 \quad (\forall n \in \mathbb{N}).$$

下面给出与上述定义相关的定理 (参看文献 [10]):

定理 5.2.8   如果线性拓扑空间 E 是局部拟凸的, 那么, 存在一列拟 β_n-范数 $\| \cdot \|_{\beta_n}$, 使得由这些范数所确定的拓扑与 E 的原拓扑等价. 进一步地, 若 E 还是局部 β_n-凸的空间, 则可以取 $\beta_n = \beta$ 对所有 $n \in \mathbb{N}$ 成立.

证明   我们先来证明定理的前半段结论. 首先, 由 E 是局部拟凸的假设, 我们可以设 $\{U_n\}$ 为 E 中的 θ 点的一个可数拟凸邻域基. 并且, 由引理 5.2.6, 我们不妨设 $\{U_n\}$ 还是均衡的. 于是, 从拟凸集定义知: 存在正数列 $\{c_n\}$, 使得

$$U_n + U_n \subset c_n U_n \quad (n \in \mathbb{N}).$$

这样一来, 对任意 $n \in \mathbb{N}$, 我们依照定理 5.1.6 的证明方法, 可以令

$$U_n(2^k) = c_n^k U_n \quad (k = 0, \pm 1, \pm 2, \cdots).$$

由此对任意正有理数 $\tilde{r} \in \widetilde{P}$:

$$\tilde{r} = \sum_{k=-m}^{n} \delta_k \frac{1}{2^k} \quad (\text{其中: } \delta_k \text{ 仅取 } 1 \text{ 或 } 0, -m \leqslant k \leqslant n),$$

我们定义

$$U_n(\tilde{r}) = \sum_{k=-m}^{n} \delta_k U_n \left(\frac{1}{2^k} \right).$$

那么, 我们同样可以证明下面关系式:

$$U_n(\tilde{r}_1 + \tilde{r}_2) \supset U_n(\tilde{r}_1) + U_n(\tilde{r}_2),$$

$$\alpha U_n(\tilde{r}) \subset U_n(\tilde{r}) \quad (\forall |\alpha| \leqslant 1),$$

以及

$$U_n(2^k \tilde{r}) = c_n^k U_n(\tilde{r}).$$

从而若设

$$\|x\|_n^* = \begin{cases} \sup\{\tilde{r} | x \notin U_n(\tilde{r}), \tilde{r} \in \widetilde{P}\}, & x \neq \theta, \\ 0, & x = \theta, \end{cases}$$

则其满足性质: $\forall x, y \in E$, 有

(i) $\|x + y\|^* \leqslant \|x\|_n^* + \|y\|_n^*$;

(ii) $\|\alpha x\|_n^* \leqslant \|x\|_n^*, \forall |\alpha| \leqslant 1$;

(iii) $\|c_0^k x\|_n^* = 2^k \|x\|_n^* \ (k = 0, \pm 1, \pm 2 \cdots)$.

由此, 令 $\beta_n = \dfrac{\lg 2}{\lg c_n}$, 以及

$$\|x\|_{\beta_n} = \sup_{\lambda > 0} \frac{\|\lambda x\|_n^*}{\lambda}, \quad \forall x \in E.$$

类似引理 5.1.1, 我们容易证明 $\|\cdot\|_{\beta_n}$ 为 "拟 β_n-范数"($\forall n \in \mathbb{N}$).

下面, 我们再来证明: 上述拟 β_n-范数 $\|\cdot\|_{\beta_n}$ 的序列 $\{\|\cdot\|_{\beta_n}\}$ 将产生一个与原空间拓扑等价的拓扑. 首先证明: $\{\|\cdot\|_{\beta_n}\}$ 与 $\{\|\cdot\|_n^*\}$ 产生等价的拓扑. 事实上, 与引理 5.1.1 一样, $\forall n \in \mathbb{N}$, 我们有

$$\|x\|_n^* \leqslant \|x\|_{\beta_n}, \quad \forall x \in E.$$

也即有

$$\{x \mid \|x\|_{\beta_n} < \tilde{r}\} \subset U_n(\tilde{r}), \quad \forall \tilde{r} \in \widetilde{P}. \tag{5.5}$$

另一方面, 同样类似引理 5.1.1, 我们又有

$$\|x\|_{\beta_n} \leqslant 2\|x\|_n^*, \quad \forall x \in E.$$

也即有

$$U_n(\tilde{r}) \subset \{x \mid \|x\|_{\beta_n} < 2\tilde{r}\}, \quad \forall \tilde{r} \in \widetilde{P}. \tag{5.6}$$

其次, 设在原空间拓扑下, 存在序列 $\{x_k\}$ 满足: $x_k \to \theta (k \to \infty)$, 那么, $\forall n \in \mathbb{N}$ 及 $\forall \varepsilon > 0$, $\exists k_0$ 使得 $k > k_0$ 时, 均有 $x_k \in \left(\dfrac{\varepsilon}{2}\right)^{\frac{1}{\beta_n}} U_n(1)$ (注意后者亦为 θ 点之一邻域), 也即有 $\left(\dfrac{\varepsilon}{2}\right)^{-\frac{1}{\beta_n}} x_k \in U_n(1)$. 从而由 (5.6) 式, 则有

$$\left\|\left(\frac{\varepsilon}{2}\right)^{-\frac{1}{\beta_n}} x_k\right\|_{\beta_n} < 2, \quad 即 \ \|x_k\|_{\beta_n} < \varepsilon.$$

此即导出

$$\lim_{k \to \infty} \|x_k\|_{\beta_n} = 0 \quad (\forall n \in \mathbb{N}). \tag{5.7}$$

另一方面, 若设 (5.7) 式成立, 那么, 对于原空间拓扑下的每一个邻域 U, 由于我们已经假设 $\{U_n\}$ 为 θ 点的可数邻域基 (因为空间是局部拟凸的), 因此, 必有自然数 n_0, 使得 $U_{n_0} \subset U$. 而由 (5.7) 式可知, 对于 n_0 而言, 存在自然数 k_0 使当 $k > k_0$ 时, 均有 $\|x_k\|_{\beta_{n_0}} < 1$, 故由 (5.5) 式可以导出: 当 $k < k_0$ 时, 均有

$$x_k \in U_{n_0}(1) = U_{n_0} \subset U.$$

也即在空间原来的拓扑下, 有 $x_k \to \theta \, (k \to \infty)$. 由引理 4.1.1 可知, $\{\|\cdot\|_{\beta_n}\}$ 具有所需性质.

最后, 当 E 是局部 β-凸空间时, 根据其定义, 我们可以将上面的 c_n 均换为 $2^{\frac{1}{\beta}}$. 因此, 借助之前的分析, 我们可以直接得出本定理后半段的结论.　　　　　　□

注 5.2.9　定理 5.2.8 无须借助引理 5.2.6 亦可完成证明. 具体而言, 我们只需将 U_n 替换为 $U_n \cap (-U_n)$. 如此一来, 借助定理 4.1.2 的结果, 以及注 4.1.6 中的推论, 即该准范可与一均衡准范数等价, 采用类似于定理 5.2.8 的证明方法, 同样能够顺利得出所期望的结论.

5.3　局部有界空间与其无穷维子空间之间可赋 β-范的不关联性

即使该空间中任意无穷维闭线性子空间内的某个无穷维子空间都能被赋予 β-范数, 这却并不能直接推断出整个空间本身也具备赋予这种 β-范数的条件. 为了深入理解这一点, 我们需要借助一些与 Schauder 基相关的性质 (参看文献 [11]).

首先, 让我们简要介绍几个相关的定义:

定义 5.3.1　设 E 为赋准范空间, 称 E 中序列 $\{e_i\}$ 为空间的 Schauder 基 (简称为基), 是指: $\forall x \in E$, 均有唯一的表达式

$$x = \sum_{i=1}^{\infty} \xi_i e_i,$$

这里 $\{\xi_i\} \subset K$. 并且, 称上面的数 ξ_i 为元 x 相应于 e_i 的坐标.

定义 5.3.2　设 E, F 均为赋准范空间, $\{e_i\}, \{d_i\}$ 分别为 E 与 F 中的基. 称两组基等价, 是指: $\forall \{\xi_i\} \subset K$, 有

$$\sum_{i=1}^{\infty} \xi_i e_i \,(在 \, E \, 中) \, 收敛 \Leftrightarrow \sum_{i=1}^{\infty} \xi_i d_i \,(在 \, F \, 中) \, 中收敛.$$

这里, 我们首先提出一个关键的引理.

引理 5.3.3　如果 Fréchet 空间 E 中的基 $\{e_i\}$ 与 Fréchet 空间 F 中的基 $\{d_i\}$ 是等价的, 那么 E 与 F 必是线性同胚的.

证明　首先, 我们分别用 (E) 及 (F) 表示 $\sum\limits_{i=1}^{\infty} \xi_i e_i$ 及 $\sum\limits_{i=1}^{\infty} \eta_i d_i$ 收敛的数列 $\{\xi_i\}, \{\eta_i\}$ 的全体所成之空间. 并且, 在 (E) 及 (F) 中, 我们引入新的准范数:

$$\|x\|^{\triangle} = \sup_n \left\| \sum_{i=1}^{n} \xi_i e_i \right\|^*, \quad \forall x = \{\xi_i\} \in (E);$$

$$\|y\|_1^\triangle = \sup_n \left\| \sum_{i=1}^n \eta_i d_i \right\|_1^*, \quad \forall y = \{\eta_i\} \in (F),$$

这里, $\|\cdot\|^*, \|\cdot\|_1^*$ 分别为空间 E 与 F 原来的准范数. 然后, 我们可以证明 $\|\{\xi_i\}\|^\triangle$ 与 $\left\| \sum\limits_{i=1}^\infty \xi_i e_i \right\|^*$, $\|\{\eta_i\}\|_1^\triangle$ 与 $\left\| \sum\limits_{i=1}^\infty \eta_i d_i \right\|_1^*$ 均为互相等价的准范数. 并且, (E) 与 (F) 均按各自新准范数构成 Fréchet 空间 (可看文献 [1] 的 §6.4 定理 1 或引理 5.3.6 的证明).

其次, 注意到假设, 基 $\{e_i\}$ 与 $\{d_i\}$ 是等价的, 因此数列空间 (E) 与 (F) 由相同的数列所组成. 仍用 (E_2) 表示这些数列之全体, 并定义

$$\|z\|_z^\triangle = \max\left(\|z\|^\triangle, \|z\|_1^\triangle\right), \quad \forall z = \{\zeta_i\} \in (E_2). \tag{5.8}$$

不难验证 $\|z\|_z^\triangle$ 亦为一个准范数. 下面, 我们将证明 (E_2) 在此准范下构成一个 Fréchet 空间. 事实上, 设 $\{z_n\} \subset (E_2)$ 为一个 Cauchy 列, 那么从 (E_2) 准范定义可知, 其亦为空间 $(E), (F)$ 内的 Cauchy 列, 从而由 $(E), (F)$ 的完备性可以导出

$$z_n \xrightarrow[(\|\cdot\|^\triangle)]{} z \in (E), \quad z_n \xrightarrow[(\|\cdot\|_1^\triangle)]{} y \in (F) \quad (n \to \infty). \tag{5.9}$$

再注意到上述空间中元的每个坐标 ζ_i 均为 (在相应空间准范下的) 连续泛函 (参阅 [3]). 因此, 我们导出

$$\zeta_i(z) = \lim_{n \to \infty} \zeta_i(z_n) = \zeta_i(y),$$

也即有 $z = y$. 从而由 (5.8), (5.9) 式, 我们直接得到

$$\lim_{n \to \infty} \|z_n - z\|_2^\triangle = 0.$$

因此, (E_2) 亦是一个 Fréchet 空间.

最后, 设 A 及 A_1 分别为空间 (E_2) 到空间 (E) 及 (F) 的映射, 定义为

$$A(z) = z, \quad A_1(z) = z.$$

显然, 它们都是 (E_2) 到 (E) 及 (F) 上的 1-1 对应的连续线性算子. 因而, 由 Banach 定理 (参阅 [3]) 可知: 空间 (E_2) 与 (E) 及 (F) 均是线性同胚的. 既然我们已经知道空间 (E) 与 E, 以及空间 (F) 与 F 都是线性同胚的, 那么可以进一步推断出空间 (E_2) 与 E 和 F 也都是线性同胚的. 由此可知, 空间 E 与 F 也是线性同胚的. $\qquad\square$

定义 5.3.4　设 $\mathcal{B}(E \to F)$ 为赋准范空间 E 到 F 内的连续 (有界) 线性算子之全体, 算子族 $\{T_i | i \in I\} \subset \mathcal{B}(E \to F)$ 称为是等度连续的, 是指: $\forall \varepsilon > 0, \exists \delta > 0$, 使得

$$\sup_{i \in I} \sup_{\|x\|^* < \delta} \|T_i x\|^* < \varepsilon,$$

这里, $\|\cdot\|^*$ 表示相应空间的准范数.

定义 5.3.5　设 E 为赋准范空间, $\{d_i\} \subset E$. 对任意元 $x = \sum\limits_{i=1}^{\infty} \xi_i d_i \in E$, 定义线性算子列 $\{P_n\}$ 如下:

$$P_n \left(\sum_{i=1}^{\infty} \xi_i d_i \right) = \sum_{i=1}^{n} \xi_i d_i \quad (n \in \mathbb{N}),$$

并称其为对应于 $\{d_i\}$ 的**典则单增投影列**. 而当 $\{P_n\}$ 在 E 中形为 $\sum\limits_{i=1}^{\infty} \xi_i d_i$ 的元素所组成的线性子空间上满足定义 5.3.4 中相应的关系式时, 则称 $\{P_n\}$ 是 "等度连续" 的.

有了上面的定义, 我们便可介绍下面一个十分重要的引理:

引理 5.3.6 [12, Schauder-Grinblium]　设 E 为一个 Fréchet 空间, 对其内的非零序列 $\{e_i\}$, 有 $\overline{L(\{e_i\})} = E$. 那么, $\{e_i\}$ 构成 E 的一个基的充分必要条件是: $\{e_i\}$ 的典则单增投影列 $\{P_n\}$ 是等度连续的.

证明　必要性. 当 $\{e_i\}$ 为 E 的一个基时, 则 $\forall x \in E$, 必有唯一表达式 $x = \sum\limits_{i=1}^{\infty} \xi_i e_i$. 由此, 我们有

$$P_n(x) = \sum_{i=1}^{n} \xi_i e_i \to x \quad (n \to \infty).$$

因而 $\{\|P_n(x)\|^*\}$ 为一有界数集. 下面, 我们在空间 E 中定义一个新准范:

$$\|x\|_1^* = \sup \|P_n(x)\|^* = \sup_n \left\| \sum_{i=1}^{n} \xi_i e_i \right\|^*, \quad \forall x = \sum_{i=1}^{\infty} \xi_i e_i \in E. \tag{5.10}$$

则显然有

$$\|x\|^* \leqslant \|x\|_1^*, \tag{*}$$

其中 $\|\cdot\|^*$ 为原空间的准范.

下面我们证明, 在新准范 "$\|\cdot\|_1^*$" 下, E 亦构成一个 Fréchet 空间. 事实上, 对 E 中任一按新准范 "$\|\cdot\|_1^*$" 下的 Cauchy 列 $\{x_m\}$, 由于

$$\|x_{m_2} - x_{m_1}\|_1^* \to 0 \quad (m_1, m_2 \to \infty), \tag{5.11}$$

故当设 $x_m = \sum\limits_{i=1}^{\infty} \xi_i^{(m)} e_i$ 时, 由典则单增投影列 $\{P_n\}$ 的定义及 (5.10) 和 (5.11) 式, 可以得到

$$\|(\xi_n^{(m_2)} - \xi_n^{(m_1)})e_n\|_1^*$$
$$\leqslant \|P_n(x_{m_2} - x_{m_1})\|_1^* + \|P_{n-1}(x_{m_2} - x_{m_1})\|_1^*. \tag{5.12}$$

另外, 注意到 (5.10) 式中 $\|\cdot\|_1^*$ 的定义, 我们还有: $\forall n_0 \in \mathbb{N}$,

$$\|P_{n_0}(x)\|_1^* = \left\|\sum_{i=1}^{n_0} \xi_i e_i\right\|_1^* = \sup_n \left\|P_n\left(\sum_{i=1}^{n_0} \xi_i e_i\right)\right\|^*$$
$$= \max_{1 \leqslant n \leqslant n_0} \left\|\sum_{i=1}^{n} \xi_i e_i\right\|^*.$$

因此, 对该准范 $\|\cdot\|_1^*$, 有: $\forall n, n' \in \mathbb{N}$, 当 $n < n'$ 时,

$$\|P_n(x)\|_1^* \leqslant \|P_{n'}(x)\|_1^* \leqslant \left\|\sum_{i=1}^{\infty} \xi_i e_i\right\|_1^*$$
$$= \|x\|_1^*, \quad \forall x \in E. \tag{5.13}$$

因而, 综上 (5.12),(5.13),(5.11) 式我们导出: $\forall n \in \mathbb{N}$, 有

$$\left\|(\xi_n^{(m_2)} - \xi_n^{(m_1)})e_n\right\|_1^* \leqslant 2\|x_{m_2} - x_{m_1}\|_1^* \to 0 \quad (m_1, m_2 \to \infty).$$

因此, 根据准范的性质, 可以容易地验证: 对于任意的 $n \in \mathbb{N}$, 数列 $\{\xi_n^{(m)} | m \in \mathbb{N}\}$ 都是 Cauchy 数列, 所以它们存在极限 $\xi_n^{(0)}$. 这样一来, 注意到 (5.13) 式, 我们则知: $\forall \varepsilon > 0$, 存在自然数 M, 使得当 $m_2 \geqslant m_1 \geqslant M$ 时, 有

$$\left\|\sum_{i=1}^{n} (\xi_i^{(m_2)} - \xi_i^{(m_1)})e_i\right\|_1^* = \|P_n(x^{(m_2)} - x^{(m_1)})\|_1^*$$
$$\leqslant \|x_{m_2} - x_{m_1}\|_1^* < \varepsilon.$$

由此, 令 $m_1 \to +\infty$ 时, 可以导出 (由 $\|\cdot\|_1^*$ 的准范数定义)

$$\left\| \sum_{i=1}^{n} (\xi_i^{(m_2)} - \xi_i^{(0)}) e_i \right\|_1^* \leqslant \varepsilon.$$

此即, 当令 $x_0 = \sum\limits_{i=1}^{\infty} \xi_i^{(0)} e_i$ 时, 可以得到: 当 $m > M$ 时, 有

$$\|x_m - x_0\|_1^* = \left\| \sum_{i=1}^{n} (\xi_i^{(m)} - \xi_i^{(0)}) e_i \right\|_1^* < \varepsilon.$$

故 $x_0 \in E$, 因此 E 在新准范 $\|\cdot\|_1^*$ 下是完备的, 其构成的 Fréchet 空间记为 F.

　　最后, 注意到当令 $I : E \to F$ 为恒等算子时, 显然其为 F 到 E 上的 1-1 对应线性算子, 且由上面关系式 $(*)$ 还有

$$\|I(x)\|^* \leqslant \|x\|_1^*, \quad \forall x \in F;$$

也即 I 还是连续的, 从而直接利用 Banach 逆算子定理 (例: 参阅 [1] 的 6.2 节推论 3), 我们可知 I^{-1} 亦为连续线性算子. 此外, 从前面 (5.10) 式可知: $\forall n \in \mathbb{N}$, 均有

$$\|P_n(x)\|^* \leqslant \|x\|_1^* = \|I^{-1}(x)\|_1^*, \quad \forall x \in E.$$

而由 I^{-1} 的连续性, 我们立即可以导出: $\forall \varepsilon > 0, \exists \delta > 0$, 使当 $\|x\|^* < \delta$ 时, 有

$$\|P_n(x)\|^* \leqslant \|I^{-1}(x)\|_1^* < \varepsilon \quad (\forall n \in \mathbb{N})$$

成立. 也即有

$$\sup_n \sup_{\|x\|^* \leqslant \delta} \|P_n(x)\|^* \leqslant \varepsilon. \tag{$**$}$$

因此, 典则单增投影列 $\{P_n\}$ 是等度连续的.

　　充分性. 我们仅需证明 $x = \sum\limits_{i=1}^{\infty} \xi_i e_i$ 表达式唯一, 故只需要证明零元 θ 表达式唯一. 因为 $\{e_i\}$ 的典则单增投影列 $\{P_n\}$ 是等度连续的, 所以由 $(**)$ 式可知 $P_n(\theta) = \theta$. 若有 $x = \sum\limits_{i=1}^{\infty} \xi_i e_i = \theta$, 那么, 类似 (5.12) 及 (5.13) 式, 我们有

$$\|\xi_n e_n\|_1^* \leqslant \|P_n x\|_1^* + \|P_{n-1} x\|_1^* \leqslant 2\|x\|_1^* = 0 \quad (\forall n \in \mathbb{N}).$$

因而, 由准范的定义 (注意假设 $e_n \neq \theta$), 我们就可以导出 $\xi_n = 0 \, (\forall n \in \mathbb{N})$. 因此, X 中元的表达式 $\sum\limits_{i=1}^{\infty} \xi_i e_i$ 均是唯一的.

为了证明 $\{e_i\}$ 构成空间 E 的一个基, 我们需要证明 $X = E$, 而由于假设 $\{e_i\}$ 的线性组合是稠于 E 的, 因此, 接下来, 我们仅需证明 X 是闭的就可以了. 下面, 我们证明这一事实.

假设序列 $\{x_m\} \subset X$, 使得

$$x_m \to x_0 \in E \quad (m \to \infty). \tag{5.14}$$

那么, 由 X 的定义, 可设 $x_m = \sum\limits_{i=1}^{\infty} \xi_i^{(m)} e_i \, (m \in \mathbb{N})$. 由此则知 $\{x_m\}$ 为 X 中的一个 Cauchy 列 (按 E 中准范 $\|\cdot\|^*$). 然而, 再注意到 $\{P_n\}$ 等度连续的假设 [关系式 $(**)$] 及新准范 $\|\cdot\|_1^*$ 的定义 [前面关系式 (5.10)], 我们当然有

$$\|x\|^* \to 0 \Rightarrow \|x\|_1^* \to 0, \quad \forall x \in X \subset E.$$

因此, 我们导出, $\{x_m\}$ 亦为 X 中按新准范 $\|\cdot\|_1^*$ 下的一个 Cauchy 列. 而由前面已知 X 在准范 $\|\cdot\|_1^*$ 下是完备的结果, 则可得到一元 $x_0' \in X$, 使得

$$\|x_m - x_0'\|_1^* \to 0 \quad (m \to \infty).$$

另一方面, 由于前面的 $(*)$ 式同样成立, 因此, 在 E 原来准范定义的拓扑下也有

$$x_m - x_0' \in X \subset E \quad (m \to \infty).$$

最后注意到 (5.14), 由极限的唯一性即得 $x_0 = x_0' \in E$. $\qquad\square$

注 5.3.7 当 E 为完备的赋 β-范空间时, 引理 5.3.6 的必要性证明也可十分简单地直接由文献 [1]§4.2 中的 "推广的共鸣定理" 直接导出, 这时, 我们仅需注意到那些共鸣定理对于第二纲赋 β-范空间上的 ("广义" 按范 γ-拟) 次加算子族仍是成立的.

为了引出接下来的引理, 我们需要先介绍一个定义:

定义 5.3.8 设 E 与 F 分别为赋 β_1-范和 β_2-范空间, T 为从 E 到 F 的有界线性算子, 定义 T 的范数为

$$\|T\| = \sup_{\|x\|_{\beta_1} \leqslant 1} \|T(x)\|_{\beta_2}.$$

当 E 完备时, 对于 E 中一个基 $\{e_i\}$ 的典则单增投影列 $\{P_n\}$, 我们定义其常基数为

$$K = \sup_n \|P_n\|.$$

注 5.3.9   由有界线性算子的定义, 以及在赋 β-范空间中拓扑有界与按范有界的等价性, 可知上述 T 的范数是有限的. 并且, 当 E 与 F 均为赋 β-范空间 $(\beta_1 = \beta_2 = \beta)$ 时, 我们有

$$\|T(x)\|_\beta \leqslant \|T\|\|x\|_\beta \quad (x \in E).$$

注 5.3.10   由引理 5.3.6 证明中的关系式 $(**)$, 以及 $\{P_n\}$ 的定义, 我们显然知 $1 \leqslant K < +\infty$.

对于赋 β-范空间而言, 上面引理 5.3.6 亦可以表述如下:

引理 5.3.11   设 E 为一个完备的赋 β-范空间, 对其内的非零序列 $\{e_i\}$, 有 $\overline{L(\{e_i\})} = E$. 那么 $\{e_i\}$ 构成 E 的一个 "基" 的充分必要条件是: $\exists K > 0$, 使得

$$\left\|\sum_{i=1}^n \xi_i e_i\right\|_\beta \leqslant K \left\|\sum_{i=1}^{n+m} \xi_i e_i\right\|_\beta, \quad \forall \xi_i \in K, \quad 1 \leqslant i \leqslant n+m, \quad \forall n, m \in \mathbb{N}.$$

证明   必要性. 由引理 5.3.6 结果可知

$$K = \sup_n \|P_n\|_\beta < +\infty.$$

因而有

$$\left\|\sum_{i=1}^n \xi_i e_i\right\|_\beta = \left\|P_n\left(\sum_{i=1}^{n+m} \xi_i e_i\right)\right\|_\beta$$

$$\leqslant K \left\|\sum_{i=1}^{n+m} \xi_i e_i\right\|_\beta, \quad \forall \xi_i \in K, \quad 1 \leqslant i \leqslant n+m, \quad \forall n, m \in \mathbb{N}.$$

充分性. 由假设可知, $\forall x = \sum_{i=1}^\infty \xi_i e_i \in E$, 均有

$$\left\|P_n\left(\sum_{i=1}^\infty \xi_i e_i\right)\right\|_\beta \leqslant K \left\|\sum_{i=1}^{n+m} \xi_i e_i\right\|_\beta, \quad \forall n, m \in \mathbb{N}.$$

特别地, 取 $m \to \infty$, 则有

$$\|P_n(x)\|_\beta \leqslant K\|x\|_\beta, \quad \forall x \in E.$$

也即 $\{P_n\}$ 为等度连续的, 从而由引理 5.3.6 的结果则知 $\{e_i\}$ 构成 E 的一个基. $\qquad\square$

为了下面的需要, 我们还给出一个同样重要的引理:

引理 5.3.12 设 E 是完备的赋 β-范空间, $\{e_i\}$ 为 E 内一个基, 其基常数为 K. 如果 $\|e_i\|_\beta = 1 (\forall i \in \mathbb{N})$, 且对某序列 $\{d_i\} \subset E$, 满足关系式

$$\sum_{i=1}^{\infty} \|d_i - e_i\|_\beta < \frac{1}{2K},$$

那么, $\{d_i\}$ 是 E 的闭线性子空间 $E_0 = \overline{L(\{d_i\})}$ 内的一个基, 并且与 E 中的基 $\{e_i\}$ 等价.

证明 对任意元 $x = \sum\limits_{i=1}^{\infty} \xi_i e_i \in E$, 注意到 β-范数的性质, 有

$$\left| \left\| \sum_{i=1}^{n} \xi_i d_i \right\|_\beta - \left\| \sum_{i=1}^{n} \xi_i e_i \right\|_\beta \right| \leqslant \left\| \sum_{i=1}^{n} \xi_i (d_i - e_i) \right\|_\beta$$

$$\leqslant \sum_{i=1}^{n} |\xi_i|^\beta \|d_i - e_i\|_\beta, \quad \forall n \in \mathbb{N}.$$

对于任意的 $i \in \mathbb{N}$, 当 $i \leqslant n$ 时, 根据基常数的定义, 我们有

$$|\xi_i|^\beta = \|\xi_i e_i\|_\beta = \left\| \sum_{j=1}^{i} \xi_j e_j - \sum_{j=1}^{i-1} \xi_j e_j \right\|_\beta$$

$$\leqslant \left\| P_i \left(\sum_{j=1}^{n} \xi_j e_j \right) \right\|_\beta + \left\| P_{i-1} \left(\sum_{j=1}^{n} \xi_j e_j \right) \right\|_\beta$$

$$\leqslant 2K \left\| \sum_{j=1}^{n} \xi_j e_j \right\|_\beta,$$

因此,

$$\left| \left\| \sum_{i=1}^{n} \xi_i d_i \right\|_\beta - \left\| \sum_{i=1}^{n} \xi_i e_i \right\|_\beta \right|$$

$$\leqslant 2K \left\| \sum_{i=1}^{n} \xi_i e_i \right\|_\beta \left\| \sum_{i=1}^{n} (d_i - e_i) \right\|_\beta$$

$$\leqslant \left(2K \sum_{i=1}^{\infty} \|d_i - e_i\|_\beta \right) \left\| \sum_{i=1}^{n} \xi_i e_i \right\|_\beta, \quad \forall n \in \mathbb{N}.$$

设

$$\delta = 2K \sum_{i=1}^{\infty} \|d_i - e_i\|_\beta.$$

由引理满足的关系式可知 $\delta < 1$, 且由上述不等式, $\forall n \in \mathbb{N}$, 有

$$\left\| \sum_{i=1}^n \xi_i d_i \right\|_\beta \geqslant (1 - \delta) \left\| \sum_{i=1}^n \xi_i e_i \right\|_\beta \tag{5.15}$$

及

$$\left\| \sum_{i=1}^n \xi_i d_i \right\|_\beta \leqslant (1 + \delta) \left\| \sum_{i=1}^n \xi_i e_i \right\|_\beta. \tag{5.16}$$

于是, 一方面, 设 $\{\tilde{P}_n\}$ 为 $\{d_i\}$ 的典则单增投影列, 由 (5.15), (5.16) 两式及基常数的定义, 我们有

$$\begin{aligned}
\left\| \widetilde{P}_n \left(\sum_{i=1}^\infty \xi_i d_i \right) \right\|_\beta &= \left\| \sum_{i=1}^n \xi_i e_i \right\|_\beta \\
&\leqslant (1 + \delta) \left\| P_n \left(\sum_{i=1}^\infty \xi_i e_i \right) \right\|_\beta \\
&\leqslant (1 + \delta) K \left\| \sum_{i=1}^\infty \xi_i e_i \right\|_\beta \\
&\leqslant \left(\frac{1 + \delta}{1 - \delta} \right) K \left\| \sum_{i=1}^\infty \xi_i d_i \right\|_\beta, \quad \forall n \in \mathbb{N},
\end{aligned}$$

也即有

$$\left\| \widetilde{P}_n(y) \right\|_\beta \leqslant \left(\frac{1 + \delta}{1 - \delta} \right) K \|y\|_\beta, \quad \forall y = \sum_{i=1}^\infty \xi_i d_i \in E_0.$$

由此导出 $\{\widetilde{P}_n\}$ 是等度连续的. 因此由引理 5.3.6 可知, $\{d_i\}$ 构成了闭线性子空间 $E_0 = \overline{L(\{d_i\})}$ 内的一个基.

另一方面, 由 (5.15), (5.16) 两式及定义 5.3.2, 我们还知, E 中的基 $\{e_i\}$ 与 E_0 中的基 $\{d_i\}$ 是等价的. □

引理 5.3.11 的结果, 对于例 5.1.11 中 Pelczyński 所作的形如 l^{β_n} 的完备赋准范空间也是正确的, 我们有下面的结果:

引理 5.3.13 设 E 是赋准范空间, $\{e_i\}$ 为 E 内线性无关序列. 如果有序列 $\{x_n\} \subset E$ 具有以下性质:

$$x_n = \sum_{i=1}^{\infty} \xi_{n,i} e_i \ (n \in \mathbb{N}), \quad \lim_{n \to \infty} \xi_{n,i} = 0 \ (i \in \mathbb{N}),$$

那么, 对任给的正数列 $\{\varepsilon_k\}$, 必存在单增非负整数列 $\{m_k\}$ 和相应子列 $\{x_{n_k}\} \subset \{x_n\}$, 使得

$$\left\| x_{n_k} - \sum_{i=m_k+1}^{m_{k+1}} \xi_{n_k,i} e_i \right\| < \varepsilon_k \quad (k \in \mathbb{N}).$$

证明 我们用归纳法来证明. 首先, 令: $m_1 = 0, x_{n_1} = x_1$. 那么, 由上面 $\{x_n\}$ 的表达式, 对于正数 ε_1, 不难找到自然数 $m_2 > m_1$, 使得

$$\left\| x_1 - \sum_{i=1}^{m_2} \xi_i e_i \right\| < \varepsilon_1.$$

其次, 假设已选到了满足上面要求的元 $x_{n_{k-1}}$ 及自然数 m_k. 下面, 我们来选出元 x_{n_k} 及自然数 m_{k+1}. 事实上, 注意到引理假设 $\lim\limits_{n \to \infty} \xi_{n,i} = 0 \, (\forall i \in \mathbb{N})$, 故对上面选出的自然数 m_k, 不难找到自然数 n_k, 使得 (注意准范数性质)

$$\left\| \sum_{i=1}^{m_k} \xi_{n_k,i} e_i \right\| \leqslant \sum_{i=1}^{m_k} \| \xi_{n_k,i} e_i \| < \frac{1}{2} \varepsilon_k.$$

而对于相应的元 x_{n_k}, 类似地, 存在自然数 m_{k+1}, 使得

$$\left\| x_{n_k} - \sum_{i=1}^{m_{k+1}} \xi_{n_k,i} e_i \right\| < \frac{1}{2} \varepsilon_k.$$

综合上述两个不等式, 则可以导出

$$\left\| x_{n_k} - \sum_{i=m_k+1}^{m_{k+1}} \xi_{n_k,i} e_i \right\| < \varepsilon_k,$$

也即 x_k 及自然数 m_{k+1} 合乎引理要求. $\square$

类似地, 当 E 为赋 β-范空间时, 我们可以得到下面较强些的结果.

引理 5.3.14 在引理 5.3.13 中, 当 E 为赋 β-范空间, $\|x_n\|_\beta = 1$ 时, 则相应得到的序列 $e_k' = \sum\limits_{i=m_k+1}^{m_{k+1}} \xi_{n_k,i}' e_i$, 满足 $\|e_k'\|_\beta = 1 \ (\forall k \in \mathbb{N})$.

证明　显然,

$$\lim_{m \to \infty} \left\| \sum_{i=1}^{m} \xi_{n,i} e_i \right\|_\beta = \left\| \sum_{i=1}^{\infty} \xi_{n,i} e_i \right\|_\beta$$

$$= \|x_n\|_\beta = 1 \quad (\forall n \in \mathbb{N}). \tag{5.17}$$

因此, 类似引理 5.3.13 的证明, 首先, 我们不难找到 $m_1 = 0, x_{n_1} = x_1$ 及 m_2, 使得

$$\left\| x_1 - \frac{\sum\limits_{i=1}^{m_2} \xi_{1,i} e_i}{\left\| \sum\limits_{i=1}^{m_2} \xi_{1,i} e_i \right\|_\beta^{\frac{1}{\beta}}} \right\|_\beta < \varepsilon_1.$$

当选 n_k 时, 注意到对已选出的 m_k, 由引理条件可知

$$\left\| \sum_{i=1}^{m_k} \xi_{n,i} e_i \right\|_\beta \to 0 \quad (n \to \infty). \tag{5.18}$$

因此, 注意到

$$\left\| \sum_{i=m_k+1}^{m} \xi_{n,i} e_i \right\|_\beta \geqslant \left\| \sum_{i=1}^{m} \xi_{n,i} e_i \right\|_\beta - \left\| \sum_{i=1}^{m_k} \xi_{n,i} e_i \right\|_\beta.$$

由 (5.17), (5.18) 式则不难选出足够大的自然数 n_k 及 m_{k+1}, 使得 $\left\| \sum\limits_{i=m_k+1}^{m_{k+1}} \xi_{n_k,i} e_i \right\|_\beta$ 与 1 足够接近, 并且还有

$$\left\| x_{n_k} - \frac{\sum\limits_{i=m_k+1}^{m_{k+1}} \xi_{n_k,i} e_i}{\left\| \sum\limits_{i=m_k+1}^{m_{k+1}} \xi_{n_k,i} e_i \right\|_\beta^{\frac{1}{\beta}}} \right\|_\beta < \varepsilon_k.$$

这样一来, 上述序列

$$e_k' = \sum_{i=m_k+1}^{m_{k+1}} \xi_{n_k,i}' e_i = \sum_{i=m_k+1}^{m_{k+1}} \left\| \sum_{j=m_k+1}^{m_{k+1}} \xi_{n_k,j} e_j \right\|_\beta^{\frac{1}{\beta}} \xi_{n_k,i} e_i, \quad \forall k \in \mathbb{N}$$

即为本引理所求.　　　　　　　　　　　　　　　　　　　　　　　　　　□

引理 5.3.15 当 $E = l^{\beta_n}$ 及 $\{e_i\}$ 为标准基时, 引理 5.3.14 的结论仍然成立.

证明 我们在引理 5.3.14 的证明中, 当 $m_1 = 0, x_{n_1} = x_1$ 时, 注意到由于该空间的假设 $\beta^* = \underline{\lim}_n \beta_n \neq 0$, 故知 $\alpha = \inf_n \beta_n > 0$.

因此, 由假设 $\|x_1\|^* = 1$ $\left(x_1 = \sum\limits_{i=1}^\infty \xi_{1,i} e_i \right)$ 可知: 对任何 $\beta_i (i \in \mathbb{N})$ 一致地有

$$1 \geqslant \left(\sum_{j=1}^m |\xi_{1,j}|^{\beta_j} \right)^{\frac{1}{\beta_i}} \geqslant \left(\sum_{j=1}^m |\xi_{1,j}|^{\beta_j} \right)^{\frac{1}{\alpha}} \to 1 \quad (m \to \infty). \tag{5.19}$$

故有

$$\sum_{i=1}^m \frac{\xi_{1,i} e_i}{\left(\sum\limits_{j=1}^m |\xi_{1,j}|^{\beta_j} \right)^{\frac{1}{\beta_i}}} \longrightarrow \sum_{i=1}^\infty \xi_{1,i} e_i = x_1 \quad (m \to \infty).$$

从而可以导出, 对于已给的正数 ε_1, 同样可以找到一自然数 m_2, 使得

$$\left\| x_1 - \sum_{i=1}^{m_2} \frac{\xi_{1,i} e_i}{\left(\sum\limits_{j=1}^{m_2} |\xi_{1,j}|^{\beta_j} \right)^{\frac{1}{\beta_i}}} \right\|^* < \varepsilon_1.$$

而当选 n_k 时, 同样注意到对于已经选取的 m_k 满足

$$\left\| \sum_{i=1}^{m_k} \xi_{n_k,i} e_i \right\|^* \to 0 \quad (n \to \infty). \tag{5.20}$$

故类似于引理 5.3.14 的推导过程, 由 (5.19), (5.20) 式不难选出足够大的自然数 n_k 及 m_{k+1}, 使得

$$\left\| \sum_{i=m_k+1}^{m_{k+1}} \xi_{n_k,i} e_i \right\|^* = \sum_{i=m_k+1}^{m_{k+1}} |\xi_{n_k,i}|^{\beta_i}$$

与 1 足够接近, 并且还有

$$\left\| x_{n_k} - \sum_{i=m_k+1}^{m_{k+1}} \frac{\xi_{n_k,i} e_i}{\left(\sum\limits_{j=m_k+1}^{m_{k+1}} |\xi_{n_k,j}|^{\beta_j} \right)^{\frac{1}{\beta_i}}} \right\|^* < \varepsilon_k.$$

这样一来, 上述的序列

$$e_{k'} = \sum_{i=m_k+1}^{m_{k+1}} \xi_{n_{k'},i} e_i = \sum_{i=m_k+1}^{m_{k+1}} \frac{\xi_{n_k,i}}{\left(\sum\limits_{j=m_k+1}^{m_{k+1}} |\xi_{n_k,j}|^{\beta_j} \right)^{\frac{1}{\beta_i}}} e_i, \quad \forall k \in \mathbb{N}$$

即为本引理所求. □

注 5.3.16 由引理 5.3.13 和引理 5.3.14 的证明可以看出, 单增整数列 $\{m_k\}$ 可以附加条件, 使得 $m_k > m_k^0$, 而这里的 $\{m_k^0\}$ 则可以预先取为任意给定的数列.

引理 5.3.17 设 E 是具有基 $\{e_i\}$ 的完备赋 β-范空间, $E_0 \subset E$ 是无穷维线性子空间. 那么, 在 E_0 中必存在一个序列 $\{d_n\}$, 使得: $\forall n \in \mathbb{N}, \|d_n\|_\beta = 1$. 当 $d_n = \sum\limits_{i=1}^{\infty} \xi_{n,i} e_i$ 时, 则有 $\lim\limits_{n\to\infty} \xi_{n,i} = 0 (\forall i \in \mathbb{N})$.

证明 反之, 假设结论不成立. 那么必存在某自然数 i_0, 使得在 E_0 的单位球面上, 不存在使得 (相应于基 $\{e_i\}$ 的) 前 i_0 个坐标均趋向于 0 的序列. 也即, 存在正数 ε_0, 使得对任意元 $x \in E_0$, 当 $\|x\|_\beta = 1$ 及 $x = \sum\limits_{i=1}^{\infty} \xi_i e_i$ 时, 有

$$\max_{1 \leqslant i \leqslant i_0} |\xi_i| \geqslant \varepsilon_0. \tag{5.21}$$

事实上, 若上式不成立, 那么, 当 $i = 1$ 时, 必存在 E_0 中范数为 1 的序列, 使得其 (相应于基 $\{e_i\}$ 的) 第一个坐标趋于 0, 从而可取一元 x_1, 使得其第一个坐标 $|\xi_1^{(1)}| < 1$. 而当 $i = 2$ 时, 同样存在 E_0 中范数为 1 的序列, 使得其第一、第二个坐标一致趋于 0, 从而可取 x_2, 满足 $\max\limits_{1 \leqslant i \leqslant 2} |\xi_i^{(2)}| < \frac{1}{2}, \cdots$. 对于一般的 n, 则存在 E_0 中范数为 1 的序列, 使得其前 n 个坐标一致趋于 0, 从而可取一元 x_n, 满足 $\max\limits_{1 \leqslant i \leqslant n} |\xi_i^{(n)}| < \frac{1}{n}$. 于是 E_0 中单位球面上的序列 $\{x_n\}$ 满足引理结论的要求, 矛盾!

因此, 我们可以在 E_0 上重新定义一个范数:

$$\|x\| = \max_{1 \leqslant i \leqslant i_0} |\xi_i|, \quad \forall x = \sum_{i=1}^{\infty} \xi_i e_i \in E_0. \tag{5.22}$$

根据 (5.21) 及空间的赋 β-范性,

$$\|x\| \geqslant \varepsilon_0 \|x\|_\beta^{\frac{1}{\beta}}, \quad \forall x \in E_0. \tag{5.23}$$

从而易证由 (5.22) 定义的 "$\|\cdot\|$" 确为 E_0 中的一个范数. 于是, 对 E_0 中任意 i_0+1 个元 $y_1, y_2, \cdots, y_{i_0}, y_{i_0+1}$, 由线性代数基本知识易知, 必存在 i_0+1 个不全为 0 的数 $\alpha_1, \alpha_2, \cdots, \alpha_{i_0}, \alpha_{i_0+1}$, 使得元

$$y = \alpha_1 y_1 + \alpha_2 y_2 + \cdots + \alpha_{i_0} y_{i_0} + \alpha_{i_0+1} y_{i_0+1} \quad (\in E_0)$$

的前 i_0 个坐标均为 0. 这样, 由 (5.22), (5.23) 式立即得到 $\|y\|_\beta = 0$. 结合 β-范的性质, 可以导出 $y = \theta$. 也即 E_0 中任意 i_0+1 个元素必是线性相关的, 此即 E_0 的维数必定小于 i_0+1, 而此显然与 E_0 的无穷维假设矛盾. $\qquad\square$

注意到空间 l^{β_n} 亦是以 "标准基" $\{e_i\}$ 为基底的完备赋准范空间, 并由其准范数的特点, 我们可以得到下面的结论:

引理 5.3.18 当 $E = l^{\beta_n}$ 时, 引理 5.3.13 的结论仍然成立.

证明 与引理 5.3.13 前面论述一样. 假设结论不成立时, 则必存在某自然数 i_0, 使得对于该无穷维线性子空间 E_0, 有

$$\max_{1 \leqslant i \leqslant i_0} |\xi_i| \geqslant \varepsilon_0, \quad \forall \|x\|^* = 1, \quad x = \sum_{i=1}^\infty \xi_i e_i \in E_0. \tag{5.24}$$

因而在 E_0 的新范数 $\|x\| = \max\limits_{1 \leqslant i \leqslant i_0} |\xi_i|$ 下, 一方面, $\forall x \in E_0, \|x\|^* \leqslant 1$, 由于准范数关于 "数乘" 的连续性, 以及 l^{β_n} 空间中准范数关于 "数乘" 的绝对值是单增的, 因此必存在数 $|t| \leqslant 1$ 及元 $y \in E_0$, 使得 $x = ty$ 及 $\|y\|^* = 1$. 于是, 由 (5.24) 式则有

$$\|x\| = \|ty\| = |t| \cdot \|y\| \geqslant |t| \varepsilon_0 = \varepsilon_0 |t| (\|y\|^*)^{\frac{1}{\alpha}},$$

这里, $\alpha = \inf\limits_n \beta_n$, 由引理 5.3.15 可以得到 $\alpha > 0$. 从而有

$$\|x\| \geqslant \varepsilon_0 |t| \left(\sum_{i=1}^\infty \left| \frac{\xi_i}{t} \right|^{\beta_i} \right)^{\frac{1}{\alpha}} \geqslant \varepsilon_0 |t| \left(\sum_{i=1}^\infty \left| \frac{1}{t} \right|^\alpha |\xi_i|^{\beta_i} \right)^{\frac{1}{\alpha}}$$

$$= \varepsilon_0 \left(\sum_{i=1}^\infty |\xi_i|^{\beta_i} \right)^{\frac{1}{\alpha}} = \varepsilon_0 \left(\|x\|^* \right)^{\frac{1}{\alpha}};$$

也即导出

$$\|x\|^* \leqslant \left(\frac{1}{\varepsilon_0} \right) \|x\|^\alpha, \quad \|x\|^* \leqslant 1, \quad x = \sum_{i=1}^\infty \xi_i e_i \in E_0. \tag{5.25}$$

另一方面, 再注意到 l^{β_n} 空间中准范数的性质, 我们又有

$$|\xi_i|^{\beta_i} = \|\xi_i e_i\|^* \leqslant \left\|\sum_{i=1}^{\infty} \xi_i e_i\right\|^* = \|x\|^*, \quad \forall i \in \mathbb{N}.$$

也即导出

$$\|x\| = \max_{1 \leqslant i \leqslant i_0} |\xi_i| \leqslant \|x\|^{*\beta}, \tag{5.26}$$

其中, $\beta = \dfrac{1}{\max\limits_{1 \leqslant i \leqslant i_0} \beta_i}$. 因而, 由 (5.25),(5.26) 我们亦可以导出原赋准范空间 l^{β_n} 与

一个 i_0 维欧氏空间线性同胚, 而此显然与 E_0 是无穷维的假设矛盾. □

借助于上面的引理, 利用 Pelczyński 的例子 (例 5.1.11), 我们便可得到本节的如下定理.

定理 5.3.19 ([13, Stiles]) 对于任意正数 $\beta^* \leqslant 1$, 均存在一个局部有界、满足 T_0 公理的线性拓扑空间 E 不能赋以 β^*-范数. 但是, E 的任意无穷维闭线性子空间 E_0 均含有一个无穷维闭子空间 X, 该空间能够赋 β^*-范.

证明　与例 5.1.11 一样, 取空间 $E = l^{\beta_n}$, 对于任意的 $n \in \mathbb{N}$, 令

$$\beta_n = \begin{cases} 1, & n \leqslant \left[e^{e^2}\right], \\ \beta^* \left(1 - \dfrac{1}{\ln \lg n}\right), & n > \left[e^{e^2}\right]. \end{cases}$$

首先, 我们已知 E 为一个局部有界, 且满足 T_0 公理的线性拓扑空间, 并且对任何正数 $\beta < \beta^*$, 其均存在与空间 l^{β_n} 原准范等价的 "β-范数". 此外, 该空间是不可赋 β^*-范数的.

其次, 设 E_0 为 E 的无穷维的闭线性子空间, 那么, 注意到 $E = l^{\beta_n}$ 是具有标准基 $\{e_i\}$:

$$e_i = (0, \cdots, 0, 1_{(i)}, 0, \cdots) \quad (i \in \mathbb{N})$$

的完备赋准范空间, 因此由引理 5.3.14, 我们可在 E_0 中找到一个序列 $\{d_n\}$, 使得

$$\|d_n\|^* = 1 \quad \left(d_n = \sum_{i=1}^{\infty} \xi_{n_i} e_i \in E_0\right), \quad \forall n \in \mathbb{N}.$$

然而注意到 l^{β_n} 具有等价的 "β-范数" $\|\cdot\|_\beta$, 因此, 由基的定义及等价保持收敛性可知, $\{e_i\}$ 亦为赋 β-范空间 $(l^{\beta_n}, \|\cdot\|_\beta)$ 的一个基. 设其基常数为 K. 那么, 由此两

准范数的等价性, 我们立即得到一正数列 $\{\varepsilon_n\}$, 使得, $\forall n \in \mathbb{N}$, 有

$$\|x\|^* < \varepsilon_n \Rightarrow \|x\|_\beta < \frac{1}{2^n} \cdot \frac{1}{2^K}, \quad \forall x \in l^{\beta_n}. \tag{5.27}$$

再次, 对上述 E_0 中序列 $\{d_n\}$ 及正数列 $\{\varepsilon_n\}$, 由引理 5.3.13 可知, 存在某单增非负数列 $\{m_n\}$ 及数列 $\{\xi'_{ni} | m_n+1 \leqslant i \leqslant m_{n+1}, n \in \mathbb{N}\} \subset K$, 使得元 $e'_n = \sum\limits_{i=m_n+1}^{m_{n+1}} \xi'_{ni} e_i$ 具有性质:

$$\|e'_n\|^* = 1, \quad \|d_{k_n} - e'_n\|^* < \varepsilon_n, \quad \forall n \in \mathbb{N}. \tag{5.28}$$

注意到引理 5.3.12, 易见上述序列 $\{e'_n\}$ 亦构成空间 $(l^{\beta_n}, \|\cdot\|_\beta)$ 的闭线性子空间 $(\overline{L(\{e'_n\})}, \|\cdot\|_\beta)$ 内的一个基 (常称为 $\{e_i\}$ 的 "组块基"), 并且其相应的基常数 $K' \leqslant K$. 这样, 由 (5.27) 和 (5.28) 两式我们得到

$$\sum_{n=1}^{\infty} \|d_{k_n} - e'_n\|_\beta \leqslant \frac{1}{2^K} \leqslant \frac{1}{2^{K'}}.$$

而由引理 5.3.12 我们立即导出: $\{d_{k_n}\}$ 亦为空间 $(E_0, \|\cdot\|_\beta)$ 的闭线性子空间 $(\overline{L(\{d_{k_n}\})}, \|\cdot\|_\beta)$ 内的一个基, 并且其与空间 $(\overline{L(\{e'_n\})}, \|\cdot\|_\beta)$ 的基 $\{e'_n\}$ 是等价的. 而当再次利用 $E = l^{\beta_n}$ 的准范与 $\|\cdot\|_\beta$ 的等价性时, 我们还知在 $E = l^{\beta_n}$ 的原准范数下, 对于 E 及 E_0 的闭线性子空间 $M_1 = \overline{L(\{e'_n\})}$ 及 $M_0 = \overline{L(\{d_n\})}$ 亦有上面结论.

这样, 注意到空间 $E = l^{\beta_n}$ 中的准范的定义及 (5.28) 式, 我们可以看到: $\forall |\xi| \leqslant 1$, 有

$$\|\xi e'_n\|^* = \left\| \sum_{i=m_n+1}^{m_{n+1}} \xi \xi'_{ni} e_i \right\|^* = \sum_{i=m_n+1}^{m_{n+1}} |\xi \xi'_{ni}|^{\beta_i}$$

$$\leqslant |\xi|^{\beta_{m_n}} \sum_{i=m_n+1}^{m_{n+1}} |\xi'_{ni}|^{\beta_i} = |\xi|^{\beta_{m_n}} \|e'_n\|^* = |\xi|^{\beta_{m_n}}.$$

而由注 5.3.16, 我们还可设上述 e'_n 的表达式中, 均有

$$m_n > e^{e^{2^n}} \quad (\text{即} \ln \ln m_n) > 2^n.$$

这样, 由 β_n 的取法, 可以导出

$$\|\xi e'_n\|^* \leqslant |\xi|^{\beta^*(1-\frac{1}{2^n})} < \|\xi e_n\|_{\beta^*} + \frac{1}{2^n}. \tag{5.29}$$

[这里, $\|\cdot\|_{\beta^*}$ 为 l^{β^*} 空间的 β^*-范数, 而注意到上述 "标准基" $\{e_n\}$ 亦为此空间 l^{β^*} 的基, 并注意到不等式

$$|\xi|^{\beta^*\left(1-\frac{1}{2^n}\right)} - |\xi|^{\beta^*} \leqslant \frac{1}{2^n}, \quad \forall |\xi| \leqslant 1,$$

则不难得到 (5.29) 式.]

同样地, 由 e_n' 的取法 (5.28), 并注意到假设, 除有限项外, 均有正数列 $\beta_n \uparrow$ $\beta^* (n \to \infty)$. 故我们又有: $\forall |\xi| \leqslant 1$,

$$\|\xi e_n'\|^* = \sum_{i=m_n+1}^{m_{n+1}} |\xi \xi_{ni}'|^{\beta_i} \geqslant |\xi|^{\beta^*} \sum_{i=m_n+1}^{m_{n+1}} |\xi_{ni}'|^{\beta_i}$$

$$= |\xi|^{\beta^*} = \|\xi e_n\|_{\beta^*}, \quad \forall n \in \mathbb{N}. \tag{5.30}$$

于是, 由 (5.29), (5.30) 式, 并注意到子空间 M_1 在原空间准范 "$\|\cdot\|^*$" 下是完备的, 且空间 l^{β^*} 关于其 β^*-范数 "$\|\cdot\|_{\beta^*}$" 也是完备的, 因而, 由泛函基本知识可知: 空间 M_1 中的基 $\{e_n'\}$ 与空间 l^{β^*} 的基 $\{e_n\}$ 亦是等价的.

最后, 综合上面的结果, 我们则知 E_0 的子空间 $M_0 = \overline{L(\{d_{k_n}\})}$ 的基 $\{d_{k_n}\}$ 与空间 l^{β^*} 中的基 $\{e_n\}$ 也是等价的. 因此, 由引理 5.3.3, 可知这两个空间必是线性同胚的. 此即, 在空间 M_0 内可定义一个 β^*-范数, 使其所导出的拓扑与空间原来的拓扑等价, 也即空间 M_0 是可赋 β^*-范的.   □

注 5.3.20   在定理 5.3.19 的例子中, 取 $\beta^* = 1$ 时, 则该定理指出: 一个 "不能赋范" 的赋 β-范 $(0 < \beta < 1)$ 空间的任何无穷维闭线性子空间均含有一个 "可赋范" 的无穷维闭线性子空间.

注 5.3.21   在后面 6.2 节中, 我们将要指出: 任何 $l^{\beta}(0 < \beta < 1)$ 均不是所谓 "局部凸" 的空间. 因此, 由注 5.3.20 的结果以及 5.4 节的定理, 我们可得到下面一个有趣的结论: 存在着一个具有 "基" 的完备赋 β-范空间 (当然其也是 Fréchet 空间), 它不是 "局部凸" 的; 然而, 这个空间的每一个无穷维闭线性子空间中, 都包含着一个无穷维的局部凸闭子空间. 这表明, 即便一个空间 E 的每一个无穷维子空间都包含着无穷维的局部凸子空间, E 本身也未必是局部凸的.

5.4   赋 β-范空间与 $l^{\beta}(0 < \beta \leqslant 1)$ 空间的联系

在本节中, 我们将介绍一个定理及其推论. 通过这些内容, 我们将看到任何抽象的赋 β-范空间与数列空间 l^{β} 之间存在着紧密的联系. 首先, 我们给出下面定理.

定理 5.4.1   若 E 为可分的、完备的赋 β-范空间, 那么其必为相应的数列空间 l^{β} 在某连续线性算子 T 下的映像值.

证明 由 E 的可分性假设可知, 对于 E 中的单位开球 $O_1(\theta) = \{x | \|x\|_{\beta} < 1, x \in E\}$ 而言, 必存在序列 $\{x_n\} \subset O_1(\theta)$, 使得 $\overline{\{x_n\}} \subset O_1(\theta)$.

定义 $T : l^{\beta} \to E$ 如下:

$$T(\{\xi_n\}) = \sum_{n=1}^{\infty} \xi_n x_n, \quad \forall \{\xi_n\} \in l^{\beta}.$$

由于对任意的自然数 $m_2 > m_1$, 均有

$$\left\| \sum_{n=1}^{m_1} \xi_n x_n - \sum_{n=1}^{m_2} \xi_n x_n \right\|_{\beta} \leqslant \sum_{m_1+1}^{m_2} \|\xi_n x_n\|_{\beta} \leqslant \sum_{m_1+1}^{m_2} |\xi_n|^{\beta} \to 0 \quad (m_1, m_2 \to \infty),$$

因此由空间 E 的完备性假设可知 $\sum_{n=1}^{\infty} \xi_n x_n \in E$. 所以定义是合理的. 显然, T 是线性算子, 并由

$$\|T(\{\xi_n\})\|_{\beta} \leqslant \sum_{n=1}^{\infty} \|\xi_n x_n\|_{\beta} \leqslant \sum_{n=1}^{\infty} |\xi_n|^{\beta} = \|\{\xi_n\}\|^*, \quad \forall \{\xi_n\} \in l^{\beta}$$

我们还知 T 是连续线性算子.

接下来需要证明的是: 映射 T 将 l_{β} 映射到整个空间 E. 由于 T 的齐次性, 我们只需证明 E 的单位开球 $O_1(\theta)$ 包含在 T 的像中即可. 下面, 我们证明这一事实. $\forall x^{\circ} \in E, \|x^{\circ}\|_{\beta} < 1$, 由 $\{x_n\}$ 稠于 $O_1(\theta)$ 的假设, 我们可以找到 $x_{n_1} \in \{x_n\}$, 使得

$$\|x_{n_1} - x^{\circ}\|_{\beta} < \frac{1}{2}.$$

由此, 因为 $-2(x_{n_1} - x^{\circ}) \in O_1(\theta)$, 集 $\{x_n | n \in \mathbb{N}\} / \{x_{n_1}\}$ 亦稠于 $O_1(\theta)$, 所以又可以从 $\{x_n\}$ 中找到 $x_{n_2} \neq x_{n_1}$, 使得

$$\|x_{n_2} + 2(x_{n_1} - x^{\circ})\|_{\beta} < \frac{1}{2^2};$$

也即有

$$\left\| \left(x_{n_1} + \frac{x_{n_2}}{2} \right) - x^{\circ} \right\|_{\beta} < \frac{1}{2^2}.$$

同样, 由此可知 $-2^2 \left(x_{n_1} + \frac{x_{n_2}}{2} - x^{\circ} \right) \in O_1(\theta)$, 因而必可从 $\{x_n\}$ 中找到一异于 x_{n_1} 及 x_{n_2} 的元 x_{n_3}, 使得

$$\left\| \left(x_{n_1} + \frac{x_{n_2}}{2} + \frac{x_{n_3}}{2^2} \right) - x^{\circ} \right\|_{\beta} < \frac{1}{2^3}.$$

如此下去, 由归纳法, 我们则可取出子列 $\{x_{n_k}\} \subset \{x_n\}$, 使得均有

$$\left\| \sum_{k=1}^{m} \frac{x_{n_k}}{2^{k-1}} - x^\circ \right\|_\beta < \frac{1}{2^m} \quad (\forall m \in \mathbb{N}).$$

这样一来, 若取一数列 $\{\xi_n^\circ\}$ 如下:

$$\xi_n^\circ = \begin{cases} \dfrac{1}{2^{k-1}}, & n = n_k, \\ 0, & \text{其他}, \end{cases}$$

我们容易验证 $\{\xi_n^\circ\} \in l^\beta$, 这结合算子 T 的定义, 我们还可以导出 $T(\{\xi_n^\circ\}) = x^\circ$. $\qquad\square$

利用上面定理的证明方法, 我们可以立即得到下面的一个推论.

推论 5.4.2　若 E 为可分的赋 β-范空间, 那么, 其必为相应空间 l^β 的某一线性子空间在 (该子空间上定义的) 某连续线性算子 T 下的映像值.

注 5.4.3　特别当 $\beta = 1$ 时, 由定理 5.4.1 及推论 5.4.2, 我们还可以导出: 任何一个可分的 Banach 空间 E, 必存在 l^1 上的某连续算子 T, 使得 $T(l^1) = E$. 而当 E 是不完备的赋范空间时, 则必存在 l^1 内的某一线性子空间 $X_0 \subset l^1$ 及 X_0 上连续线性算子 T_0, 使得 $T_0(X_0) = E$.

5.5　完全有界集、局部完全有界空间

局部完全有界空间作为局部有界线性拓扑空间的一个特殊部分, 与有限维的欧氏空间有着十分紧密的联系. 为了介绍这个空间, 我们首先必须给出有关 "完全有界集" 的概念.

(一)

定义 5.5.1　设 E 为线性拓扑空间, B 为 E 中一个子集, 若对 E 中任意 $U \in \mathscr{U}(\theta$ 点邻域族) 均存在有限元集 $B_u \subset B$, 使得

$$B \subset B_u + U,$$

那么, 我们称 B 为完全有界集.

注 5.5.2　空间 E 中的完全有界集还有另一个等价定义如下: 对 E 中任意邻域 $U \in \mathscr{U}$, 均存在有限元集 $D_u \subset E$, 使得 $B \subset D_u + U$, 即可以将 "集 B" 中的有限元集改为空间中的有限元集.

事实上, 此时对任意邻域 $U \in \mathscr{U}$, 由第 2 讲知, 必存在某对称邻域 $V \in \mathscr{U}$, 使得 $V + V = U$. 然后, 对这个邻域 V, 由上定义导出必存在 E 中有限元集 D_v, 使得

$$B \subset D_v + V.$$

不妨设 $D_v = (d_1, d_2, \cdots, d_n)$, 并设 $d_i + V$ 中均含有 B 的元, 否则我们可将不满足此种性质的 d_i 除去 $(\forall 1 \leqslant i \leqslant n)$. 这样, $\forall d_i \in D_v, \exists v_i \in V$ 使得

$$b_i = d_i + v_i \in B_i \quad (1 \leqslant i \leqslant n).$$

设 $B_v = (b_1, b_2, \cdots, b_n)$, 由此可知

$$B \subset D_v + V \subset (B_v + V) + V = B_v + V + V \subset B_v + U.$$

这与定义 5.5.1 中完全有界集的定义是一致的.

注 5.5.3 由注 5.5.2 可直接导出: 完全有界集的任何子集也是完全有界的.

注 5.5.4 比较容易验证在线性拓扑空间中成立着以下性质:

$$(列) \text{ 紧集} \Rightarrow \text{完全有界集} \Rightarrow \text{有界集} \quad (反之不成立).$$

注 5.5.5 在线性拓扑空间中, 与有界集类似 (参看注 3.2.2), 对于 "完全有界集" 进行下列运算仍保持其完全有界性:

(i) 有限个之 "和";

(ii) 有限个之 "并";

(iii) 数乘;

(iv) 平移.

上面的性质均可以从定义直接验证, 留给读者来完成. 下面, 我们来介绍有关完全有界集的其他性质 (以下均设空间为线性拓扑空间):

定理 5.5.6 空间 E 中完全有界集的 "均衡包" 亦是完全有界集.

证明 当 B 为空间 E 中一个完全有界集时, 由定义可知, 对任意 $U \in \mathscr{U}$, 均存在有限元集 $B_0 \subset B$, 使得

$$B \subset B_0 + U.$$

从而对于任意的 $|\lambda| \leqslant 1$ 有

$$\lambda B \subset \lambda B_0 + \lambda U.$$

因此, 注意到推论 2.2.10, 我们不妨取 U 为均衡的, 因此可以导出

$$\bigcup_{|\lambda| \leqslant 1} \lambda B \subset \bigcup_{|\lambda| \leqslant 1} \lambda B_0 + \bigcup_{|\lambda| \leqslant 1} \lambda U \subset \bigcup_{|\lambda| \leqslant 1} \lambda B_0 + U. \tag{5.31}$$

因此, 只要能证明 "有限元" 所成集合的 "均衡包" 亦是完全有界的, 由 (5.31) 式就可以导出所需结论. 结合注 5.5.5 中性质 (ii), 我们余下仅需证明: 对于每一个元 $x_0 \in B_0$, 其均衡包 $\bigcup\limits_{|\lambda| \leqslant 1} \lambda\{x_0\}$ 也是一个完全有界集即可. 这个结论是比较容易证明的. 我们可以通过线性拓扑空间的定义 (关于 "数乘" 的连续性) 和数集 $\{\lambda | |\lambda| \leqslant 1\}$ 是数域 K 中一个紧集, 得到 $\bigcup\limits_{|\lambda| \leqslant 1} \lambda\{x_0\}$ 是 E 中一个紧集, 故由注 5.5.4, 其亦是一个完全有界集. 此即导出所需结论. □

定理 5.5.7　连续线性映射将完全有界集变为完全有界集.

证明　这是容易验证的. 设 E 和 F 为线性拓扑空间, $T : E \to F$ 为连续线性算子. $\forall U_1 \subset \mathscr{U}$ (F 中 θ 点的邻域族), 由于 $T^{-1}(U_1) \in \mathscr{U}$ (E 中 θ 点的邻域族), 而对 E 中每一个完全有界集 B, 从其必可选出有限元集 $B_0 \subset B$, 使得

$$B \subset B_0 + T^{-1}(U_1),$$

因此可以导出

$$T(B) \subset T(B_0) + U_1.$$

由此得到所需结论. □

定理 5.5.8　完全有界集的闭包亦是完全有界集.

证明　首先, 我们证明, 集 B 为完全有界的充要条件是: $\forall U \in \mathscr{U}$ (θ 点邻域族), $\exists B_k \subset E\,(1 \leqslant k \leqslant n_0)$, 使得 $B_k - B_k \subset U(1 \leqslant k \leqslant n_0)$ 及 $B = \bigcup\limits_{k=1}^{n_0} B_k$.

事实上, 设 B 是一个完全有界集, 对于任意的 $U \in \mathscr{U}$, 可以选取一个均衡的 $V \in \mathscr{U}$, 使得 $V + V \subset U$. 此时, 存在一个有限子集 $B_v = \{b_1, b_2, \cdots, b_{n_0}\} \subset B$, 使得

$$B \subset B_v + V = \bigcup\limits_{k=1}^{n_0} \{b_k + V\}.$$

令 $B_k = (b_k + V) \cap B$, 则可以导出

$$B_k - B_k \subset (b_k + V) - (b_k + V) = V - V = V + V \subset U \quad (1 \leqslant k \leqslant n_0),$$

以及 $B = \bigcup\limits_{k=1}^{n_0} B_k$. 反过来, 如果 $\forall U \in \mathscr{U}, \exists B_k(1 \leqslant k \leqslant n_0)$, 使得

$$B_k - B_k \subset U(1 \leqslant k \leqslant n_0)$$

及 $B = \bigcup\limits_{k=1}^{n_0} B_k$. 那么, $\forall 1 \leqslant k \leqslant n_0$, 不妨设 $B_k \neq \varnothing$, 并取一元 $b_k \in B_k$, 然后令 $B_u = \{b_1, b_2, \cdots, b_{n_0}\}$, 由假设则有

$$B_k - b_k \subset B_k - B_k \subset U,$$

从而得到 $B_k \subset b_k + U$, 因此导出

$$B \subset \bigcup_{k=1}^{n} \{b_k + U\} = B_u + U,$$

也即 B 是完全有界集.

其次, 设 B 为完全有界集, $\forall U \in \mathscr{U}$, 注意到推论 2.2.15, 则知存在一个闭的均衡邻域 $F \in \mathscr{U}$, 使得 $F \subset U$. 于是, 从上段结论的必要性可知, $\exists B_k (1 \leqslant k \leqslant n_0)$, 使得 $B_k - B_k \subset F$ 及 $B = \bigcup_{k=1}^{n_0} B_k$. 由此, 我们可以导出

$$\overline{B} = \bigcup_{k=1}^{n_0} \overline{B_k}.$$

最后, 注意到运算法则 2.2.11 的 (2), 以及 B_k 的性质和 F 的取法, 我们可以进一步推导出

$$\overline{B_k} - \overline{B_k} = \overline{B_h} + \overline{(-B_k)} \subset \overline{B_k - B_k} \subset \overline{F} = F \subset U.$$

因此, 再次利用上段结论的充分性, 我们证明了 $\overline{B}$ 亦为完全有界集. □

注 5.5.9 在定理 5.5.8 的证明过程中, 关于完全有界集的充要条件的讨论具有独立的意义. 如果我们的目标仅仅是证明集合 B 的完全有界性, 那么可以直接利用以下运算来推导出这一结论. $\forall U \in \mathscr{U}, \exists (闭) F \in \mathscr{U}$, 使得 $F \subset U$, 故当

$$B \subset \{b_1, \cdots, b_{n_0}\} + F = \bigcup_{k=1}^{n_0} (b_k + F)$$

时, 便有 [注意到第 2 讲运算法则 2.2.11(1)]

$$\overline{B} \subset \overline{\bigcup_{k=1}^{n_0} (b_k + F)} = \bigcup_{k=1}^{n_0} \overline{(b_k + F)} = \bigcup_{k=1}^{n_0} (b_k + \overline{F}).$$

$$= \{b_1, \cdots, b_{n_0}\} + F \subset \{b_1, \cdots, b_{n_0}\} + U.$$

为了介绍下面一个有关完全有界的重要性质, 我们首先回顾一下, 从注 5.5.4 中已经知道, 在线性拓扑空间中, 紧集必定是完全有界集. 然而, 反过来未必成立. 最简单的反例可取实轴 $\mathbb{R}$ 上的开区间 (α, β). 接下来, 我们将给出一个定理, 说明在 "一定的附加条件" 下, 上述逆命题也是成立的. 为此, 我们先引入一个定义:

定义 5.5.10　我们称线性拓扑空间 E 中的子集 D 是完备的, 是指 D 中的每一个"广义 Cauchy 点列"均在 D 中收敛. 特别地, 当 $D = E$ 时, 则称 E 为完备空间.

注 5.5.11　显然, 从线性拓扑空间的定义可知

$$\text{收敛的 "广义点列"} \Rightarrow \text{"广义 Cauchy 点列"};$$

由拓扑基本知识还知

$$\text{紧集} \Rightarrow \text{完备集}, \quad \text{完备集的闭子集} \Rightarrow \text{完备集};$$

以及在满足 T_0 的线性拓扑空间中有

$$\text{紧集} \Rightarrow \text{闭集 (此外, 以上所有结论, 反过来都未必成立)}.$$

下面我们给出一个重要的定理, 它将显示出一个集的紧性与完全有界性、完备性之间的紧密联系:

定理 5.5.12 (Hausdorff)　线性拓扑空间中的集 C 是紧的充分必要条件是: C 是完全有界和完备的.

证明　必要性是显然的. 这里, 我们仅来证明定理的充分性. 回顾拓扑的基本知识, 我们知道, 为了证明上面所给的集 C 是紧的, 只需证明: 对于 C 内每一个满足 "有限交" 性质的闭子集族 $\mathscr{A} = \{A_\lambda \mid \lambda \in \Lambda\}$, 必有 $\bigcap\limits_{\lambda \in \Lambda} A_\lambda \neq \varnothing$. 下面我们分四步来证明这一事实.

首先, 我们指出: 对于集 C 内每一个满足 "有限交" 性质的闭子集族, 其必含于某一满足 "有限交封闭" 且 "极大" 的子集族 $\mathscr{F}_0$ 中, 也即: $\forall A_k \in \mathscr{F}_0 \, (1 \leqslant k \leqslant n) \Rightarrow \bigcap\limits_{k=1}^{n} A_k \in \mathscr{F}_0$; 以及, 对任意包含 $\mathscr{A}$ 具 "有限交" 性质的子集族 $\mathscr{F}'$, 如果 $\mathscr{F}' \supset \mathscr{F}_0$, 则有 $\mathscr{F}' = \mathscr{F}_0$.

事实上, 设 $\mathfrak{G}$ 是集 C 内具 "有限交" 性质且含 $\mathscr{A}$ 的所有子集族 $\mathscr{F}$ 之全体. 注意到 $\mathscr{A}$ 满足 "有限交" 性质, 可知 $\mathfrak{G}$ 是非空的, 且 $\mathfrak{G}$ 中每一个子集族 $\mathscr{F}$ 均是不含空集 $\varnothing$ 的. 并且, 当我们以 "包含关系" 定义半序, 并设 $\mathfrak{B}$ 是某一全序子集族类时, 令

$$\widehat{\mathscr{F}} = \bigcup \{\mathscr{F} \mid \mathscr{F} \in \mathfrak{B}\}.$$

容易看出: 因为 $\mathscr{A} \subset \mathscr{F} \, (\mathscr{F} \in \mathfrak{B})$, 故有 $\mathscr{A} \subset \widehat{\mathscr{F}}$; 此外, $\forall A_k \in \widehat{\mathscr{F}} \, (1 \leqslant k \leqslant n)$, 如果 $A_k \in \mathscr{F}_k$ 且 $\mathscr{F}_k \in \mathfrak{B} \, (1 \leqslant k \leqslant n)$, 由于 $\mathfrak{B}$ 为全序子集类, 不妨设

$$\mathscr{F}_1 \subset \mathscr{F}_2 \subset \cdots \subset \mathscr{F}_k \subset \cdots \subset \mathscr{F}_n.$$

因此, 由 $\mathfrak{B}$ 中集族的性质, 我们可以导出

$$\varnothing \neq \bigcap_{k=1}^{n} A_k \in \mathscr{F}_n \subset \widehat{\mathscr{F}}.$$

因此可知 $\widehat{\mathscr{F}}$ 为 $\mathfrak{B}$ 中一个上界. 这样, 由 Zorn 引理可知: $\mathfrak{G}$ 必有一个 "极大元" $\mathscr{F}_0$; 并且由其具有 "有限交" 性质, 从其 "极大" 性便可立即推出它必是 "有限交封闭" 的.

其次, 我们指出: 当 C 的子集 C_0 与上述 "极大" 子集族 $\mathscr{F}_0$ 中每个集均相交时, 则必有 $C_0 \in \mathscr{F}_0$, 此外, 若集 $C = \bigcup_{k=1}^{n} C_k (n \geqslant 2)$, 则至少有一个 $C_{k_0} \in \mathscr{F}_0 (1 \leqslant k_0 \leqslant n)$.

实际上, 上半段的结论是容易验证的. 因为, 如果情况并非如此, 那么我们可以令

$$\mathscr{F}' = \{\mathscr{F}_0, C_0, C_0 \cap A \mid A \in \mathscr{F}_0\}.$$

注意到 $\mathscr{F}_0$ 是满足 "有限交封闭" 的, 由 C_0 的假设则知 $\mathscr{F}'$ 亦具有这个性质, 故知 $\mathscr{F}' \in \mathfrak{G}$, 且有 $\mathscr{F}' \supset \mathscr{F}_0$. 显然与 $\mathscr{F}_0$ 为极大元矛盾.

对于后半段结论, 我们首先注意到, 由于

$$\bigcap_{k=1}^{n} (C \backslash C_k) = \varnothing,$$

根据 $\mathscr{F}_0 \in \mathfrak{G}$ 内无空集 $\varnothing$ 及 "有限交封闭" 的性质, 可知至少有一集 $C \backslash C_{k_0} \notin \mathscr{F}_0$. 而由上半段结论及 $\mathscr{F}_0$ 中集的性质又知 $C \backslash C_{k_0}$ 必不包含 $\mathscr{F}_0$ 中的任何一个元素. 因而, C_{k_0} 必与 $\mathscr{F}_0$ 中的所有的集均相交. 由此, 又由上半段结论, 则可以导出 $C_{k_0} \in \mathscr{F}_0$.

再次, 我们在 $\mathscr{F}_0$ 中定义半序 "$\prec$" 如下: $\forall A, B \in \mathscr{F}_0$, 记 $B \prec A$ 如果 $A \subset B$. 由于 $\mathscr{F}_0$ 具有 "有限交封闭" 的性质, 我们可得: $B \prec A \cap B, A \prec A \cap B$. 也即 $\mathscr{F}_0$ 是一个 "半序定向" 集族. 对于任意的 $F \in \mathscr{F}_0$, 取点 x_F, 那么, 我们得到一 "广义点列" $\{x_F \mid F \in \mathscr{F}_0\}$. 下面, 我们证明此广义点列必为 C 内一个 "广义 Cauchy 点列".

事实上, $\forall U \in \mathscr{U} (\theta$ 点邻域族$)$, 由定理 2.2.9 可知, 存在闭均衡邻域 $W \in \mathscr{U}$, 使得 $W + W \subset U$. 由于定理假设 C 为一完全有界集, 故对上述 W, $\exists x_1, x_2, \cdots, x_n \in C$, 使得

$$C \subset \bigcup_{k=1}^{n} (x_k + W).$$

再结合上一段的后半段结论, 我们则知, $\exists k_0 (1 \leqslant k_0 \leqslant n)$, 使得

$$(x_{k_0} + W) \cap C \in \mathscr{F}_0.$$

故从本段前面可知, 存在 $F_0 \in \mathscr{F}_0$, 使得 $F_0 = (x_{k_0} + W) \cap C$; 对任意 $F', F'' \in \mathscr{F}_0$, 当 $F_0 \prec F'$, $F_0 \prec F''$ 时, 相应的上述广义序列中的元有下面的关系:

$$x_{F'} - x_{F''} \in F' - F'' \subset F_0 - F_0 \subset (x_{k_0} + W) - (x_{k_0} + W) \subset W - W \subset U.$$

此即验得 $\{x_F \mid F \in \mathscr{F}_0\}$ 为 C 内一个广义 Cauchy 点列.

最后, 注意到 C 是完备的, 因此, 由上段可知 $\{x_F \mid F \in \mathscr{F}_0\}$ 必收敛于一点 $x_0 \in C$. 下面, 我们来证明: $x_0 \in \bigcap \{A_\lambda \mid A_\lambda \in \mathscr{A}\}$.

事实上, $\forall U_0 \in \mathscr{U}$, 由 x_0 的性质可知, $\exists F_0 \in \mathscr{F}$, 使得对任意 $F' \in \mathscr{F}$, $F_0 \prec F'$(也即 $F' \subset F_0$), 则有 $x_{F'} \in x_0 + U_0$, 也即集 F' 必与 $x_0 + U_0$ 相交. 然而, $\forall F \in \mathscr{F}_0$, (由上段前面部分已知) 均有 $F_0 \prec F_0 \cap F$, 因此, 集 $F_0 \cap F$ 也应与 $x_0 + U_0$ 相交, 也即 $x_0 + U_0$ 与 $\mathscr{F}_0$ 中任何集均相交. 特别地, 其与 $\mathscr{A} \subset \mathscr{F}_0$ 中的任何集也均相交. 所以, 注意到 U_0 的任意性, 以及本证明中开始假设 $\mathscr{A} = \{A_\lambda \mid \lambda \in \Lambda\}$ 为集 C 的一闭子集族, 我们便可得到

$$\widehat{x_0} \in \overline{A_\lambda} = A_\lambda \quad (\forall \lambda \in \Lambda),$$

也即 $x_0 \in \bigcap\limits_{\lambda \in \Lambda} A_\lambda$. ◻

注 5.5.13　由一般拓扑知识我们知道, 在拓扑空间中, 任何一个连续映射 (不必是线性映射) 必将紧集映为紧集.

(二)

下面, 为了导出 "局部完全有界" 空间与 "有限维" 欧氏空间的关系, 我们先来给出一个引理. 它是熟知的 "Riesz 引理"(参考 [1] 的 §1.1) 在赋 β-范空间中的 "再版".

引理 5.5.14　设 E 为赋 β-范空间, $E_0 \subset E$ 为闭线性真子空间. 那么, $\forall 0 < \varepsilon_0 < 1$, $\exists x_0 \in E \backslash E_0$ 使得

$$\|x_0\|_\beta = 1, \quad \inf_{y \in E_0} \|x_0 - y\|_\beta \geqslant \varepsilon_0.$$

证明　由于 E_0 为 E 的真子集, 且又是闭的, 因此, 存在元素 $x_1 \in E \backslash E_0$, 使得 x_1 与 E_0 的距离大于 0. 也即有

$$d = d(x_1, E_0) = \inf_{y \in E_0} \|x_1 - y\|_\beta > 0.$$

于是, 由下确界的定义可知: $\forall 0 < \varepsilon_0 < 1$, $\exists y_1 \in E_0$, 使得

$$d \leqslant \|x_1 - y_1\|_\beta < \frac{d}{\varepsilon_0}.$$

这样, 当取

$$x_0 = \frac{x_1 - y_1}{\|x_1 - y_1\|_\beta^{\frac{1}{\beta}}}$$

时, 显然可得 $\|x_0\|_\beta = 1$, 以及

$$\|x_0 - y\|_\beta = \left\| \frac{x_1 - y_1}{\|x_1 - y_1\|_\beta^{\frac{1}{\beta}}} - y \right\|_\beta$$

$$= \frac{1}{\|x_1 - y_1\|_\beta} \cdot \left\| x_1 - (y_1 + \|x_1 - y_1\|_\beta^{\frac{1}{\beta}} y) \right\|_\beta$$

$$\geqslant \frac{1}{\left(\dfrac{d}{\varepsilon_0} \right)} \cdot d = \varepsilon_0, \quad \forall y \in E_0,$$

也即导出: $\displaystyle\inf_{y \in E_0} \|x_0 - y\|_\beta \geqslant \varepsilon_0$. □

借助上述引理, 我们便可以介绍本节的核心定理. 为此, 我们先给出一个定义:

定义 5.5.15 线性拓扑空间 E 称为**局部完全有界的**, 是指 E 在零点处存在一个完全有界的邻域.

接下来, 我们介绍以下定理:

定理 5.5.16 设 E 为满足 T_0 公理的线性拓扑空间, 那么 E 为局部完全有界空间的充分必要条件是: E 线性同胚于有限维欧氏空间.

证明 定理的充分性是显然的, 这里我们只需要证明其必要性. 根据定理 4.2.3, 我们只需要证明: 当 E 为局部完全有界空间时, 其必是有限维的即可.

下面, 我们就来证明这个结论.

首先, 由于局部完全有界空间必为局部有界空间, 因此, 从 4.1 节的结果可知, E 可成为赋 β-范空间.

其次, 若 E 是无穷维的, 那么 $\exists x_1 \in E$, $\|x_1\|_\beta = 1$, 并且, 由 x_1 所张成的一维线性子空间 E_1 必为 E 的闭线性真子空间. 因而由引理 5.5.14 可知: $\exists x_2$ 满足 $\|x_2\|_\beta = 1$, 使得

$$\inf_{y \in E_1} \|x_2 - y\|_\beta \geqslant \frac{1}{2};$$

同理, 由 x_1, x_2 所张成的线性子空间 E_2 亦必为 E 的闭线性真子空间, 如此继续下去, 我们便可得到 E 中一个序列 $\{x_n\}$, 其满足条件:

$$\|x_n\|_\beta = 1, \quad \|x_n - x_m\|_\beta \geqslant \frac{1}{2}(n \neq m), \quad \forall n, m \in \mathbb{N}. \tag{5.32}$$

另一方面, 由空间 E 的假设可知, 存在完全有界的零点邻域 V_0, 并且, 由 E 的可赋 β-范性还知, 必存在数 $\delta_0 > 0$, 使得球

$$B_\delta(\theta) = \{x \mid \|x\|_\beta \leqslant \delta_0, x \in E\} \subset V_0. \tag{5.33}$$

特别地, 当设 $y_n = \delta_0^{\frac{1}{\beta}} x_n (\forall n \in \mathbb{N})$ 时, 由 (5.33) 式我们知

$$\{y_n\} \subset V_0. \tag{5.34}$$

因而, V_0 作为完全有界集的子集, 由注 5.5.3 可知, 显然 $\{y_n\}$ 亦应是完全有界的. 但是, 根据 (5.32) 式, 我们有

$$\|y_n - y_m\|_\beta = \delta_0 \|x_n - x_m\|_\beta \geqslant \frac{\delta_0}{2} \quad (n \neq m).$$

因而, 对于邻域

$$U_0 = B_{\delta_0/4}(\theta) = \left\{x \ \middle| \ \|x\|_\beta < \frac{\delta_0}{4}, x \in E\right\},$$

由于: $\forall z \in U_0$, 均有

$$\|y_n - (y_m + z)\|_\beta \geqslant \|y_n - y_m\|_\beta - \|z\|_\beta$$
$$> \frac{\delta_0}{2} - \frac{\delta_0}{4} = \frac{\delta_0}{4} \quad (n \neq m),$$

所以

$$y_n \notin y_m + U_0 \ (n \neq m), \quad \forall n, m \in \mathbb{N}.$$

因此知 $\{y_n\}$ 不可能是完全有界集. 与 (5.34) 式结论矛盾. $\qquad\qquad \square$

附录　空间 $L^\beta[a,b](0 < \beta < 1)$ 上一类次加泛函的不存在性

我们同样需要注意的是, 在赋 β-范空间中, 非平凡的连续线性泛函也不是一定存在的. 我们注意到, 若线性泛函 $f(x)$ 是连续的, 那么当令 $p(x) = |f(x)|^\beta$ 时 $(0 < \beta \leqslant 1)$, $p(x)$ 为一个 "次加""β-绝对齐性" 泛函. 因而, 我们可以在 $L^\beta[a,b]$ 空间中, 给出一个更强的结果. 即在 $L^\beta[a,b](0 < \beta < 1)$ 空间上, 不存在着 (非平凡的) 在某一球内 (均)"下半连续" 或 (均)"上半连续", 即 $\overline{\lim\limits_{x \to x_0}} p(x) = p(x_0)$ 的次加、α-绝对齐性 $(\alpha > \beta)$ 泛函.

为此, 我们先给出两个引理:

引理 5.5.17　设 E 是赋 β-范空间, $p(x)$ 为 E 上的一个 "γ-拟次加" 泛函, 即有: $p(x + y) \leqslant \gamma[p(x) + p(y)], \forall x, y \in E$. 那么, 若 $p(x)$ 在 E 中某球 $B_{\delta_0}(x_0)$ 内 "数值有上界"(或 $p(x) < +\infty$), 且有 $\lambda_0 > 0$, 使得 $p(-\lambda_0 x_0) < +\infty$, 则 $p(x)$ 或在 E 上恒取 $-\infty$, 或在任意圆心球 $B_r(\theta)$ 内 "数值有界"(相应地, 有 $|p(x)| < +\infty$).

证明 若 $p(x)$ 在 E 上不恒为 $-\infty$, 则存在 $x_1 \in E$, 使得 $p(x_1) \neq -\infty$. 对于任意的 $r > 0$, 我们设 $r_1 = r + \|x_1\|_\beta$. 并来证明: $p(x)$ 在球 $B_{r_1}(\theta)$ 内是 "数值有上界"(相应地, 有 $p(x) < +\infty$) 的.

事实上, 对假设中的元 x_0、正数 δ_0 及 λ_0, 我们可以找到自然数 r_0, 使得当 $n > n_0$ 时, 均有 $\|x_0\|_\beta < n^\beta \dfrac{\delta_0}{2}$. 此外, 还可找到两个自然数 $n_1, n_2 > n_0$, 使得

$$n_1 \leqslant n_2\lambda_0 < n_1 + 1.$$

并取自然数 m, 使得 $\dfrac{r_1}{2^{m\beta}} < \dfrac{\delta_0}{2}$.

那么, $\forall x \in B_{r_1}(\theta)$, 由泛函的 γ-拟次加性, 我们有

$$
\begin{aligned}
p(x) = p\left(2^m \frac{x}{2^m}\right) &\leqslant (2\gamma)^m p\left(\frac{x}{2^m}\right) \\
&\leqslant (2\gamma)^m \gamma\left[p\left(\frac{x}{2^m} + n_2\lambda_0 x_0\right) + p(-n_2\lambda_0 x_0)\right].
\end{aligned}
\tag{5.35}
$$

而当注意到

$$
\begin{aligned}
p\left(\frac{x}{2^m} + n_2\lambda_0 x_0\right) &= p\left[n_1 \cdot \frac{1}{n_1}\left(\frac{x}{2^m} + n_2\lambda_0 x_0\right)\right] \\
&\leqslant \left(\sum_{k=1}^{n_1-2} \gamma^k + 2\gamma^{n_1-1}\right) p\left[\frac{1}{n_1}\left(\frac{x}{2^m} + n_2\lambda_0 x_0\right)\right]
\end{aligned}
$$

和

$$
\begin{aligned}
\left\|\frac{1}{n_1}\left(\frac{x}{2^m} + n_2\lambda_0 x_0\right) - x_0\right\|^\beta &= \left(\frac{1}{n_1}\right)^\beta \left\|\frac{x}{2^m} + n_2\lambda_0 x_0 - n_1 x_0\right\|_\beta \\
&\leqslant \left(\frac{1}{n_1}\right)^\beta \left[\left(\frac{1}{2}\right)^{m\beta}\|x\|_\beta + (n_2\lambda_0 - n_1)^\beta \|x_0\|_\beta\right] \\
&\leqslant \left(\frac{1}{n_1}\right)^\beta \left(\frac{r_1}{2^{m\beta}} + \|x_0\|_\beta\right) < \frac{\delta_0}{2} + \frac{\delta_0}{2} = \delta_0,
\end{aligned}
$$

则有 $\dfrac{1}{n_1}\left(\dfrac{x}{2^m} + n_2\lambda_0 x_0\right) \in B_{\delta_0}(x_0)$. 由假设可知上式变为

$$
p\left(\frac{x}{2^m} + n_2\lambda_0 x_0\right) \leqslant \left(\sum_{k=1}^{n_1-2} \gamma^k + 2\gamma_1^{n_1-1}\right)\rho_0.
$$

这里, $\rho_0 > 0$ 为泛函 $p(x)$ 在球 $B_{\delta_0}(x_0)$ 内的一个 "数值上界". (相应地, 有 $p\left(\dfrac{x}{2^m} + n_2\lambda_0 x_0\right) < +\infty$.) 而再注意到, 由假设还有

$$p(-n_2\lambda_0 x_0) \leqslant \left(\sum_{k=1}^{n_2-2} \gamma^k + 2\gamma^{n_2-1}\right) p(-\lambda_0 x_0) < +\infty.$$

所以, 由 (5.35) 式, 我们导出

$$p(x) < (2\gamma)^m \gamma \left[\left(\sum_{k=1}^{n_1-2} \gamma^k + 2\gamma^{n_1-1}\right)\rho_0\right.$$

$$\left. + \left(\sum_{k=1}^{n_2-2} \gamma^k + 2\gamma^{n_2-1}\right) p(-\lambda_0 x_0)\right]$$

$$= \rho_1 \quad (< +\infty)$$

(相应地, 有 $p(x) < +\infty$);　$\forall x \in B_{r_1}(\theta),$ 　　　　(5.36)

此即得到前面所需要的结果.

其次, $\forall x \in B_r(\theta)$, 由于

$$\|x_1 - x\|_\beta \leqslant \|x_1\|_\beta + \|x\|_\beta < \|x_1\|_\beta + r = r_1,$$

因此可知, $x_1 - x \in B_{r_1}(\theta)$. 故由 (5.36) 式及泛函的 γ- 拟次加性, 我们又可以导出

$$p(x) = p(x_1 - x_1 + x) \geqslant \frac{p(x_1)}{\gamma} - p(x_1 - x)$$

$$> \frac{p(x_1)}{\gamma} - \rho_1 \quad (> -\infty)$$

(相应地, 有 $p(x) > -\infty$).　　　　(5.37)

综上 (5.36) 和 (5.37) 式结果, 我们可得到本引理所需的结论.　　□

引理 5.5.18　设 E 是赋 β-范空间, 且为 "第二纲" 的. 若 $p(x)$ 为 E 上不恒取 $-\infty$ 的 "γ-拟次加泛函", 并有

(i) $p(x) < +\infty \Leftrightarrow p(-x) < +\infty, \forall x \in E$;

(ii) $p(x)$ 在某球 $B_{\delta_1}(x_0)$ 内 (均) "下半连续", 且有 $p(x_0) < +\infty$, 那么, 只要在 E 的某 "第二纲" 集 Q 上有

$$p(x) < +\infty, \quad \forall x \in E,$$

则对任意 $r > 0$, 均有

$$\sup_{\|x\|_\beta \leqslant r} |p(x)| < +\infty.$$

证明 我们只需要找出 E 中一球, 使得 $p(x)$ 在其内 "数值有上界", 那么本引理的结论就可由引理 5.5.17 直接导出. 下面, 我们验证这一事实.

首先, 我们设 E 中一个集合序列为

$$P_m = \{x \mid p(x) < m, \forall x \in E\}, \quad m = 1, 2, \cdots,$$

那么, 由 E 是 "第二纲" 的假设, 存在某球 $B_{\delta^*}(a)$ 及某集合 P_{m_0}, 使得

$$B_{\delta^*}(a) \subset \overline{P_{m_0}}.$$

令 $\delta_0 = \min\left(\delta_1, \dfrac{\delta^*}{2}\right)$. 下面, 证明泛函 $p(x)$ 在球 $B_{\delta_0(x_0)}$ 内是 "数值有上界" 的. 事实上, 对上述元 a, 必存在元 $a_0 \in P_{m_0}$, 使得 $\|a_0 - a\|_\beta < \delta_0$. 注意到 $p(x)$ 的假设, 在球 $B_{\delta_1}(x_0)$ 内它是下半连续的. 故 $\forall x \in B_{\delta_0}(x_0)$ 及某一给定的正数 ε_0, 必可找到一正数 δ, 使得当 $\|y - x\|_\beta < \delta$ 时, 有

$$p(x) - \varepsilon_0 \leqslant p(y). \tag{5.38}$$

注意到

$$\|a_0 + x - x_0 - a\|_\beta \leqslant \|a_0 - a\|_\beta + \|x - x_0\|_\beta$$

$$< 2\delta_0 \leqslant \delta^*,$$

也即 $a_0 + x - x_0 \in B_{\delta^*}(a)$. 故由前面结果可知, 存在一元 $b_0 \in P_{m_0}$, 使得

$$\|b_0 - (a_0 + x - x_0)\|_\beta < \delta.$$

这样, 当设元 $c = b_0 - a_0 + x_0$ 时, 从 (5.38) 式我们则可以导出

$$p(x) \leqslant p(c) + \varepsilon_0 \leqslant \gamma p(b_0) + \gamma^2 p(-a_0) + \gamma^2 p(x_0) + \varepsilon$$

$$\leqslant \gamma m_0 + \gamma^2 p(-a_0) + \gamma^2 p(x_0) + \varepsilon_0.$$

最后, 注意到本引理的假设及元 a_0 的取法, 我们不难看出上式最后端是一个与 $x \in B_{\delta_0}(x_0)$ 无关的有限常数. 此即得证 $p(x)$ 在球 $B_{\delta_0}(x_0)$ 内是 "数值有上界" 的. $\square$

有了上面两个引理, 我们就可得到如下所需的结论.

定理 5.5.19 若 $p(x)$ 是定义在空间 $L^\beta[a,b]\,(0 < \beta < 1)$ 上 (取有限值) 的 "次加", "α-绝对齐性"$(\alpha > \beta)$ 泛函. 那么, 若存在某球 $B_{\delta_0}(x_0)$, 使得 $p(x)$ 在其内 (均)"下半连续" 或 "上半连续"$\left[\text{即 } \varliminf_{y \to x} p(y) = p(x)\right]$, 则必有 $p(x) \equiv 0$, $\forall x \in L^\beta[a,b]$.

关于这个定理的证明, 请参看文献 [14–16],

练习题 5

5.1　直接证明: 当 E 是有限维赋 β-范空间时, 其拓扑与欧氏拓扑是等价的.

5.2　证明命题 5.1.12 中有关空间凹性模的命题.

5.3　证明注 5.2.3 中有关星型集凹性模的结论.

5.4　详细证明引理 5.2.6.

5.5　证明: 当 $\{e_i\}$ 为某完备赋 β-范空间的基时, 其 "组块"

$$e_n' = \sum_{i=m_n+1}^{m_{n+1}} \xi_i e_i \neq 0 \quad (\forall n \in \mathbb{N})$$

必构成子空间 $\overline{L(\{e_n'\})}$ 的一个基, 并且它们相应的基常数有关系: $K' \leqslant K$.

5.6　证明推论 5.4.2.

5.7　试证明: 任何一可分的赋 β-范空间中的单位球 $B_1(\theta)$, 必可作为 "二进位小数" 的某一子集在某线性映射下的像.

5.8　设 E 为赋 β-范空间, 证明:

(i) E 上的线性泛函 f 连续的充要条件是

$$\|f\| = \sup_{\|x\|_\beta=1} |f(x)| < +\infty.$$

(ii) 记 E 上的所有连续泛函的全体为 E^*, 试证明 E^* 在上述范数下亦构成 Banach 空间.

5.9　设 E 为赋 β-范空间. 试证 $\|x\|_\beta^{\frac{1}{\beta}}$ 为 E 上范数的充要条件是: $\forall x_0 \in E$, $\exists f_0 \in E^*$, 使得 $\|f_0\| = 1$, $f_0(x_0) = \|x_0\|_\beta^{\frac{1}{\beta}}$.

5.10　线性拓扑空间 E 中的集称为 "绝对 β-凸"(当 $\beta = 1$ 时称为 "绝对凸") 的, 是指: $\forall x, y \in A$, $\forall a, b \in K$, 有

$$|a|^\beta + |b|^\beta \leqslant 1 \Rightarrow ax + by \in A.$$

试证: (i) 若 E 为赋 β-范空间, 则其任意圆心球 $B_r(\theta) = \{x \mid \|x\|^\beta < r\}$ 必为 "绝对 β-凸集".

(ii) 若线性拓扑空间 E 是 "局部拟凸" 空间且满足 T_0 公理, 那么 E 必存在 "绝对 β-凸" 邻域基 (那里 β 依赖于邻域).

(iii) 如果 A 是 "绝对 β-凸集", 那么 A 必是 "拟凸的", 且其凹性模有

$$C(A) \leqslant 2^{\frac{1}{\beta}}.$$

(iv) 在 $\mathbb{R}^2$ 中试举一例说明: 即使在实数域空间中, 对称的拟凸集也未必是绝对 β-凸集.

5.11 证明 5.5 节中有关完全有界性质的注 5.5.4 和注 5.5.5.

5.12 证明注 5.5.11.

5.13 设 V 为线性拓扑空间 E 中 θ 点的一完全有界邻域, 试证:

(i) 存在一有限维的线性子空间 F, 使得

$$V \subset F + \frac{1}{2^n}V \quad (\forall n \in \mathbb{N}).$$

(ii) 利用练习题 4.1, 再次证明定理 5.5.16.

5.14 试证: 在线性拓扑空间中, 紧集的 (i) 均衡包; (ii) 凸包; (iii) 绝对凸包 [参看练习题 5.10] 亦是紧集.

5.15 证明: $(l^\beta)^* = m$.

第 6 讲 局部凸空间

在线性拓扑空间的理论中, 局部凸空间无疑是其核心概念之一. 这里, 我们能够发现许多关键且引人入胜的命题. 尽管在赋范线性空间中, 我们也曾遇到过一些类似的发现, 但局部凸空间在某些方面提供了更为丰富的视角. 一方面, 赋范线性空间的限制可能过于严格, 而另一方面, 如果直接讨论一般的线性拓扑空间, 其条件又过于宽松, 导致许多在赋范空间中成立的结论无法成立. 局部凸空间则恰到好处地平衡了这两极, 无论是从理论的纯粹性还是从实际应用的角度来看, 许多有价值的结论在这里得以保留. 因此, 它值得我们深入研究并专门介绍.

6.1 凸集与次加正齐性泛函

为了探讨 6.2 节中关于局部凸线性拓扑空间的特征命题, 我们在这一部分重点介绍线性拓扑空间中凸集的基本属性, 以及它们与拟范数之间的联系.

(一)

首先, 我们回顾一下有关凸集的定义 (例如参看 [1] 的 §3.2), 我们称线性空间 E 中任两点 x_1, x_2 所成的集:

$$[x_1, x_2] = \{x \mid x = (1 - \lambda)x_1 + \lambda x_2, \forall 0 \leqslant \lambda \leqslant 1\}$$

为由 x_1, x_2 所成的**线段**; 而若集 $K \subset E$ 中任意两点所成的线段均属于 K, 称 K 为 E 中的**凸集** (类似地, 可以定义**开线段** (x_1, x_2)、**半开半闭线段**等).

然后, 我们将线性拓扑空间中凸集的一些基本性质以注的形式列出, 并将证明留给读者.

注 6.1.1 对线性拓扑空间 E 中的凸集进行以下运算后, 其凸性仍得以保持:

(i) 平移;

(ii) 数乘;

(iii) 闭包;

(iv) 有限个之 "和";

(v) 任意个之 "交".

注 6.1.2 我们也有以下有关凸性的性质:

(i) K 凸 $\Leftrightarrow \forall \lambda_k \geqslant 0$, 满足 $\sum\limits_{k=1}^{n} \lambda_k = 1$ 及 $x_k \in K\,(1 \leqslant k \leqslant n)$, 均有 $\sum\limits_{k=1}^{n} \lambda_k x_k \in E\,(\forall n \in \mathbb{N})$;

(ii) K 是均衡的凸集 $\Leftrightarrow K$ 是 "绝对凸" 集 (参看练习题 5.10 的定义);

(iii) V 是均衡集 $\Rightarrow V$ 的 "凸包" $\langle V \rangle$ 亦是均衡的, 这里, 令

$$\langle V \rangle = \left\{ \sum_{k=1}^{n} \lambda_k x_k \,\middle|\, \lambda_k \geqslant 0, \sum_{k=1}^{n} \lambda_k = 1, x_k \in V, 1 \leqslant k \leqslant n, \forall n \in \mathbb{N} \right\};$$

(iv) O 是开集 $\Rightarrow$ 凸包 $\langle O \rangle$ 亦是开集 (对闭集则无相应的关系).

接下来, 我们介绍凸集的其他一些性质:

定理 6.1.3 设 K 是线性拓扑空间 E 中的一个凸集. 如果 $x_0 \in K^\circ, y_0 \in \overline{K}$, 那么 $(x_0, y_0) \subset K^\circ$. 由此可知 K° 亦是凸集.

证明 $\forall \lambda_0 \in (0, 1)$, 我们只需要证明

$$\lambda_0 y_0 + (1 - \lambda_0) x_0 \in K^\circ.$$

首先, 由于假设 x_0 为 K 的内点, 则必定存在一个 θ 点的邻域 U_0, 使得

$$x_0 + U_0 \subset K.$$

因而, 由第 2 讲的知识可知, 存在另一个 θ 点开邻域 V_0, 使得 $V_0 + V_0 \subset U_0$.

其次, 注意到运算法则 2.2.11 的 (5), 我们还知

$$C = \lambda_0 y_0 + (1 - \lambda_0)(x_0 + V_0)$$

必为空间中的一个开集. 因此, $\lambda_0 y_0 + (1 - \lambda_0) x_0$ 亦为 C 的一个内点. 所以, 只要证出 $C \subset K$, 那么本定理的结论就得到了. 下面, 我们证明这一结论.

事实上, 注意到 $y_0 \in \overline{K}$. 因此对于 θ 点的邻域 $-\left(\dfrac{1 - \lambda_0}{\lambda_0}\right) V_0$, 必存在一元 $x_1 \in K$, 使得

$$x_1 \in y_0 - \left(\frac{1 - \lambda_0}{\lambda_0}\right) V_0,$$

这样, 有

$$y_0 = x_1 + x_\delta, \quad x_\delta \in \left(\frac{1 - \lambda_0}{\lambda_0}\right) V_0.$$

因此, 注意到上面结果, 我们可以导出

$$
\begin{aligned}
C &= \lambda_0 y_0 + (1 - \lambda_0)(x_0 + V_0) \\
&= \lambda_0(x_1 + x_\delta) + (1 - \lambda_0)(x_0 + V_0) \\
&= \lambda_0 x_1 + (1 - \lambda_0)\left(x_0 + V_0 + \frac{\lambda_0}{1 - \lambda_0} x_\delta\right) \\
&\subset \lambda_0 x_1 + (1 - \lambda_0)(x_0 + V_0 + V_0) \\
&\subset \lambda_0 x_1 + (1 - \lambda_0)(x_0 + U_0) \\
&\subset \lambda_0 K + (1 - \lambda_0)K = K.
\end{aligned}
$$

$\square$

推论 6.1.4   若 K 同上所设, 且有 $K^\circ \neq \varnothing$, 那么 $\overline{K} = \overline{(K^\circ)}$, $K^\circ = (\overline{K})^\circ$.

证明   由于 $K^\circ \subset K$, 因此导出 $\overline{(K^\circ)} \subset \overline{K}$. 反过来, 由于 K 凸以及 $K^\circ \neq \varnothing$, 根据定理 6.1.3 的前半段结论, 我们可知: $\forall y \in \overline{K}$ 和 $\forall x_0 \in K^\circ$, 有 $(x_0, y) \subset K^\circ$, 也即有 $y \in \overline{(K^\circ)}$. 由此导出 $\overline{K} \subset \overline{(K^\circ)}$. 综上即得出 $\overline{K} = \overline{(K^\circ)}$.

为证第二个结论, 类似地, 我们仅需证明 $(\overline{K})^\circ \subset K^\circ$ 就可以了.

事实上, $\forall x_0 \in (\overline{K})^\circ$, 通过平移, 我们不妨令 $x_0 = \theta$. 因为 θ 为 $\overline{K}$ 的内点, 所以必存在对称邻域 W_0, 使得

$$W_0 \subset \overline{K}. \tag{6.1}$$

而由上段结论 $\overline{K} = \overline{(K^\circ)}$, 可知 θ 点也含于 K° 的闭包内, 因而有

$$W_0 \cap K^\circ \neq \varnothing.$$

设 $y_0 \in W_0 \cap K^\circ$, 则由 W_0 的对称性及 (6.1) 式, 可知 $-y_0 \in W_0 \subset \overline{K}$. 最后, 再利用定理 6.1.3 的前半段结论, 我们导出

$$\theta = \frac{1}{2} y_0 + \frac{1}{2}(-y_0) \in K^\circ.$$

由此即证出 $(\overline{K})^\circ = K^\circ$.

$\square$

下面, 我们先给出一个注:

注 6.1.5   我们注意到练习题 5.10, 对于 $0 < \beta \leqslant 1$, 类似定义 E 中 β-凸集 B 为: $\forall x, y \in B$, $\forall a, b > 0$, 有 $a^\beta + b^\beta = 1 \Rightarrow ax + by \in B$, 那么, 类似定理 6.1.3 的证法我们可得下面的结论:

命题 6.1.6   设 B 是线性拓扑空间 E 内的一个 β-凸集. 如果 $x_0 \in B^\circ$, $y_0 \in \overline{B}$, 那么 $\forall \lambda_0 \in (0, 1)$, 必有 $\lambda_0^{\frac{1}{\beta}} y_0 + (1 - \lambda_0)^{\frac{1}{\beta}} x_0 \in B^\circ$, 即 B° 也是一个 β-凸集.

证明 类似于定理 6.1.3 的证明方法, 定义集

$$C_1 = \lambda_0^{\frac{1}{\beta}} y_0 + (1 - \lambda_0)^{\frac{1}{\beta}} (x_0 + V_0),$$

并相应地取元

$$x_1 \in y_0 - \left(\frac{1 - \lambda_0}{\lambda_0}\right)^{\frac{1}{\beta}} V_0, \quad x_1 \in B.$$

由此, 这里所需的结论可以顺利导出. $\qquad\qquad\qquad\qquad\qquad\qquad\qquad$ □

类似地, 我们可以得到下面的推论:

推论 6.1.7 若 B 是线性拓扑空间 E 内的一个 β-凸集, 并且 $B^\circ \neq \varnothing$, 那么

$$\overline{B} = \overline{(B^\circ)}, \quad B^\circ = (\overline{B})^\circ.$$

(二)

下面, 我们再探讨凸集与次加、正齐性泛函之间的一些关系. 为此, 我们先介绍一个定义:

定义 6.1.8 在线性空间 E 中, 若集合 $A \subset E$ 满足以下性质: 对于任意 $x \in E$, 存在 $\delta_x > 0$, 使得当 $0 \leqslant \lambda \leqslant \delta_x$ 时, 有 $\lambda x \in A$, 则称 A 为星型吸收集.

定理 6.1.9 设 $p(x)$ 为线性拓扑空间 E 上的次加、正齐性泛函. 那么,

(i) $\forall \alpha \geqslant 0, a \in E$,

$$K = \{x \mid p(x - a) < \alpha, x \in E\}$$

必为 E 中的一个凸集; 当 $a = \theta, \alpha > 0$ 时, K 还是星型吸收集.

(ii) 当 $K \neq \varnothing$ 时, 集

$$C = \{x \mid p(x - a) = \alpha, x \in E\}$$

中的点必均为 K 的 "边界点", 即 $C \subset \partial K$(其中 ∂K 表示 K 的边界点集).

(iii) 而当 $K^\circ \neq \varnothing$ 时, 则有 $\partial K \subset C$, 从而 $C = \partial K$, 以及

$$\overline{K} = \{x \mid p(x - a) \leqslant \alpha, x \in E\}.$$

证明 (i) 事实上, 对于任意 $x_1, x_2 \in K, \lambda \in [0, 1]$, 根据 $p(x)$ 的假设, 我们可以推导出:

$$p([\lambda x_1 + (1 - \lambda)x_2] - a) \leqslant \lambda p(x_1 - a) + (1 - \lambda)p(x_2 - a)$$

$$< \lambda \alpha + (1 - \lambda)\alpha = \alpha,$$

即 K 为凸集.

当 $a = \theta, \alpha > 0$ 时, 由于对任意元 $x_0 \in E$, 若 $p(x_0) \neq 0$, 取 $\delta_0 = \dfrac{\alpha}{2|p(x_0)|}$, 只要 $0 \leqslant \lambda \leqslant \delta_0$, 就有

$$p(\lambda x_0) = \lambda p(x_0) \leqslant \delta_0 |p(x_0)| = \frac{\alpha}{2} < \alpha,$$

从而导出 $\lambda x_0 \in K$, 也即 K 还是 "星型吸收" 的.

(ii) 为方便起见, 我们不妨先令 $a = \theta$ (否则我们可通过平移来实现). 设元 $x^* \in E$, 使得 $p(x^*) = \alpha$, 那么:

当 $\alpha > 0$ 时, 我们可令

$$x_1 = \xi_1 x^* \ (0 < \xi_1 < 1), \quad x_2 = \xi_2 x^* \ (\xi_2 > 1).$$

于是, 由 $p(x)$ 的假设, 有

$$p[(1 - \lambda)x^* + \lambda x_1] = p[(1 - \lambda + \lambda\xi_1)x^*]$$
$$= [1 - (1 - \xi_1)\lambda]\alpha < \alpha,$$

也即

$$(x_1, x^*) \subset K, \quad x^* \notin K^c.$$

从而由线性拓扑空间的性质知, x^* 即为 K 的边界点, 也即 $x^* \in \partial K$.

当 $\alpha = 0$ 时, 由于 $p(x^*) = \alpha = 0$, 故知 $x^* \notin K$, 且设 $K^\circ \neq \varnothing$, 故存在元 $x_1 \in K$, 也即 $p(x_1) < \alpha = 0$. 类似地, 由 $p(x)$ 性质可知

$$(x_1, x^*) \subset K.$$

从而导出 $x^* \in \partial K$. 因此 $C \subset \partial K$.

(iii) 我们仍不妨设 $a = 0$. 由 (ii) 已知 $C \subset \partial K$, 因此余下来我们仅需证明 $\partial K \subset C$ 即可. 事实上, 若设 $x^* \in \partial K$, 那么, 由于 $K^\circ \neq \varnothing$, 故知存在一点 $x_0 \in K^\circ$. 这样, 由定理 6.1.3 的结果, 以及 K 的边界点 x^* 与内点 x_0 所连的开线段的特性, 可以得到

$$(x_0, x^*) \subset K^\circ.$$

我们还可以断言: 在 x^* 沿 (x^*, x_0) 线段的反方向 "射线集" (图 6.1)

$$L := \{x^* + \rho(x^* - x_0) \mid \rho > 0\}$$

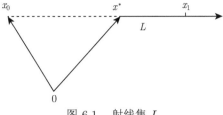

图 6.1 射线集 L

上不可能存在 K 的点 (因为如果存在 $\overline{\rho} > 0$, 使得 $\overline{x} = x^* + \overline{\rho}(x^* - x_0) \in K$, 那么根据同样的推理, 可以得出 $(x_0, \overline{x}) \subset K^\circ$, 这将导致 $x^* = \dfrac{1}{1+\overline{\rho}}\overline{x} + \dfrac{\overline{\rho}}{1+\overline{\rho}}x_0 \in K^\circ$, 矛盾). 因此, 任取射线集 L 中一点 x_1, 有

$$(x^*, x_1) \subset K^\circ.$$

综上两个结果, 再注意到 K 的定义, 我们便有

$$p[(1-\lambda)x^* + \lambda x_0] < \alpha,$$

$$p[(1-\lambda)x^* + \lambda x_1] \geqslant \alpha, \quad \forall \lambda \in (0,1).$$

同样, 注意到泛函 $p(x)$ 的假设, 我们可以从上述两个不等式分别推导出

$$(1-\lambda)p(x^*) = p[(1-\lambda)x^* + \lambda x_0 - \lambda x_0]$$

$$\leqslant p[(1-\lambda)x^* + \lambda x_0] + p(-\lambda x_0)$$

$$< \alpha + \lambda p(-x_0),$$

以及

$$\alpha \leqslant p[(1-\lambda)x^* + \lambda x_1] \leqslant (1-\lambda)p(x^*) + \lambda p(x_1), \ \forall \lambda \in (0,1).$$

因此, 在上面两个不等式中, 令 $\lambda \to 0$, 我们则可以导出 $p(x^*) = \alpha$, 也即 $x^* \in C$. $\quad\square$

注 6.1.10 定理 6.1.9 的结论亦可以推广到次加、β-正齐性泛函的情形. 我们可以得到下面的结论.

命题 6.1.11 在定理 6.1.9 中, 若将那里的 $p(x)$ 换为次加、β-正齐性泛函 $b(x)$, 则相应的集合

$$B = \{x \mid b(x) < \alpha, x \in E\}$$

必为 E 中一个 "β-凸集". 此外, 若仍设

$$C = \{x \mid b(x) = \alpha, x \in E\},$$

则当 $B \neq \varnothing$ 时, 必有 $C \subset \partial B$; 而当 $B^\circ \neq \varnothing$ 时, 则有 $C = \partial B$, 从而有

$$\overline{B} = \{x \mid b(x) \leqslant \alpha, x \in E\}.$$

证明 上半段结论是明显的. 为证后半段的第一个结论, 当 $b(x^*) = \alpha(>0)$ 时, 类似定理 6.1.9 中的证明, 仅需注意到

$$b[(1-\lambda)^{\frac{1}{\beta}}x^* + \lambda^{\frac{1}{\beta}}x_1] \leqslant (1-\lambda)b(x^*) + \lambda b(x_1)$$
$$= [(1-\lambda) + \lambda\xi_1^\beta]b(x^*)$$
$$= [1 - \lambda(1-\xi_1^\beta)]\alpha < \alpha$$

以及

$$b[(1-\lambda)^{\frac{1}{\beta}}x^* + \lambda^{\frac{1}{\beta}}x_2] = [1 + (\xi_2^\beta - 1)\lambda]\alpha > \alpha,$$

可以得到 $x^* \in \partial K$; 而当 $b(x^*) = \alpha = 0$ 时, 证明则是完全类同的.

至于后半段的第二个结论, 只需注意到: 当 $x^* \in \partial B$, 而 $x_0 \in B^\circ$ 时, 从命题 6.1.6 可知, "β-弧" 线段集为

$$\{x \mid x = \lambda^{\frac{1}{\beta}}x_0 + (1-\lambda)^{\frac{1}{\beta}}x^*, 0 < \lambda < 1\} \subset B^\circ.$$

另一方面, 在弧线集

$$\widetilde{L} = \{(1+\lambda)^{\frac{1}{\beta}}x^* + \lambda^{\frac{1}{\beta}}(-x_0) \mid \lambda > 0\}$$

上必不会有 B 中的点. 因为若有 $\overline{\lambda} > 0$, 使点 $\overline{y} = (1+\overline{\lambda})^{\frac{1}{\beta}}x^* + \overline{\lambda}^{\frac{1}{\beta}}(-x_0) \in B$, 则可解得

$$x^* = \left(\frac{1}{1+\overline{\lambda}}\right)^{\frac{1}{\beta}}\overline{y} + \left(\frac{\overline{\lambda}}{1+\overline{\lambda}}\right)^{\frac{1}{\beta}}x_0.$$

根据推论 6.1.4, 则知 $x^* \in B^\circ$, 这与 $x^* \in \alpha B$ 矛盾. 因此, 可以类似地导出 $b(x^*) = \alpha$. 至于证明中的其他推导, 过程也是类似的. $\square$

注 6.1.12 在定理 6.1.9 中, 如果 $\alpha = 0$, 则当 $a = \theta$ 时是导不出相应的 K 是星型吸收集的. 事实上, 我们可举一简单反例如下:

在实轴 $\mathbb{R}$ 上, 令

$$p(x) = x, \quad \forall x \in \mathbb{R}.$$

考虑集合

$$\{x \mid p(x) < 0, x \in \mathbb{R}\} = \{x \mid x < 0, x \in \mathbb{R}\}.$$

显然, 该集合不是星型吸收的.

注 6.1.13 在定理 6.1.9 中, 当 $K^\circ = \varnothing$ (相应地, $B^\circ = \varnothing$) 时, 该处的后一结论是未必成立的. 也即, 对 K 中每一个边界点 x^*, 我们并不能保证有 $p(x^*) = \alpha$. 作为它们的反例, 可直接构造如下:

设 E 为无穷维的赋范线性空间, H 为 E 的一个 Hamel 基, 显然, 该集合不是星型吸收的. 设 $\{h_k\} \subset H$, 且不妨设 $\|h_k\| = 1\,(\forall k \in \mathbb{N})$. 作 E 上一个泛函 f_0 如下:

$$f_0(x) = \sum_{k=1}^{n} k^2 \xi_k,$$

其中

$$x = \sum_{k=1}^{n} \xi_k h_k + \sum_{i=1}^{m} \eta_i h_{\alpha_i}, \quad h_{\alpha_i} \in H \backslash \{h_k\}, \quad 1 \leqslant i \leqslant m.$$

显然, f_0 是 E 上的 (不连续) 线性泛函. 因此, f_0 也是一个次加、正齐性泛函. 取

$$K_0 = \{x \mid f_0(x) < 0, x \in E\}.$$

那么, 对于点 $x^* = -\dfrac{1}{2}h_1$, 由 $f_0(x^*) = -\dfrac{1}{2} < 0$, 可知 $x^* \in K_0$. 此外, 当取序列

$$y_n = \frac{1}{n}\sum_{k=1}^{n}\frac{1}{k^2}h_k \quad (n \in \mathbb{N})$$

时, 由于

$$\|y_n\| \leqslant \frac{1}{n}\sum_{k=1}^{n}\frac{1}{k^2}\|h_k\| = \frac{1}{n}\left(\sum_{k=1}^{n}\frac{1}{k^2}\right) \to 0 \quad (n \to \infty),$$

故知

$$x_n = x^* + y_n \to x^* \quad (n \to \infty).$$

并由

$$f_0(x_n) = f_0(x^*) + f_0(y_n) = -\frac{1}{2} + \frac{1}{n}\sum_{k=1}^{n}\frac{1}{k^2}f_0(h_k)$$

$$= -\frac{1}{2} + \frac{n}{n} = \frac{1}{2} > 0 \quad (\forall n \in \mathbb{N})$$

可知 $\{x_n\} \subset K_0^c$, 因此导出 x^* 为 K_0 的边界点. 然而, $f_0(x^*) = -1/2 \neq 0$, 也即 $x^* \in \partial K_0$, 但 $x^* \notin C$.

类似地, 当取 $x_1^* = \dfrac{1}{2}h_1$, 并取

$$z_n = x_1^* - y_n \quad (\forall n \in \mathbb{N})$$

时, 同上可知 $z_n \to x_1^* (n \to \infty)$, 以及

$$f_0(z_n) = f_0(x_1^*) - f_0(y_n) = \frac{1}{2} - 1 = -\frac{1}{2} < 0.$$

从而由 $\{z_n\} \subset K_0$ 及 $x_1^* \notin K_0$, 可知 x_1^* 变为 K_0 的边界点, 从而有 $x_1^* \in \overline{K_0}$. 然而, 根据假设 $f_0(x_1^*) = \frac{1}{2} \nleqslant 0$, 也即 $\overline{K_0^\circ} \neq \{x \mid f_0(x) \leqslant 0, x \in E\}$.

注 6.1.14　直接利用定理 6.1.9 中 $C \subset \partial K$ 结果以及注意到定理 3.1.2, 我们也可由 ∂K 的闭性导出注 6.1.13.

从定理 6.1.9 及命题 6.1.11 的证明中, 我们可以直接得到以下定理:

定理 6.1.15　在定理 6.1.9 中, 若将集 K 换为

$$\widehat{K} = \{x \mid p(x - a) \leqslant \alpha, x \in E\},$$

则当 $\alpha > 0$, 或 $\alpha = 0$ 且 $p(x)$ 的 "零点集" 不含内点时, 其相应的结论亦是成立的.

证明　这个结论的前半段的证明是与定理 6.1.9 完全类似的. 因此, 下面我们仅来证明后半段结论. 而从定理 6.1.9 的证明可知, 我们只需证明 $C \subset \partial\widehat{K}$. 首先, 不妨设 $a = \theta$, 并采用反证法进行证明. 反之, 若有元 $x^* \in E$, 使得 $p(x^*) = 0$, 但 $x^* \notin \partial\widehat{K}$, 那么, 由 x^* 的取法, 知 $x^* \in \widehat{K}$. 因此, 由拓扑空间定义可知, 必存在 θ 点某 "对称" 邻域 U_0, 使得

$$x^* + U_0 \subset \widehat{K}. \tag{6.2}$$

注意到 $p(x)$ 的次加性, 则有

$$p(x^*) - p(-y) \leqslant \alpha = 0 \quad (y \in U_0).$$

也即 $p(y) \geqslant 0, \forall y \in U_0$. 从而, 由 $p(x)$ 的正齐性, 有

$$p(x) \geqslant 0 \quad (x \in E).$$

因此,

$$\widehat{K} = \{x \mid p(x) = 0, x \in E\}.$$

结合 (6.2) 式, 即知 x^* 是 $p(x)$ "零点集" 的一个内点, 这与假设矛盾!　　　□

定理 6.1.15 同样也可推广得到如下命题:

命题 6.1.16　在定理 6.1.15 中, 若将 $p(x)$ 换为次加、β-正齐性泛函 $b(x)$, 并将凸集 $\widehat{K}$ 换为 "β-凸集"

$$\widehat{B} = \{x \mid b(x) \leqslant \alpha, x \in E\}$$

时, 其相应的结论亦是成立的.

注 6.1.17 在定理 6.1.15 以及命题 6.1.16 中, 当 $\alpha = 0$ 时, 尽管仍有当 $\widehat{K}^\circ \neq \varnothing$ 时, $\partial\widehat{K} \subset C$ 等结论成立, 但即使假设 $\widehat{K}^\circ \neq \varnothing$, 也推不出 $C \subset \partial\widehat{K}$ 的结论. 事实上, 我们亦有下面明显的反例:

在实轴 $\mathbb{R}$ 上, 设次加、正齐性泛函为

$$p(x) = \begin{cases} x, & x \geqslant 0, \\ 0, & \text{其他,} \end{cases}$$

那么, 对于凸集 $\widehat{K} = \{x \mid p(x) \leqslant 0, x \in E\}$ 而言, 虽然有 $\widehat{K}_0^\circ \neq \varnothing$, 但并不能导出满足 $p(x) = 0$ 的点均为 $\widehat{K}$ 的边界点的结论.

由定理 6.1.9 和定理 6.1.15 结论中有关集 K 或 $\widehat{K}$ 的闭包的特征, 以及上述反例, 我们可以引出下面的一个结论.

定理 6.1.18 设 $p(x)$ 为 E 上次加、正齐性泛函, 那么, 只要存在正数 α_1, 使得凸集

$$K_1 = \{x \mid p(x) < \alpha_1, x \in E\}$$

具有内点, 那么, $p(x)$ 必为连续泛函.

证明 由于假设 $K_1^\circ \neq \varnothing$, 故取 $x_1 \in K_1^\circ$, 并设 $p(-x_1) = \xi_1$. 然后, 令正数 $\alpha_2 = \max\{\alpha_1, \xi_1 + 1\}$, 并设集

$$K_2 = \{x \mid p(x) < \alpha_2, x \in E\}.$$

那么, 因为 $x_1 \in K_2^\circ$ 和 $-x_1 \in K_2$, 由定理 6.1.9, 还知 K_2 为 E 中的一个凸集. 于是, 再由定理 6.1.3 可以知道 $\theta \in K_2^\circ$.

由此, 当设 θ 的某邻域 $U \subset K_2$ 时, 由定理 2.2.1 知 $-U$ 亦为 θ 点的一个邻域. 从而 "对称集" $V = U \cap (-U)$ 亦为 E 中 θ 点的一个邻域 (这里我们不需用 "均衡" 邻域).

这样, $\forall x_0 \in E$ 及 $\forall \varepsilon > 0$, 取 x_0 的一邻域为 $x_0 + \dfrac{\varepsilon}{\alpha_2}V$, 那么, $\forall x \in x_0 + \dfrac{\varepsilon}{\alpha_2}V$, 由于 $\dfrac{\alpha_2}{\varepsilon}(x - x_0) \in V \subset K_2$, 根据 $p(x)$ 与 K_2 集间关系, 我们有

$$p\left[\frac{\alpha_2}{\varepsilon}(x - x_0)\right] < \alpha_2.$$

又因为 $p(x)$ 是次加的, 可以导出

$$p(x) - p(x_0) \leqslant p\left[\frac{\varepsilon}{\alpha_2} \cdot \frac{\alpha_2}{\varepsilon}(x - x_0)\right] < \frac{\varepsilon}{\alpha_2} \cdot \alpha_2 = \varepsilon.$$

此外, 又注意到 V 是个对称集, 因此, 类似上面又有 $\dfrac{\alpha_2}{\varepsilon}(x_0 - x) \in V \subset K_2$, 从而可以导出

$$p(x_0) - p(x) < \varepsilon.$$

因此, 泛函 $p(x)$ 在 E 上是连续的. 　　　　　　　　　　　　　　　　　　□

注 6.1.19 我们可以将定理 6.1.18 推广到次加、β-正齐性泛函中, 从而得到以下结论:

设 $p(x)$ 为 E 上次加、β-正齐性泛函, 若存在正数 α_1, 使得 (β-凸) 集

$$B_1 = \{x \mid p(x) < \alpha_1, x \in E\}$$

具有内点, 那么, $p(x)$ 必为连续泛函.

作为定理 6.1.9 中相应结论的逆命题, 我们有下面的结论:

定理 6.1.20 设 K 为线性拓扑空间 E 内一个 "星型吸收" 的凸集, 则必存在一个次加、正齐性泛函 $p(x)$ 使得

$$K^\circ \subset \{x \mid p(x) < 1, x \in E\} \subset K \subset \{x \mid p(x) \leqslant 1, x \in E\} \subset \overline{K}.$$

证明　首先, 我们根据集 K 构造该次加、正齐性泛函 $p(x)$. 注意到 K 假设是一星型吸收集, 因此, $\forall x \in E, \exists \delta_x > 0$, 使得, 当 $0 \leqslant \lambda \leqslant \delta_x$ 时, 有 $\lambda x \in K$. 因此, 当我们令对于任意的 $x \in E$,

$$p(x) = \inf\left\{\frac{1}{\lambda} \,\middle|\, \lambda > 0, \lambda x \in K\right\}$$

时, 显然有

$$0 \leqslant p(x) \leqslant \frac{1}{\delta_x}, \quad \forall x \in E,$$

也即 $p(x)$ 为 E 上取有限值的确定泛函. 其次, 由于 $\forall \alpha > 0$, 有

$$
\begin{aligned}
p(\alpha x) &= \inf\left\{\frac{1}{\lambda} \,\middle|\, \lambda > 0, \lambda(\alpha x) \in K\right\} \\
&= \inf\left\{\frac{\alpha}{\alpha\lambda} \,\middle|\, \alpha\lambda > 0, (\lambda\alpha)x \in K\right\} \\
&= \alpha \inf\left\{\frac{1}{\mu} \,\middle|\, \mu > 0, \mu x \in K\right\} \\
&= \alpha p(x).
\end{aligned}
$$

由 $p(x)$ 定义显然还有 (注意 K 为星型集, 故 $\theta \in K$)

$$p(0 \cdot x) = p(\theta) = 0 = 0 \cdot p(x), \quad \forall x \in E.$$

故知 $p(x)$ 为 E 上的正齐性泛函.

此外, 同样由泛函 $p(x)$ 的定义可知: $\forall x, y \in E$, 以及 $\forall \varepsilon > 0, \exists \lambda, \mu > 0$, 使得 $\lambda x \in K, \mu y \in K$, 以及

$$\frac{1}{\lambda} < p(x) + \frac{\varepsilon}{2}, \quad \frac{1}{\mu} < p(y) + \frac{\varepsilon}{2}.$$

由于

$$\frac{x+y}{\frac{1}{\lambda} + \frac{1}{\mu}} = \frac{\frac{1}{\lambda}}{\frac{1}{\lambda} + \frac{1}{\mu}}(\lambda x) + \frac{\frac{1}{\mu}}{\frac{1}{\lambda} + \frac{1}{\mu}}(\mu y) \in K,$$

注意到 K 的凸性及 $p(x)$ 定义可以导出

$$p(x+y) \leqslant \frac{1}{\lambda} + \frac{1}{\mu} < p(x) + p(y) + \varepsilon.$$

从而由 ε 的任意性可知, $p(x)$ 是次加泛函.

最后, 我们验证所需的包含关系式.

(i) 注意到 $\forall x_0 \in K^\circ$, 由线性拓扑空间中关于数乘的连续性可知: 设 x_0 的邻域 $U_{x_0} \subset K$, 必存在正数 $1 + \delta_0 > 1$, 使得

$$(1 + \delta_0)x_0 \in U_{x_0} \subset K.$$

从而由 $p(x)$ 定义导出

$$p(x_0) \leqslant \frac{1}{1 + \delta_0} < 1,$$

即 $x_0 \in \{x \mid p(x) < 1, x \in E\}$.

(ii) 当 $p(x_1) < 1$ 时, 由 $p(x)$ 定义可知必存在正数 $\lambda_1 > 1$, 使得

$$p(x_1) \leqslant \frac{1}{\lambda_1}, \quad \lambda_1 x_1 \in K.$$

由于 K 是包含 θ 点的凸集, 因此可以导出

$$x_1 = \frac{1}{\lambda_1}(\lambda_1 x_1) + \frac{\lambda_1 - 1}{\lambda_1}\theta \in K.$$

(iii) 由 $p(x)$ 的定义可以直接导出

$$x \in K \Rightarrow p(x) \leqslant 1.$$

(iv) 只要注意到, 当 $p(y) = 1$ 时, 由定理 6.1.9 可知 $y \in \overline{K}$. 而再注意到 (ii) 的结果, 我们就可得到所需最后一个包含关系式. □

结合定理 6.1.18、定理 6.1.20 和定理 6.1.9, 我们可直接导出下面推论:

推论 6.1.21　在定理 6.1.20 中, 当 $K^\circ \neq \varnothing$ 时, 相应的泛函 $p(x)$ 必为连续的. 而当 K 为开集时, 必有

$$K = \{x \mid p(x) < 1, x \in E\}.$$

推论 6.1.22　在定理 6.1.20 中, 当 K 为闭集 (不一定含有内点) 时, 相应泛函 $p(x)$ 必为下半连续的, 且有

$$K = \{x \mid p(x) \leqslant 1, x \in E\}.$$

事实上, 泛函 $p(x)$ 下半连续当且仅当对任意的 $\alpha \in \mathbb{R}$, $\{x \mid p(x) \leqslant \alpha, x \in E\}$ 是闭集.

证明　由题设知 $G = \{x \mid p(x) > 1, x \in E\}$ 是开集. 设 $x_0 \in E$ 满足 $p(x_0) \neq 0$. 那么对于任意的 $0 < \varepsilon < p(x_0)$, 有 $x_0/(p(x_0) - \varepsilon) \in G$. 记 $G_{x_0} = (p(x_0) - \varepsilon)G$, 则 G_{x_0} 是开集. 对于任意的 $x \in G_{x_0}$, 由于 $x/(p(x_0) - \varepsilon) \in G$, 也即 $p(x/(p(x_0) - \varepsilon)) > 1$, 故 $p(x) > p(x_0) - \varepsilon$. 所以 p 是下半连续的. □

(三)

注意到 "拟范" 是一个 "次加、绝对齐性" 泛函 $\varphi(x)$, 我们可以导出

$$\varphi(\theta) = \varphi(0 \cdot x) = 0 \cdot \varphi(x) = 0,$$

以及

$$0 = \varphi(\theta) = \varphi(x - x) \leqslant \varphi(x) + \varphi(-x) = 2\varphi(x),$$

也即, $\varphi(x) \geqslant 0, \forall x \in E$. 因此, 从上面 (二) 的结果, 我们不难直接得到下面结论:

定理 6.1.23　设 $\varphi(x)$ 为线性空间 E 上的拟范数, 那么, $\forall \alpha > 0$,

$$K_1 = \{x \mid \varphi(x) < \alpha, x \in E\}$$

必为 E 中一个 "均衡吸收" 凸集.

证明 K_1 的凸性已由定理 6.1.9 导出, 其均衡及吸收性可以从 $\varphi(x)$ 的绝对齐性导出. 事实上, $\forall x \in K_1, 0 \neq |\lambda| \leqslant 1$, 显然有

$$\varphi(\lambda x) = |\lambda| \varphi(x) \leqslant \varphi(x) < \alpha \quad (\lambda = 0 \text{ 亦对}).$$

此外, $\forall x \in E$, 若 $\varphi(x) \neq 0$, 从上知必有 $\varphi(x) > 0$, 则当取正数 $\delta = \dfrac{\alpha}{2\varphi(x)}$ 时, 只要数 $|\lambda| \leqslant \delta$, 就有

$$\varphi(\lambda x) = |\lambda| \varphi(x) \leqslant \delta \varphi(x) < \alpha.$$

从而导出 $\lambda x \in K_1(\varphi(x) = 0 \text{ 亦对})$. $\qquad\square$

定理 6.1.24 设 K_1 为线性拓扑空间 E 内一个均衡吸收的凸集, 则必存在一个拟范 $\varphi(x)$, 使得

$$K_1^\circ \subset \{x \mid \varphi(x) < 1, x \in E\} \subset K_1$$
$$\subset \{x \mid \varphi(x) \leqslant 1, x \in E\} \subset \overline{K_1}.$$

证明 由定理 6.1.20, 我们只要证明相应于 $p(x)$ 的 $\varphi(x)$ 是一个拟范就可以了. 事实上, 注意到集 K_1 的均衡性, 因此, $\forall |\alpha| = 1$, 有 $\alpha K_1 \subset K_1$ 及 $\dfrac{1}{\alpha} K_1 \subset K_1$, 也即有 $\alpha K_1 = K_1$, 从而导出: $\forall |\alpha| = 1$, 有

$$\varphi(\alpha x) = \inf \left\{ \frac{1}{\lambda} \,\middle|\, \lambda > 0, \lambda(\alpha x) \in K_1 \right\}$$
$$= \inf \left\{ \frac{1}{\lambda} \,\middle|\, \lambda > 0, \lambda x \in \frac{1}{\alpha} K_1 \right\}$$
$$= \inf \left\{ \frac{1}{\lambda} \,\middle|\, \lambda > 0, \lambda x \in K_1 \right\}$$
$$= \varphi(x), \quad \forall x \in E.$$

由此, 对任意数 $\mu \neq 0$, 由 $\varphi(x)$ 的正齐性及上式有

$$\varphi(\mu x) = \varphi\left(|\mu| \frac{\mu}{|\mu|} x \right) = |\mu| \varphi\left(\frac{\mu}{|\mu|} x \right)$$
$$= |\mu| \varphi(x),$$

当 $\mu = 0$ 时亦对. $\qquad\square$

6.2 局部凸空间的可赋拟范族性

(一)

我们曾经提到, 线性拓扑空间的主要成就大多是基于 "局部凸" 空间的研究而取得的. 为此, 我们给出以下定义:

定义 6.2.1 线性拓扑空间 E 称为**局部凸的**, 是指在零点 θ 的任意邻域中, 都包含一个凸的邻域 (或等价地有: 其在 θ 点存在一个由凸集组成的邻域基).

注 6.2.2 容易验证, 若 $E_\lambda (\lambda \in \Lambda)$ 均为局部凸空间, 则其积空间 $\prod\limits_{\lambda \in \Lambda} E_\lambda$ 亦是局部凸的. 若 E 为局部凸空间, E_0 为 E 的一个线性子空间, 则 (在诱导拓扑下) E_0 亦为局部凸空间, 并且其商空间 E/E_0 亦为局部凸的.

例 6.2.3 设 E 为赋拟范空间, 则其必为局部凸的, 而 $\mathscr{U}_0 = \{B_{\frac{1}{n}}(\theta)\}$ 构成空间在 θ 点的 (可数) 凸邻域基.

为了引出下面的例子, 我们再给出一个注:

注 6.2.4 设 E 在其上定义的每一个拓扑 $\mathscr{T}_\lambda (\lambda \in \Lambda)$ 下均为局部凸空间, 那么, 其在拓扑 $\mathscr{T} = \bigvee\limits_{\lambda \in \Lambda} \mathscr{T}_\lambda$ 下亦构成一个局部凸空间.

事实上, 当我们注意到练习题 4.7 中关于 $\bigvee\limits_{\lambda \in \Lambda} \mathscr{T}_\lambda$ 的定义, 空间在 θ 点的邻域基被规定为

$$\mathscr{U}_0 = \left\{ \bigcap_{k=1}^n U_{\lambda_k} \;\middle|\; U_{\lambda_k} \in \mathscr{U}_{\lambda_k 0}, \lambda_k \in \Lambda, 1 \leqslant k \leqslant n, n \in \mathbb{N} \right\},$$

这里 $\mathscr{U}_{\lambda_k 0}$ 为空间在 $\mathscr{T}_{\lambda_k}$ 拓扑下 θ 的邻域基, 由于任意有限个凸集的交集仍然是凸的, 因此从这里的假设及局部凸空间的定义出发, 我们可以直接导出所需的结论.

例 6.2.5 设 $\Phi = \{\varphi_\lambda \mid \lambda \in \Lambda\}$ 为线性空间 E 上的一族拟范数. 那么, 在 Φ 确定的 "弱" 拓扑 $w(E, \Phi)$ 下, E 构成一个局部凸空间. 并且, E 满足 T_0 公里的充要条件是: 当 $x_0 \neq \theta$ 时, 必存在 $\lambda_0 \in \Lambda$, 使得 $\varphi_{\lambda_0}(x_0) > 0$.

验证 注意到练习题 4.8 中 $w(E, \Phi)$ 的定义, 我们知道

$$w(E, \Phi) = \bigvee_{\lambda \in \Lambda} w(E, \varphi_\lambda).$$

而 $w(E, \varphi_\lambda)$ 是由拟范 φ_λ 所确定的 E 上的拓扑, 其在 θ 点的邻域族由下式构成:

$$U_\delta = \{x \mid \varphi_\lambda(x) < \delta, x \in E\}.$$

因而, 直接由例 6.2.3 及注 6.2.4 的结果, 我们可知 E 是一个局部凸空间.

至于后一结论, 只需回顾前面练习题 2.7 的 (iii), 以及在拓扑 $w(E, \Phi)$ 下 θ 点邻域的定义, 便可直接导出. 验毕.

并非所有线性拓扑空间都是局部凸的, 即使是赋 β-范空间, 也存在非局部凸的空间. 以下两个反例可以说明这一点:

反例 6.2.6 空间 $L^{\beta}[0,1](0 < \beta < 1)$ 不是局部凸的.

验证 我们只需要验证, 此空间的单位球

$$B_1(\theta) = \{x \mid \|x\|_{\beta} \leqslant 1, x \in L^{\beta}[0,1]\}$$

不包含 θ 点的任何凸邻域. 事实上, 反之, 若假设存在 θ 点的一个凸邻域 V_0 满足 $V_0 \subset B_1(\theta)$, 那么, 必存在正数 δ_0, 使得 $B_{\delta_0}(\theta) \subset V_0$.

现将区间 $[0,1]$ 进行 n 等分, 并定义函数:

$$x_k(t) = \begin{cases} n^{\frac{1}{\beta}}, & t \in \left[\dfrac{k-1}{n}, \dfrac{k}{n}\right], 1 \leqslant k \leqslant n, \\ 0, & \text{其他}. \end{cases}$$

由于

$$\int_0^1 |\delta_0^{\frac{1}{\beta}} x_k(t)|^{\beta} dt = \delta_0 \int_0^1 x_k^{\beta}(t) dt = \delta_0,$$

故知 $\delta_0^{\frac{1}{\beta}} x_k \in B_{\delta_0}(\theta) \subset V_0, \forall 1 \leqslant k \leqslant n$. 从而, 由 V_0 的凸性假设, 则有

$$x_{(n)} = \sum_{k=1}^n \frac{1}{n} (\delta_0^{\frac{1}{\beta}} x_k) \in V_0 \subset B_1(\theta).$$

此外, 由于

$$\|x_{(n)}\|_{\beta} = \int_0^1 |x_{(n)}(t)|^{\beta} dt = \frac{\delta_0}{n^{\beta}} \int_0^1 \left(\sum_{k=1}^n x_k(t)\right)^{\beta} dt$$

$$= \frac{\delta_0}{n^{\beta}} \sum_{k=1}^n \int_{\frac{k-1}{n}}^{\frac{k}{n}} [x_k(t)]^{\beta} dt = \delta_0 n^{1-\beta},$$

因此, 当 n 足够大时, 有 $\|x_{(n)}\|_{\beta} > 1$, 也即 $x_{(n)} \notin B_1(\theta)$, 矛盾! 验毕.

反例 6.2.7 空间 $l^{\beta}(0 < \beta < 1)$ 亦不是局部凸的.

验证 我们同样只需要验证, 此空间的单位球 $B_1(\theta)$ 不包含 θ 点的任何凸邻域.

事实上, 当设 V 为 l^β 在 θ 点的凸邻域时, 由于必存在数 $\delta > 0$, 使得

$$B_\delta(\theta) \subset V,$$

取自然数 n, 使得 $n > 1/\delta^{\frac{1}{1-\beta}}$. 由于 $\delta^{\frac{1}{\beta}} e_k \in B_\delta(\theta)(1 \leqslant k \leqslant n)$, 因此由 V 的凸性则可以导出, 空间的元

$$x = \sum_{k=1}^{n} \frac{1}{n}(\delta_n^{\frac{1}{\beta}} e_k) \in V,$$

这里 e_k 为 l^β 空间的 "标准基", $\forall k \in \mathbb{N}$. 此外, 又有

$$\|x\|_\beta = \left\| \left(\frac{\delta^{\frac{1}{\beta}}}{n}, \frac{\delta^{\frac{1}{\beta}}}{n}, \cdots, \frac{\delta^{\frac{1}{\beta}}}{n}, 0, 0, \cdots \right) \right\|_\beta \quad \left(\text{前 } n \text{ 项均为 } \frac{\delta^{\frac{1}{\beta}}}{n} \right)$$

$$= \sum_{k=1}^{n} \frac{\delta}{n^\beta} = n^{1-\beta}\delta > 1,$$

因此, $V \not\subset B_1(\theta)$. 验毕.

注 6.2.8 值得注意的是, 从第 5 讲附录中, 我们已知: 当 $0 < \beta < 1$ 时, 空间 $L^\beta[a,b]$ 上是不存在 (非 0) 连续线性泛函的. 然而, 从练习题 5.15, 我们知道相应空间 l^β 却存在 (非 0) 连续线性泛函.

为了导出例 6.2.5 的逆命题, 我们首先引入一个引理:

引理 6.2.9 在局部凸空间 E 中, 必存在由均衡、吸收的凸开集组成的 θ 点邻域基.

证明 首先, 由定义可知, $\forall U \in \mathscr{U}(\theta$ 点邻域) 必存在 θ 点一凸邻域 $V \subset U$. 进一步, 根据推论 2.2.15, 存在 θ 点一均衡开邻域 W, 使得 $W \subset V$.

其次, 考虑 W 的凸包 $\langle W \rangle$, 那么, 由于 V 是凸的, 所以 $\langle W \rangle \subset V$, 且由注 6.1.2 的 (iii) 和 (iv), 我们知道 $\langle W \rangle$ 亦是 θ 的均衡开邻域. 同样, 由第 2 讲的内容, $\langle W \rangle$ 为吸收的, 因此, $\langle W \rangle \subset V \subset U$. 由此导出所求结论. □

接下来, 我们给出下面的定理:

定理 6.2.10 设 E 为局部凸空间, 则其拓扑必可由一族连续的拟范数 $\Phi = \{\varphi_\lambda \mid \lambda \in \Lambda\}$ 所确定的 "弱" 拓扑 $w(E, \Phi)$ 给出.

证明 首先, 由引理 6.2.9 可知, E 中存在由均衡吸收开凸集组成的 θ 点邻域基 $\mathscr{W} = \{W_\lambda \mid \lambda \in \Lambda\}$. 并且由定理 6.1.24, 我们还知, $\forall W_\lambda \in \mathscr{W}$, 必存在一连续拟范数 φ_λ, 使得

$$W_\lambda = \{x \mid \varphi_\lambda(x) < 1, x \in E\}.$$

接下来, 我们证明由上述拟范族 $\Phi = \{\varphi_\lambda \mid \lambda \in \Lambda\}$ 所确定的弱拓扑 $w(E, \Phi)$, 与空间 E 原来的拓扑 $\mathscr{T}$ 是等价的. 事实上, 由拟范数 φ_λ 的连续性知: $\forall \varepsilon > 0$,

$$U_\lambda(\varepsilon) = \{x \mid \varphi_\lambda(x) < \varepsilon, x \in E\}$$

为 θ 的开邻域. 从而, $\forall \lambda_k \in \Lambda\, (1 \leqslant k \leqslant n)$,

$$\bigcap_{k=1}^{n} U_{\lambda_k}(\varepsilon)$$

仍然为 θ 的开邻域, 也即 Φ 所确定的弱拓扑 $w(E, \Phi)$ 是弱于原拓扑 $\mathscr{T}$ 的. 此外, $\forall U \in \mathscr{U}$ (在原拓扑 $\mathscr{T}$ 下 θ 的邻域), 由于 $\mathscr{W}$ 为邻域基, 故存在 $\lambda \in \Lambda$, 使得 $W_\lambda \subset U$, 即

$$U_\lambda(1) = W_\lambda \subset U,$$

也即空间原拓扑 $\mathscr{T}$ 弱于 $w(E, \Phi)$. 综上所述, 空间原拓扑 $\mathscr{T}$ 与 $w(E, \Phi)$ 拓扑是等价的. □

由例 6.2.5 及定理 6.2.10, 我们可以得到下面的结论:

定理 6.2.11 线性拓扑空间 E 可赋一族拟范数的充要条件是: E 为局部凸空间.

利用上面定理, 我们可以从另一途径得到有关空间可赋范的推论 5.1.7 的证明:

推论 6.2.12 线性拓扑空间 E 能成为赋范空间的充要条件是: E 满足 T_0 公理, 且存在 θ 点的一个有界、凸邻域.

证明 我们仅利用定理 6.2.10 的方法证明定理的充分性.

事实上, 若令 $B \in \mathscr{U}$ (θ 点邻域) 为有界、凸的, 由引理 6.2.9 的证明可知, 必存在一个 "有界" 均衡吸收开凸邻域 W, 使得 $W \subset B$, 由 W 所确定的 Minkowski 泛函 $\varphi(x)$ 是一个连续的拟范数, 且有

$$W = \{x \mid \varphi(x) < 1, x \in E\}.$$

因为 $\left\{\dfrac{1}{n} W\right\}$ 为 E 在 θ 点的一组邻域基, 并且

$$\begin{aligned}
\frac{1}{n} W &= \frac{1}{n}\{x \mid \varphi(x) < 1, x \in E\} \\
&= \left\{x \,\middle|\, \varphi(x) < \frac{1}{n}, x \in E\right\},
\end{aligned}$$

所以, 由拟范 $\varphi(x)$ 所确定的拓扑 $w(E, \Phi)$ 与空间原拓扑是等价的.

最后, 注意到 E 假设满足 T_0 公理, 因此, $\forall x_0 \in E$, 当 $x_0 \neq \theta$ 时, 必存在 $U_0 \in \mathscr{U}$, 使得 $x_0 \notin U_0$. 由于 $\left\{\dfrac{1}{n}W\right\}$ 为邻域基, 故存在自然数 n_0, 使得 $\dfrac{1}{n_0}W \subset U_0$, 从而有 $x_0 \notin \dfrac{1}{n_0}W$. 即

$$x_0 \notin \left\{ x \;\middle|\; \varphi(x) < \frac{1}{n_0}, x \in E \right\}.$$

由此导出 $\varphi(x_0) > \dfrac{1}{n_0} \neq 0$. 也即 $\varphi(x)$ 还是一个范数, 并且, E 按照范数 $\varphi(x)$ 构成一个赋范空间. □

为了导出有关线性拓扑空间的积空间可以赋 β-范的充要条件, 我们先给出下面的引理:

引理 6.2.13　对于线性拓扑空间的积空间 $E = \prod\limits_{\lambda \in \Lambda} E_\lambda$ 而言, 其子集 B 为有界的充分必要条件是: $B \subset \prod\limits_{\lambda \in \Lambda} B_\lambda$, 这里 B_λ 均为 E_λ 内的有界集 $(\forall \lambda \in \Lambda)$.

证明　充分性可以通过对乘积空间拓扑的定义进行分析来证明. 在空间 E 中, 对于任意点 θ, 其邻域基的元素 U 可以通过以下步骤构造:

(1) 选择一个有限的指标集 Λ', 它是 Λ 的一个子集.

(2) 对于 Λ' 中的每个指标 λ', 从对应的空间 $E_{\lambda'}$ 中选取点 θ 的邻域 $U_{\lambda'}$.

(3) 对于 Λ 中不在 Λ' 的指标 λ'', 取对应的整个空间 $E_{\lambda''}$.

通过将这些邻域 $U_{\lambda'}$ 和全空间 $E_{\lambda''}$ 进行笛卡儿积, 我们得到邻域 U, 可以表示为

$$U = \left(\prod_{\lambda' \in \Lambda'(\text{有限})} U_{\lambda'} \right) \times \left(\prod_{\lambda'' \in \Lambda \backslash \Lambda'} E_{\lambda''} \right).$$

如果每个空间 E_λ 中的集合 B_λ 都是有界的 (对于所有 $\lambda \in \Lambda$), 那么显然整个集合 $\prod\limits_{\lambda \in \Lambda} B_\lambda$ 可以被邻域 U 所包含, 从而其任何子集 B 也可以被 U 所包含. 这意味着 B 是积空间 E 中的有界集.

至于必要性, 我们只需考虑当 B 是积空间 E 中的有界集时, 根据定理 3.3.3, 其在每个空间 E_λ 中的投影 J_λ 都是连续的线性映射. 根据定理 3.2.7, 我们知道 $J_\lambda(B) = B_\lambda$ 也是每个空间中的有界集 (对于所有 $\lambda \in \Lambda$). 此外, 显然有 B 是集合 $\prod\limits_{\lambda \in \Lambda} B_\lambda$ 的一个子集. 这样, 我们就完成了证明. □

推论 6.2.14 一族 (非零) 赋范 (赋 β-范) 空间之积空间 $E = \prod\limits_{\lambda \in \Lambda} E_\lambda$ 能赋 β-范的充要条件是: Λ 为 "有限" 指标集.

证明 从定理 5.1.6 可知, E 能赋 β-范的充要条件是: E 满足 T_0 公理, 且存在 θ 点的一个 "有界" 邻域 B. 因而 B 必包含 "积空间"E 在 θ 点的某一邻域:

$$U_0 = \left(\prod_{\lambda' \in \Lambda'(\text{有限})} U_{0\lambda'} \right) \times \left(\prod_{\lambda'' \in \Lambda \setminus \Lambda'} E_{\lambda''} \right).$$

另外, 由引理 6.2.13 又知, $\forall \lambda \in \Lambda$, 必有 E_λ 内的有界集 B_λ, 使得 $B \subset \prod\limits_{\lambda \in \Lambda} B_\lambda$. 由此导出

$$\left(\prod_{\lambda' \in \Lambda'(\text{有限})} U_{0\lambda'} \right) \times \left(\prod_{\lambda'' \in \Lambda \setminus \Lambda'} E_{\lambda''} \right) \subset \prod_{\lambda \in \Lambda} B_\lambda.$$

由此, 当 $\lambda'' \in \Lambda \setminus \Lambda'$ 时, 有 $E_{\lambda''} = B_{\lambda''}$. 因此, $E_{\lambda''}$ 是满足 T_0 公理的有界集. 由练习题 3.5, 则可得到

$$E_{\lambda''} = \{\theta\}, \quad \forall \lambda'' \in \Lambda \setminus \Lambda'(\text{有限}). \qquad \square$$

我们再给出有关两族拟范数等价的推论:

推论 6.2.15 设 E 是线性空间, $\Phi = \{\varphi_\alpha \mid \alpha \in A\}$ 和 $\Psi = \{\psi_\beta \mid \beta \in B\}$ 为 E 上的两族拟范数. 那么, Φ 确定的拓扑 "弱" 于 Ψ 确定的拓扑的充要条件是: $\forall \alpha \in A, \exists \delta_\alpha > 0$ 及相应的有限个下标 $\beta_1, \beta_2, \cdots, \beta_j \in B$, 并且

$$\varphi_\alpha(x) \leqslant \delta_\alpha \max_{1 \leqslant m \leqslant j} \psi_{\beta_m}(x), \quad \forall x \in E. \tag{6.3}$$

证明 充分性. 若不等式 (6.3) 成立, 那么, 对任意有限个下标 $\alpha_1, \alpha_2, \cdots, \alpha_i \in A$, 必存在数 $\delta > 0$ 及相应的有限个下标 $\beta_1, \beta_2, \cdots, \beta_j \in B$, 使得

$$\max_{1 \leqslant n \leqslant i} \varphi_{\alpha_n}(x) \leqslant \delta \max_{1 \leqslant m \leqslant j} \psi_{\beta_m}(x), \quad \forall x \in E.$$

从而, $\forall \varepsilon > 0$, 当令

$$U_{\alpha_n}(\varepsilon) = \{x \mid \varphi_{\alpha_n}(x) < \varepsilon, x \in E\}, \quad 1 \leqslant n \leqslant i,$$

$$V_{\beta_m}\left(\frac{\varepsilon}{\delta}\right) = \left\{x \,\middle|\, \psi_{\beta_m}(x) < \frac{\varepsilon}{\delta}, x \in E\right\}, \quad 1 \leqslant m \leqslant j$$

时, 我们有

$$\bigcap_{m=1}^{j} V_{\beta_m}\left(\frac{\varepsilon}{\delta}\right) \subset \bigcap_{n=1}^{i} U_{\alpha_n}(\varepsilon).$$

这样, 由 Φ 和 Ψ 所确定的拓扑的定义, Φ-拓扑弱于 Ψ-拓扑.

必要性. 若已知 $\Phi = \{\varphi_\alpha \mid \alpha \in A\}$ 所确定的拓扑弱于 $\Psi = \{\psi_\beta \mid \beta \in B\}$ 所确定的拓扑, 则对于 Φ-拓扑下的邻域

$$U_\alpha = \{x \mid \varphi_\alpha(x) < 1, x \in E\},$$

必存在 Ψ-拓扑下某有限个邻域 $V_{\beta_m}(\varepsilon_m)(1 \leqslant m \leqslant k)$, 使得

$$\bigcap_{m=1}^{k} V_{\beta_m}(\varepsilon_m) \subset U_\alpha.$$

由此, 当令 $\varepsilon = \min\limits_{1 \leqslant m \leqslant k}\{\varepsilon_m\}, \delta_\alpha = \dfrac{1}{\varepsilon}$ 时, 则可以得到对于任意的 $x \in E$,

$$\delta_\alpha \psi_{\beta_m}(x) < 1 \Rightarrow \psi_{\beta_m}(x) < \varepsilon_m \Rightarrow \varphi_\alpha(x) < 1 \quad (1 \leqslant m \leqslant k).$$

因而导出

$$\varphi_\alpha(x) \leqslant \delta_\alpha \max_{1 \leqslant m \leqslant k} \psi_{\beta_m}(x). \qquad \square$$

在本节的最后, 我们将给出局部凸空间中一些相应拓扑概念的表征, 相关证明留给读者完成.

推论 6.2.16 若 E 为局部凸空间, B 为 E 中一个子集, 则 B 是有界 (完全有界) 集 $\Rightarrow$ 凸包 $\langle B \rangle$ 亦是有界 (完全有界) 集.

推论 6.2.17 设 E 为局部凸空间, 其拓扑由连续拟范族 $\Phi = \{\varphi_\lambda \mid \lambda \in \Lambda\}$ 所决定. 那么

(i) 集 $B \subset E$ 为 "有界" 的充要条件是: $\forall \varphi_\lambda \in \Phi, \sup\limits_{x,y \in B} \varphi_\lambda(x - y) < +\infty.$

(ii) 集 $A \subset E$ 为 "完全有界" 的充要条件是: $\forall \varphi_\lambda \in \Phi, \varepsilon > 0$, 存在有限元集 $A_0 \subset A$, 使得 $\forall x \in A$, 存在 $x_0 \in A_0$, 满足 $\varphi_\lambda(x - x_0) < \varepsilon$. 该性质亦称为 A 具有 "有限 $(\varepsilon, \varphi_\lambda)$-网".

<h2 align="center">(二)</h2>

对于赋拟范族的局部凸空间而言, 其 "拟范族" 简化为 "拟范列" 是其一个特例. 当一个局部凸空间由一个拟范列来定义时, 这个空间的拓扑结构与由该拟范列所确定的拓扑结构是等价的.

下面, 我们将介绍局部凸空间可赋可列拟范的命题:

推论 6.2.18 线性拓扑空间 E 可赋可列拟范的充要条件是: E 为满足 A_1 公理的局部凸空间.

证明 必要性是明显的, 若空间 E 的拓扑可由一列拟范 $\Phi_0 = \{\varphi_n^0\}$ 导出, 故由 Φ_0 拓扑的定义, 其邻域基可由以下 "可列个" 邻域的有限交构成

$$U_n\left(\frac{1}{m}\right) = \left\{x \mid \varphi_n(x) < \frac{1}{m}, x \in E\right\} \quad n, m \in \mathbb{N}.$$

因此, E 是满足 A_1 公理的. 至于局部凸可以从例 6.2.5 得到.

下面我们来证明定理的充分性. 设 $\{U_n\}$ 为空间 E 在 θ 点的一个可列邻域基. 由引理 6.2.9, 存在一列均衡凸的 θ 点邻域基 $\{W_n\}$. 再由定理 6.2.10, 可以直接导出: 存在相应于 $\{W_n\}$ 的一列拟范数 $\Phi_0 = \{\varphi_n^0\}$, 使得 Φ_0 导出的拓扑与空间原拓扑相同. 这就完成了定理的证明. $\qquad\square$

注 6.2.19 一个赋可列拟范 $\{\varphi_n\}$ 空间亦称为 "B_0^*-空间"(当其完备时, 称为 "B_0-空间"), 而相应的拟准范

$$\|x\|^* = \sum_{n=1}^{\infty} \frac{1}{2^n} \frac{\varphi_n(x)}{1 + \varphi_n(x)}, \quad \forall x \in E$$

常称为 "B_0^*-范数"(相应地, 完备时称为 "B_0-范数"). 对于可列个赋拟范空间的 "积空间", 通常可以将其视为一个 B_0^*-空间.

对于满足 A_1 公理的局部凸空间, 若其同时满足 T_0 公理, 则由第 4 讲可知, 该空间必可成为一个赋准范空间, 从而也是一个 "距离线性空间". 进一步, 由推论 6.2.18, 我们可以得到以下更强的结果:

推论 6.2.20 设 E 是满足 A_1 及 T_0 公理的局部凸空间, 那么在 E 上存在一列单增范数 $\{\varphi_n\}$:

$$\varphi_1(x) \leqslant \varphi_2(x) \leqslant \cdots \leqslant \varphi_n(x) \leqslant \cdots,$$

使得 E 可赋准范 $\|x\|^* = \sum_{n=1}^{\infty} \frac{1}{2^n} \frac{\varphi_n(x)}{1 + \varphi_n(x)}$ $(\forall x \in E)$.

证明 首先, 由推论 6.2.18 可知, E 可赋一列拟范 $\Phi_0 = \{\varphi_n^0\}$, 且由 E 具有 T_0 公理, $\{\varphi_n^0\}$ 均为范数. 因此, 对于每一个 $n \in \mathbb{N}$, 令

$$\varphi_n(x) = \max_{1 \leqslant k \leqslant n} \varphi_k^0(x), \quad \forall x \in E.$$

由推论 6.2.15 则知, $\Phi = \{\varphi_n\}$ 所确定的拓扑是弱于 Φ_0 所确定的拓扑的. 此外, 又由

$$\varphi_n^0(x) \leqslant \varphi_n(x), \quad \forall x \in E,$$

同理可知 Φ_0 所确定的拓扑是弱于 Φ 所确定的拓扑的. 由此则知, Φ 所确定的拓扑与空间 E 原拓扑是等价的. 同时, $\{\varphi_n\}$ 显然是单增的范数.

其次, 为证上述 $\|x\|^*$ 是准范数, 仅需验证: 当 $\|x\|^* = 0$ 时, 必有 $x = \theta$. 事实上, 当 $\|x\|^* = 0$ 时, 必有 $\varphi_n(x) = 0$ $(\forall n \in \mathbb{N})$. 由例 6.2.5 的后一结论, 我们可以导出 $x = \theta$.

最后, 我们验证由准范 $\|x\|^*$ 所导出的拓扑与 Φ 导出的拓扑是等价的. 事实上, 由 $\{\varphi_n\}$ 的假设, 令

$$U_n = \left\{ x \ \middle| \ \varphi_k(x) < \frac{1}{n}, x \in E \right\}, \quad \forall k \in \mathbb{N}.$$

由第一段结果及 $\{\varphi_n\}$ 的单调性, 显然可知 $\{U_n\}$ 构成空间 E 在 θ 点的一组邻域基. $\forall x \in E$, 当 $\|x\|^* < \dfrac{1}{2^n(n+1)}$ 时, 由 $\|x\|^*$ 定义则有

$$\frac{1}{2^n} \frac{\varphi_n(x)}{1 + \varphi_n(x)} \leqslant \|x\|^* < \frac{1}{2^n} \cdot \frac{1}{n+1},$$

故导出 $\varphi_n(x) < \dfrac{1}{n}$, 即 $x \in U_n$ $(\forall n \in \mathbb{N})$. 另一方面, 当 $\forall x \in E$, 且 $x \in U_n$ 时, 则有 $\varphi_n(x) < \dfrac{1}{n}$, 由假设亦有 $\varphi_k(x) < \dfrac{1}{n}$ $(1 \leqslant k \leqslant n-1)$. 故可以导出

$$\|x\|^* < \frac{\dfrac{1}{n}}{1 + \dfrac{1}{n}} \sum_{k=1}^{n} \frac{1}{2^k} + \sum_{k>n+1} \frac{1}{2^k} < \frac{1}{n+1} + \frac{1}{2^n} \quad (n \in \mathbb{N}).$$

因此, 当设球 $O(\theta, \delta) = \{x \mid \|x\|^* < \delta, x \in E\}$ 时, 由上则有

$$O\left(\theta, \frac{1}{2^n(n+1)}\right) \subset U_n \subset O\left(\theta, \frac{1}{2^n} + \frac{1}{n+1}\right) \quad (\forall n \in \mathbb{N}).$$

从而推出由准范 $\|x\|^*$ 所导出的拓扑与 $\{\varphi_n\}$ 导出的拓扑是等价的, 结合第一段结果, 即可得到所需结论. □

推论 6.2.21　设 $\{E_n\}$ 为一列赋 β_n-范空间 $(0 < \beta_n \leqslant 1)$, 那么, 其积空间 $E = \prod\limits_{n=1}^{\infty} E_n$ 是 B_0^* (赋可列拟 β_n-范) 空间, 且是可赋准范的.

证明　注意到积空间邻域的定义以及赋 β-范空间是满足 A_1 及 T_0 公理的, 因此, 可以知道 E 亦为满足 A_1 及 T_0 公理的局部 β-凸空间, 从而由定理 5.2.8 的证明即可以导出此结论. □

注 6.2.22 当设 E_n 中的 β-范数为 $\|\cdot\|_n^0$ 时, 若在积空间 $E = \prod\limits_{n=1}^{\infty} E_n$ 中, 定义

$$\|(x_n)\|_m = \|x_m\|_m^0, \quad \forall (x_n) \in E \quad (m \in \mathbb{N}),$$

那么, 显然, $\|\cdot\|_m$ 为积空间 E 上的一列拟 β-范数. 由于

$$\|(x_1, x_2, \cdots, x_{m-1}, \theta, x_{m+1}, \cdots)\|_m = \|\theta\|_m^0 = 0,$$

故知 $\|\cdot\|_m$ 均为 "拟"β-范数. 而且积空间 E 可赋准范

$$\|(x_n)\|^* = \sum_{n=1}^{\infty} \frac{1}{2^n} \frac{\|x_n\|_n^0}{1 + \|x_n\|_n^0}, \quad \forall (x_n) \in E.$$

注 6.2.23 由推论 6.2.20 和推论 6.2.21, 我们则知: 凡可赋 "可列拟范数" 且满足 T_0 公理的局部凸空间, 以及一列赋 β-范数空间的积空间, 均是 "可距离化" 的.

接下来, 我们给出与广义函数论相关的两个赋可列拟范空间的例子:

例 6.2.24 设 $K(\alpha)$ 为实轴 $\mathbb{R}$ 上定义的当 $|t| \geqslant \alpha$ 时恒取 0 的无穷次可微的函数全体, 其按通常 (函数) 的加法与数乘构成一个线性空间. [在空间 $C[-\alpha, \alpha]$ 的范数下, 由 Weierstrass 定理可知, 显然其构成 $C[-\alpha, \alpha]$ 的一个不闭的线性子空间. 此外, 从 Banach 代数知识我们还知 (参看 [3]), 其不能赋以某个范数, 使其成为一个 Banach 代数.] 我们可在 $K(\alpha)$ 上定义一列范数 $\{\varphi_n\}$:

$$\varphi_n(x) = \max_{\substack{t \in [-\alpha, \alpha] \\ 0 \leqslant k \leqslant n}} |x^{(k)}(t)|, \quad \forall x \in K(\alpha) \quad (\forall n \in \mathbb{N}),$$

这里, $x^{(0)}(t) = x(t)$. 显然容易得到

$$x = \theta \Leftrightarrow \varphi_n(x) = 0 \, (\forall n \in \mathbb{N})$$

及

$$\varphi_1(x) \leqslant \varphi_2(x) \leqslant \cdots \leqslant \varphi_n(x) \leqslant \cdots, \quad \forall x \in K(\alpha).$$

从而知 $K(\alpha)$ 按范数列 $\{\varphi_n\}$ 构成一个满足 T_0 和 A_1 公理的局部凸空间.

例 6.2.25 设 K 为在 $\mathbb{R}$ 上定义的 "支集" 为紧集的无穷次可微的函数全体. 函数 $x(t)$ 的 "支集" 定义为: $\mathrm{supp} x = \overline{\{t \mid x(t) \neq 0, \ t \in \mathbb{R}\}}$, 其按通常的加法与数乘构成一个线性空间. 我们可在 K 上定义一列拟范数 $\{\psi_{n,m}\}$:

$$\psi_{n,m}(x) = \max_{\substack{t \in [-m, m] \\ 0 \leqslant k \leqslant n}} |x^{(k)}(t)|, \quad \forall x \in K \quad (n, m \in \mathbb{N}).$$

显然,

$$x = \theta \Leftrightarrow \psi_{n,m}(x) = 0 \quad (n, m \in \mathbb{N}).$$

从而知 K 按拟范数列 $\{\psi_{n,m}\}$ 构成一个满足 T_0 和 A_1 公理的局部凸空间.

6.3　Hahn-Banach 定理

(一)

对于满足 T_0 公理的 (非零) 局部凸空间, 与赋范空间一样, 也是存在着 "足够多" 的非零连续线性泛函的. 为了介绍这一点, 我们首先将线性空间中线性泛函的控制延拓定理重述一下, 其证明在任何一本泛函分析的书中都可以找到.

定理 6.3.1 (Hahn-Banach)　设

(1) E 是复 (实) 线性空间, E_0 是 E 内一个复 (实) 线性子空间.

(2) $p(x)$ 是 E 上一个次加、绝对齐性 (正齐性) 泛函, f_0 是 E_0 上的线性泛函, 满足

$$|f_0(y)| \leqslant p(y)\,(f_0(y) \leqslant p(y)), \quad \forall y \in E_0.$$

那么, 必存在一个定义在全空间 E 上的线性泛函 $f(x)$, 其满足条件:

(i) $f(y) = f_0(y), \forall y \in E_0$;

(ii) $|f(x)| \leqslant p(x)\,(f(x) \leqslant p(x)), \forall x \in E$.

借助上述定理, 我们进一步得到关于局部凸空间上连续线性泛函的延拓定理:

定理 6.3.2　设 E 是复 (实) 的局部凸空间, E_0 是 E 内一复 (实) 的线性子空间. 那么, E_0 上的任意连续线性泛函 f_0 必可延拓为 E 上的连续线性泛函 f.

证明　由引理 6.2.9 可知, 存在 θ 点一凸的均衡 (吸收) 开邻域 W, 使得

$$y \in E_0 \cap W \Rightarrow |f_0(y)| < 1. \tag{6.4}$$

而由定理 6.1.24 可以知道, 存在 E 上的一连续的拟范数 $p(x)$, 使得

$$W = \{x \mid p(x) < 1, x \in E\}.$$

由此可以导出

$$|f_0(y)| \leqslant p(y), \quad \forall y \in E_0. \tag{6.5}$$

事实上, 反之, 若有元 $y_0^* \in E_0$, 使得 $|f_0(y_0^*)| > p(y_0^*)$. 设 $\alpha = \dfrac{|f_0(y_0^*)| + p(y_0^*)}{2}$, 则有

$$p\left(\frac{y_0^*}{\alpha}\right) < 1, \quad \left|f_0\left(\frac{y_0^*}{\alpha}\right)\right| > 1.$$

由 (6.5) 式, 有 $\dfrac{y_0^*}{\alpha} \in E_0 \cap W$, 而由 (6.4) 式则可得到 $\left| f_0 \left(\dfrac{y_0^*}{\alpha} \right) \right| < 1$. 这与上面后一个不等式矛盾.

最后, 注意到拟范数即次加、绝对齐性泛函, 由 $p(x)$ 的性质及 (6.5) 式, 利用定理 6.3.1 的结果, 我们可以得到 f_0 在 E 上的线性延拓泛函 $f(x)$, 且有

$$|f(x)| \leqslant p(x), \quad \forall x \in E.$$

从而, 直接由定理 3.1.5, 我们则可以导出 $f(x)$ 在 E 上亦是连续的. □

推论 6.3.3 (足够多的非零连续线性泛函存在定理) 设 E 为满足 T_0 公理的局部凸空间, 那么, 对任意 $x_0 \in E$, $x_0 \neq \theta$, 必存在 E 上一个连续线性泛函 f_1, 使得 $f_1(x_0) = 1$.

证明 设 E 为数域 K 上的局部凸空间, 并设

$$E_0 = \{\lambda x_0 \mid \lambda \in K\}.$$

那么, 令

$$f_0(y) = \lambda, \quad \forall y = \lambda x_0 \in E_0.$$

显然 f_0 为一维线性拓扑空间 E_0 上的线性泛函. 并且由假设 E_0 满足 T_0 公理. 故由推论 4.2.4 可得, f_0 在 E_0 上必是连续的. 这样, 由定理 6.3.2, 则知 f_0 必可延拓为 E 上的连续线性泛函 f_1. 因此

$$f_1(x_0) = f_0(x_0) = 1.$$ □

注 6.3.4 由推论 6.3.3 可知, 对于满足 T_0 公理的局部凸空间 $E (\neq \{\theta\})$ 而言, 其 "共轭空间" E^* 必含非零元, 也即 $E^* \neq \{0\}$(这里, 0 代表 "零泛函").

由推论 6.3.3 我们可以直接得到下面的推论 6.3.5:

推论 6.3.5 设 E 为满足 T_0 公理的局部凸空间, 那么, 对任意 $x_1, x_2 \in E$, 如果

$$f(x_1) = f(x_2), \quad \forall f \in E^*,$$

那么 $x_1 = x_2$.

注 6.3.6 若具有 T_0 公理的局部凸空间 E 中的 "广义点列"$\{x_\delta \mid \delta \in \Delta\}$ 弱收敛于 x_0, 即

$$f(x_\delta) \to f(x_0), \quad \forall f \in E^*,$$

由推论 6.3.5, 则知在该空间中, 弱收敛的极限元必是唯一的.

推论 6.3.7　设 E 为满足 T_0 公理的局部凸空间, 且 E_0 为 E 的线性子空间, 以及 $x_1 \in E \setminus \overline{E_0}$. 那么, 必存在泛函 $f_1 \in E^*$, 使得

$$f_1(x_1) = 1, \quad f_1(y) = 0, \quad \forall y \in E_0.$$

证明　对于 E 的子空间 $E_1 = \{\lambda x_1 + y \mid \lambda \in K, y \in E_0\}$, 定义其上的线性泛函 f_1^0 为

$$f_1^0(z) = \lambda, \quad \forall z = \lambda x_1 + y \in E_1.$$

显然, f_1^0 是线性的, 而且 $N(f_1^0)$ 在空间 E_1 中不是稠密的. 因此, 由定理 3.1.1 可知, f_1^0 在 E_1 上是连续的. 进一步, 利用定理 6.3.2 的结果, 我们可以将 f_1^0 延拓为 E 上的连续线性泛函 f_1, 易验其即为所求.　□

推论 6.3.5 和推论 6.3.7 还有另一种说法, 为此, 我们先给出一个定义:

定义 6.3.8　设 E, F 均为线性空间, 集 $\mathscr{A}$ 为从 E 到 F 内所有映射集的子集, 我们称 $\mathscr{A}$ 是**全定** E **的**, 是指: $\forall x_0 \in E$, 如果对于所有的 $A \in \mathscr{A}$ 均有 $A(x_0) = 0$, 则有 $x_0 = \theta$. 此外, 当 E 是线性拓扑空间时, 我们称集 $S \subset E$ 在 E 中是**基本的**, 是指 $\overline{L(S)} = E$.

由此, 我们可以直接得到

推论 6.3.9　设 E 是满足 T_0 公理的局部凸空间, 那么, E^* 是"全定"空间 E 的. 此外, 对任意集 $S \subset E$, 其在 E 中是"基本的"充要条件是: $\forall f_0 \in E^*$, 若 $f_0(y) = 0$ 对所有的 $y \in S$ 成立, 则有 $f_0 = 0$.

推论 6.3.10　设 E 为满足 T_0 公理的局部凸空间, 那么, 对于任给的 n 个线性无关元 $x_1, \cdots, x_n \in E$, 必存在 n 个连续线性泛函 $f_1, \cdots, f_n$, 使得

$$f_m(x_k) = \delta_{mk} \quad (m, k = 1, 2, \cdots, n),$$

这里, δ_{mk} 为 Kronecker 符号, 即

$$\delta_{mk} = \begin{cases} 0, & m \neq k, \\ 1, & m = k. \end{cases}$$

证明　令 $E_0 = L(x_1, \cdots, x_n)$, 那么, E_0 是一个 n 维线性拓扑空间, 并且由假设其满足 T_0 公理. 故知其上的线性泛函均是连续的. 并且在 E_0 上必存在线性无关的 n 个连续线性泛函 $f_1^0, f_2^0, \cdots, f_n^0$, 其满足

$$f_m^0(x_k) = \delta_{mk}, \quad \forall m, k = 1, 2, \cdots, n.$$

这样, 由定理 6.3.2 则可得到上述 n 个 E_0 上连续线性泛函在全空间的延拓: $f_1, \cdots, f_n \in E^*$. 而此即为所求.　□

在推论 6.3.10 中, T_0 公理的假设其实是可以去掉的, 我们有下面的推论:

推论 6.3.11　在推论 6.3.10 中, 当去掉空间的 T_0 公理假设时, 对于任意 n 个线性无关元 $x_1, x_2, \cdots, x_n$, 只要其非零的线性组合不含于 $\overline{\{\theta\}}$ 中, 那么该推论相应结论仍然成立.

证明　$\forall x_i (1 \leqslant i \leqslant n)$, 注意到 $\overline{\{\theta\}}$ 必为线性子空间, 故当令

$$E_i = \overline{\{\theta\}} + L[x_1, \cdots, x_{i-1}, x_{i+1}, \cdots, x_n]$$

时, 显然, E_i 为 E 中一个线性子空间. 此外, 注意从 E 到 $E/\overline{\{\theta\}}$ 上的商映射是开线性映射, 因此, 为验证 E_i 是闭集, 我们只要指出: $E_i/\overline{\{\theta\}}$ 是商空间中的闭集即可. 至于后一点, 我们只要注意到, 由定理 2.2.19 可知, 商空间 $E/\overline{\{\theta\}}$ 满足 T_2 公理, 因此, 其有限维子空间 $E_i/\overline{\{\theta\}}$(作为商映射下 E 的子空间 E_i 的像) 必为闭集. 由此可知, E_i 必为 E 的闭线性子空间.

注意到 $x_1, \cdots, x_n$ 是线性无关的, 而且其非零线性组合均不在 $\overline{\{\theta\}}$ 内, 因此易证 $x_i \notin E_i$. 这样, 若我们在线性子空间

$$E_0 = \overline{\{\theta\}} + L[x_1, x_2, \cdots, x_n]$$

上作线性泛函 f_i^0 为

$$f_i^0(x_i) = 1, \quad f_i^0(x_j) = 0 \quad (\forall i \neq j, 1 \leqslant j \leqslant n)$$

及

$$f_i^0(y) = 0, \quad \forall y \in \overline{\{\theta\}},$$

那么, 由于 $N(f_i^0) = E_i$ 亦为 E_0 中的闭线性子空间, 故由定理 3.1.2 可知, f_i^0 必为 E_0 上的连续线性泛函.

最后, 由于 E 为局部凸空间, 故由定理 6.3.2 可知, f_i^0 可延拓为 E 上的连续线性泛函 f_i, 而 i 是任取 1 到 n 的自然数, 由此则可以导出, 上述得到的泛函 $f_1, \cdots, f_n$ 即为所求.　□

注 6.3.12　作为推论 6.3.11 的特例, 我们可以直接得到在局部凸空间 E(不必具有 T_0 公理) 上的 "足够多的连续线性泛函存在定理"; 对任意元 $x_0 \in E$, 只要 $x_0 \notin \overline{\{\theta\}}$, 那么必存在 E 上的连续线性泛函 f_1, 使得 $f_1(x_0) = 1$.

(二)

下面, 为了研究 E 上一族局部凸拓扑 $\{\mathscr{T}_\lambda \mid \lambda \in \Lambda\}$ 的 "总和" $\mathscr{T} = \bigvee_{\lambda \in \Lambda} \mathscr{T}_\lambda$ 所导出的局部凸空间上连续线性泛函的特征, 我们先来介绍两个引理:

引理 6.3.13　设 $p_1(x)$, $p_2(x)$ 为复 (实) 线性空间 E 上的两个次加、绝对齐性 (正齐性) 泛函, $f(x)$ 为 E 上一个线性泛函, 满足条件: 对于任意的 $x \in E$,

$$|f(x)| \leqslant p_1(x) + p_2(x) \qquad [f(x) \leqslant p_1(x) + p_2(x)].$$

那么, 必存在 E 上的线性泛函 $f_1(x)$, $f_2(x)$, 使得对于任意的 $x \in E$,

$$|f_1(x)| \leqslant p_1(x), \quad |f_2(x)| \leqslant p_2(x) \qquad [f_1(x) \leqslant p_1(x), f_2(x) \leqslant p_2(x)]$$

及

$$f(x) = f_1(x) + f_2(x).$$

证明　令 $Z = E \times E$, 以及泛函

$$q(x, y) = p_1(x) + p_2(y), \quad \forall (x, y) \in Z.$$

显然, $q(x, y)$ 亦为 Z 上的次加、绝对齐性 (正齐性) 泛函, 并当令 "对角线" 集 $Z_0 = \{(x, x) \mid x \in E\}$ 时, Z_0 为 Z 的一个线性子空间. 此外, 对于 Z_0 上的线性泛函

$$g_0(x, x) = f(x), \quad \forall (x, x) \in Z_0,$$

根据引理假设条件,

$$|g_0(x, x)| \leqslant q(x, x) \quad [g_0(x, x) \leqslant q(x, x)], \quad \forall (x, x) \in Z_0.$$

因此, 由 Hahn-Banach 定理, 存在 g_0 在空间 Z 上的线性延拓泛函 $g(x, y)$, 其满足

$$|g(x, y)| \leqslant q(x, y), \quad \forall (x, y) \in Z. \tag{6.6}$$

因为 g 是线性的, 有

$$f(x) = g_0(x, x) = g(x, x) = g(x, 0) + g(0, x).$$

由 (6.6) 式可得

$$|g(x, 0)| \leqslant q(x, 0) = p_1(x), \quad |g(0, x)| \leqslant q(0, x) = p_2(x)$$

$$[g(x, 0) \leqslant p_1(x), g(0, x) \leqslant p_2(x)], \quad \forall x \in E.$$

所以, $f_1(x) = g(x, 0)$, $f_2(x) = g(0, x)$, 即为引理所求.　　　　　　　　□

注 6.3.14　由归纳法, 我们可以将引理 6.3.13 中作为线性泛函 $f(x)$ 的控制泛函 $p(x)$ 的数目, 从 2 增加到任意正整数 n, 并可得到 $f(x)$ 的 n 个线性泛函的分解式.

引理 6.3.15 设 E 为由拟范族 $\Phi = \{\varphi_\lambda | \lambda \in \Lambda\}$ 所确定的局部凸空间, f 为 E 上的线性泛函. 那么, f 连续的充要条件是: 存在有限个拟范数 $\varphi_{\lambda_1}, \cdots, \varphi_{\lambda_n} \in \Phi$, 以及常数 α, 使得

$$|f(x)| \leqslant \alpha \max_{1 \leqslant k \leqslant n} \varphi_{\lambda_k}(x), \quad \forall x \in E. \tag{6.7}$$

证明 充分性. 由 6.2 节中 Φ 所确定的拓扑的定义, 从 (6.7) 式可知, 线性泛函 $f(x)$ 在 E 的 θ 点邻域

$$U = \bigcap_{1 \leqslant k \leqslant n} W_{\lambda_k} = \{x \mid \varphi_{\lambda_k}(x) < 1, 1 \leqslant k \leqslant n, x \in E\}$$

是有界的. 因此由定理 3.1.2可知, $f(x)$ 是连续的.

必要性. 设 $f(x)$ 是连续线性泛函, 则 $V = \{x \mid |f(x)| < 1, x \in E\}$ 是空间 E 在 θ 点的一个开邻域. 因此, 空间的拓扑是由拟范数族 $\Phi = \{\varphi_\lambda | \lambda \in \Lambda\}$ 所确定的. 因而, 由 Φ 的邻域基的定义可知, 必存在某邻域

$$W = \bigcap_{k=1}^{n} U_{\lambda_k}(\varepsilon) = \{x \mid \varphi_{\lambda_k}(x) < \varepsilon, 1 \leqslant k \leqslant n, x \in E\},$$

使得 $W \subset V$. 由此, 对任意元 $x \in E$,

(i) 当 $\max\limits_{1 \leqslant k \leqslant n} \varphi_{\lambda_k}(x) \neq 0$ 时, 由于 $\dfrac{\varepsilon}{2} \dfrac{x}{\max\limits_{1 \leqslant k \leqslant n} \varphi_{\lambda_k}(x)} \in W$, 可以得到

$$\frac{\varepsilon}{2} \frac{|f(x)|}{\max\limits_{1 \leqslant k \leqslant n} \varphi_{\lambda_k}(x)} = \left| f\left(\frac{\varepsilon}{2} \frac{x}{\max\limits_{1 \leqslant k \leqslant n} \varphi_{\lambda_k}(x)} \right) \right| < 1.$$

而当令 $\alpha = \dfrac{2}{\varepsilon}$ 时, 由上式我们可以导出 (6.7) 式成立.

(ii) 当 $\max\limits_{1 \leqslant k \leqslant n} \varphi_{\lambda_k}(x_0) = 0$ 时, 由 Φ 为拟范, 故知 $nx_0 \in V$ 对于所有的 $n \in \mathbb{N}$ 成立, 因而类似有 $nx_0 \in W$, 也即

$$n|f(x_0)| = |f(nx_0)| < 1, \quad \forall n \in \mathbb{N}.$$

从而得到 $f(x_0) = 0$, 因此, (6.7) 式亦成立. $\square$

定理 6.3.16 设线性空间 E 在每一个拓扑 $\mathscr{F}_\alpha (\forall \alpha \in A)$ 下均成为局部凸空间. 设 $(E, \mathscr{F})$ 为在拓扑 $\mathscr{F} = \bigvee\limits_{\alpha \in A} \mathscr{F}_\alpha$ 下所成的局部凸空间. 那么, $f \in (E, \mathscr{F})^*$

的充要条件是: 存在有限个拓扑 $\mathscr{F}_{\alpha_1}, \cdots, \mathscr{F}_{\alpha_n} \in \{\mathscr{F}_\alpha \mid \alpha \in A\}$ 及 E 上相应的连续线性泛函 $f_1, \cdots, f_n$, 使得

$$f = \sum_{k=1}^n f_k \quad 和 \quad f_k \in (E, \mathscr{F}_{\alpha_h})^*.$$

证明 充分性. 由于 $\mathscr{F}$ 为拓扑 $\{\mathscr{F}_\alpha \mid \alpha \in A\}$ 的 "总和", 故从其定义, 显然知拓扑 $\mathscr{F}$ 是强于拓扑 $\mathscr{F}_\alpha$ 的, 从而由线性泛函 f_k 对于拓扑 $\mathscr{F}_{\alpha_k}$ 的连续性 $(1 \leqslant k \leqslant n)$ 立即导出, 它们在拓扑 $\mathscr{F}$ 下都是连续的, 也即有 $f_k \in (E, \mathscr{F})^* (1 \leqslant k \leqslant n)$. 因此, 最后由假设可知

$$f = \sum_{k=1}^n f_k \in (E, \mathscr{F})^*.$$

必要性. 对于任意 $\alpha \in A$, 由定理 6.2.10 可知, 在 E 上存在一族连续拟范族 $\Phi_\alpha = \{\varphi_\lambda^{(\alpha)} \mid \lambda \in \Lambda_\alpha\}$, 使得

$$(E, \mathscr{F}_a) = \omega(E, \Phi_\alpha) = \bigvee_{\lambda \in \Lambda_\alpha} \omega(E, \varphi_\lambda^{(\alpha)}).$$

同样由 $\mathscr{F}$ 拓扑的定义, 立即导出

$$(E, \mathscr{F}) = \bigvee_{\alpha \in \Lambda} \bigvee_{\lambda \in \Lambda_\alpha} W(E, \varphi_\lambda^{(\alpha)}),$$

也即 $(E, \mathscr{F})$ 的拓扑可由拟范族 $\Phi = \{\varphi_\lambda^{(\alpha)} \mid \lambda \in \Lambda_\alpha, \alpha \in A\}$ 所确定. 这样, 由引理 6.3.15 可知, 由于 $f \in (E, \mathscr{F})^*$, 因此, 存在有限个拟范族 $\varphi_1, \varphi_2, \cdots, \varphi_n \in \Phi$, 以及常数 λ, 使得

$$|f(x)| \leqslant \lambda \max_{1 \leqslant k \leqslant n} \varphi_k(x) \leqslant \sum_{k=1}^n \lambda \varphi_k(x), \quad \forall x \in E.$$

利用引理 6.3.13 的结论, 我们可以得到 E 上的 n 个线性泛函 $f_1, f_2, \cdots, f_n$, 使得

$$|f_k(x)| \leqslant \alpha \varphi_k(x) \quad (1 \leqslant k \leqslant n)$$

及

$$f(x) = \sum_{k=1}^n f_k(x), \quad \forall x \in E.$$

而由定理 3.1.2 和注意由拟范 φ_k 所确定的拓扑 $\omega(E, \varphi_k)$ 的性质, 我们还知, f_k 在拓扑 $\omega(E, \varphi_k)$ 下是连续的. 最后, 注意到性质: $f \in (E, \varphi_\lambda^{(\alpha)})^* \Rightarrow f \in (E, \varphi_\alpha)^*$, 因此, 当我们将上述线性泛函按 $\alpha \in A$ 归并后, 立即可以得到所求结论. $\qquad \square$

(三)

作为 Hahn-Banach 定理在局部凸空间上推广的一个应用, 我们可以导出有关 "补子空间" 的一个结论. 为此, 我们再给出 "拓扑直和" 的直接定义 (在定义 3.3.2 中我们为拓扑积空间的子空间给出过定义), 以及 "补子空间" 的定义.

定义 6.3.17 设 E 为一个线性拓扑空间, $E_k (1 \leqslant k \leqslant n)$ 是 E 的线性拓扑子空间, 且 E 是 $E_1, E_2, \cdots, E_n$ 的 "代数直和": $E = E_1 + E_2 + \cdots + E_n$. 如果 $\prod\limits_{k=1}^{n} E_k$ 到 E 上的映射

$$\varphi : (x_1, x_2, \cdots, x_n) \to \sum_{k=1}^{n} x_k = x$$

是一个同胚映射, 那么称 E 为 $E_1, E_2, \cdots, E_n$ 的拓扑直和, 记为

$$E = E_1 \oplus E_2 \oplus \cdots \oplus E_n.$$

注 6.3.18 E 为 $E_1, E_2, \cdots, E_n$ 的 "拓扑直和" 的定义等价于: E 到 E_k 的投影 J_k 均是连续的 $(1 \leqslant k \leqslant n)$. 事实上, 由代数直和的定义, φ 是 1-1 对应的代数同构映射是明显的. 并且根据线性拓扑空间的定义, φ 的连续性也是显然的. 最后, 注意到 $(x_1, x_2, \cdots, x_n) = (J_1(x), J_2(x), \cdots, J_n(x))$, 因此, φ^{-1} 的连续性即等价于 $J_k(1 \leqslant k \leqslant n)$ 均连续.

注 6.3.19 若上述 E 满足 T_0 公理, 那么当每一个投影 J_k 均连续时, 由于当 $J_k(x_\delta) \to y$ 时, 有 $J_k(x_\delta) = J_k(J_k(x_\delta)) \to J_k(y) \in E_k$, 故由 T_0 公理, 可得 $y = J_k(y) \in E_k$, 因此, 上述每一个线性子空间 E_k 均是闭的 $(1 \leqslant k \leqslant n)$, 从而 E 的 "拓扑直和" 中的每一 "分量"(线性子空间) 均是闭的. 特别地, 当 $n = 2$ 时, 我们导出: 只要 E 到某一 "代数直和" 中的 "分量" 的投影是连续的, 那么, 该直和亦为 "拓扑直和", 并且各 "分量" 均是闭的线性子空间.

当 E 是 Fréchet 空间时, 注 6.3.19 的逆命题也是成立的, 即我们有如下结论.

命题 6.3.20 若 E 为 Fréchet 空间, E_1, E_2 均为 E 的 "闭" 线性子空间, 且 $E = E_1 + E_2$(代数直和), 那么投影 J_1 和 J_2 均为连续的, 从而有 $E = E_1 \oplus E_2$ (拓扑直和).

证明 注意到若投影 J_1 是连续的, $J_2 = I - J_1$ 亦必为连续的 (其中 I 是 E 上的恒等映射). 因此, 下面我们只需证明 J_1 是连续的就可以了. 我们将分三步来验证这一事实.

(i) 当 "广义序列"$x_\delta \to \theta, J_1(x_\delta) \to x_1^0$ 时, 必有 $x_1^0 = \theta$.

事实上, 由上设有 $x_\delta - J_1(x_\delta) \in E_2$, 以及 $x_\delta - J_1(x_\delta) \to x_1^0$. 注意 E_2 假设为闭线性空间, 故有 $x_1^0 \in E_2$. 但另一方面, 由于 E_1 也是闭的, 故又应有 $x_1^0 \in E_1$. 由此, 根据代数直和的定义, 可以导出 $x_1^0 = \theta$.

(ii) 若 (i) 成立, 则 J_1 必为闭线性算子.

J_1 的线性是明显的. 下面, 我们再来证明其是闭算子. 为此, 也即需证明 J_1 的 "图" $G = \{(x, J_1(x)) \mid x \in E\}$ 在空间 $E \times E_1$ 内是一个闭集. 事实上, 设元 $(x_0, x_1^0) \in \overline{G}$, 由此, 存在 G 内一 "广义序列" $y_\delta = (x_\delta, J_1(x_\delta)) \to (x_0, x_1^0)$. 由积空间收敛的性质, 有: $x_\delta \to x_0$, $J_1(x_\delta) \to x_1^0$, 从而我们有 $x_\delta - x_0 \to \theta$, 以及

$$J_1(x_\delta - x_0) = J_1(x_\delta) - J_1(x_0) \to x_1^0 - J_1(x_0).$$

这样, 利用 (i) 的结果, 可以得到 $x_1^0 - J_1(x_0) = \theta$, 即有 $x_1^0 = J_1(x_0)$, 从而导出 $(x_0, x_1^0) \in G$. 因此, G 是闭的, 即 J_1 是闭算子.

(iii) J_1 为连续的.

事实上, 由 (ii) 可知 J_1 为从 Fréchet 空间 E 到 Fréchet 空间 E_1 上的闭线性算子. 因此, 直接由闭图像定理 (或开映射定理) 可知, J_1 是连续的 (开) 算子. □

注 6.3.21 命题 6.3.20 证法的优点在于, 其中的性质 (i) 和 (ii), 对于一般的线性拓扑空间也是成立的. 其实, 若仅就 Fréchet 空间进行讨论, 我们可以构造从 "积空间" $E_1 \times E_2$ 到 E 上的线性映射

$$T : (J_1(x), J_2(x)) \to J_1(x) + J_2(x),$$

由于 T 是 1-1 对应的有界线性算子, 从而利用 Banach 逆算子定理直接导出相应的结论.

定义 6.3.22 当线性拓扑空间 E 是其线性子空间 E_1, E_2 的拓扑直和时 (即 $E = E_1 \oplus E_2$), 称 E_1 是 E_2 的**补空间** (相应地, 在 "代数直和" 的情况下, E_1 被称为 E_2 的代数补空间). 当 E 的一个线性子空间 E_1 具有补子空间时, 称 E_1 是**可补子空间**.

由此, 我们可以给出一个关于可补子空间的命题:

定理 6.3.23 设 E 为线性拓扑空间, $E_1 \subset E$ 为闭线性子空间, 且 E/E_1 是有限维的. 那么, E_1 是可补子空间, 其任何代数补空间均是它的 (拓扑) 补空间.

证明 首先, 注意到假设 $E = E_1 + E_2$, 故对任意的 $[x] \in E/E_1$, 由商空间定义, 我们可知, 必存在唯一的一元 $x_2 \in E_2$, 使得 $[x_2] = [x]$. 然后作 E/E_1 到 E_2 的映射 ψ 如下:

$$[x] \xrightarrow{\psi} x_2, \quad \forall [x] \in E/E_1,$$

显然, ψ 是线性映射, 且 $\psi(E/E_1) = E_2$.

其次, 根据定理 2.2.19, 通过 E_1 的闭性可知 E/E_1 是满足 T_2 公理的, 再由 E/E_1 是有限维的假设, 还知上述映射 ψ 是连续的 (推论 4.2.4). 由定理 3.3.1 得

商映射 φ 是 E 到 E/E_1 的连续线性映射, 从而导出 E 到 E_2 的投影 $J_2 = \psi \circ \varphi$ 也是连续的.

最后, 直接由注 6.3.18, 我们就可以导出本定理所需结论. □

由定理 6.3.23, 我们可以得到下面的推论:

推论 6.3.24 设 E 为满足 T_0 公理的局部凸空间, 那么, E 内任意有限维线性子空间均具有补子空间.

证明 设 $E(n)$ 为 E 的一个 n 维线性子空间, $x_1, x_2, \cdots, x_n$ 为其内任意 n 个线性无关元. 根据推论 6.3.10, 存在 n 个连续线性泛函 $f_1, \cdots, f_n$, 它们限制在 $E(n)$ 上是线性无关的, 并有 $f_m(x_k) = \delta_{mk}, \forall m, k = 1, 2, \cdots, n$. 定义

$$N = \bigcap_{k=1}^{n} N(f_k) \quad (\text{其中}, N(f) = \{x \mid f(x) = 0, x \in E\}).$$

从定理 3.1.2 可知, N 亦是 E 中闭线性子空间. 并且, 由超平面性质可知, 对任意元 $x \in E$, 由于 $f_1(x_1) = 1 \neq 0$, 因此有唯一分解式

$$x = f_1(x)x_1 + y_1, \quad y_1 \in N(f_1).$$

同样, 由于 $f_2(x_2) = 1 \neq 0$, 又有唯一分解式

$$y_1 = f_2(y_1)x_2 + y_2, \quad y_2 \in N(f_2).$$

并且, 由于 $f_1(x_2) = 0$, 故知 $x_2 \in N(f_1)$, 因而由上两式还有

$$y_2 = y_1 - f_2(y_1)x_2 \in N(f_1).$$

综上可以得到

$$x = f_1(x)x_1 + f_2(y_1)x_2 + y_2, \quad y_2 \in N(f_1) \cap N(f_2).$$

如此继续下去, 最后得到 x 的唯一分解式:

$$x = f_1(x)x_1 + f_2(y_1)x_2 + f_3(y_2)x_3 + \cdots + f_n(y_{n-1})x_n + y_n,$$

$$y_n \in \bigcap_{k=1}^{n} N(f_k) = N, \quad \forall x \in E.$$

因此, 商空间 E/N 是 n 维的, 并且 $E(n)$ 是线性子空间 N 的代数补空间. 这样, 直接利用定理 6.3.23 的结果, 我们立即导出

$$E = E(n) \oplus N,$$

即 N 也是 $E(n)$ 的一个补子空间. □

注 6.3.25　推论 6.3.24 的证明也可以通过以下方式完成: 令

$$E_1 = \left\{ \sum_{k=1}^{n} f_k(x) x_k \,|\, x \in E \right\},$$

然后证明 $E_1 = E(n)$ 及 $E_2 = \{x - y \mid x \in E, y \in E_1\}$ 为其代数 (互) 补子空间, 从而由 E 到 E_1 的投影的连续性直接证得.

在推论 6.3.24 中, T_0 公理的假设是可以去掉的, 我们有下面的推论 (其处理方法在去掉 T_0 公理的条件方面有十分典型的意义).

推论 6.3.26　设 E 为局部凸空间, 那么 E 内任意有限维线性子空间均是可补的.

证明　设 $E^{(n)}$ 是 E 中有限维线性子空间. 注意到第 2 讲的运算法则

$$\overline{A} + \overline{B} \subset \overline{A + B},$$

我们可以知道 $\overline{\{\theta\}}$ 亦为 E 的线性闭子空间.

这样, 对于线性子空间 $\overline{\{\theta\}} \cap E^{(n)}$, 注意到其为有限维空间 $E^{(n)}$ 的子空间, 设其 Hamel 基为 $e_1^0, \cdots, e_i^0$, 由第 1 讲可知, 它们可扩充为空间 $\overline{\{\theta\}}$ 的基 $\{e_1^0, \cdots, e_i^0\} \cup \{e_\lambda^0\}_{\lambda \in \Lambda}$, 同时也可扩充为空间 $E^{(n)}$ 的基 $\{e_1^0, \cdots, e_i^0; e_{i+1}, \cdots, e_n\}$. 并且由 $e_1^0, \cdots, e_i^0$ 的取法, 容易验证 $\{e_1^0, \cdots, e_i^0; e_{i+1}, \cdots, e_n; e_\lambda^0 (\lambda \in \Lambda)\}$ 亦是线性无关的. 否则将导出存在某个 $i + 1 \leqslant j_0 \leqslant n$ 使得 $e_{j_0} \in \overline{\{\theta\}} \cap E^{(n)}$, 从而与 $\{e_1^0, \cdots, e_i^0; e_{i+1}, \cdots, e_n\}$ 线性无关矛盾. 因此其可扩充为全空间 E 的基:

$$\{e_1^0, \cdots, e_i^0; e_{i+1}, \cdots, e_n; e_\lambda^0 (\lambda \in \Lambda); e_\delta (\delta \in \Delta)\}.$$

令

$$E_1 = L[e_{i+1}, \cdots, e_n; e_\delta (\delta \in \Delta)],$$
$$E_0^{(n)} = L(e_1^0, \cdots, e_i^0), \quad E_1^{(n)} = L(e_{i+1}, \cdots, e_n).$$

那么

$$E = \overline{\{\theta\}} + E_1, \quad E^{(n)} = E_0^{(n)} + E_1^{(n)},$$
$$E_0^{(n)} \subset \overline{\{\theta\}}, \quad E_1^{(n)} \subset E.$$

注意到 E 在 $\overline{\{\theta\}}$ 上的诱导拓扑是 "平凡拓扑". 事实上, 对任意 E 在 θ 点的邻域 $V_0 \in \mathfrak{U}$, 由闭包定义有

$$V_0 \cap \overline{\{\theta\}} \supset \left[\cap \{\theta + V \mid V \in \mathfrak{U}\} \right] \cap \overline{\{\theta\}} = \overline{\{\theta\}} \cap \overline{\{\theta\}} = \overline{\{\theta\}},$$

也即 $\overline{\{\theta\}}$ 中仅有全空间及 $\varnothing$ 为开集. 因而 E 到 $\overline{\{\theta\}}$ 上的投影必是连续的. 于是由注 6.3.19 可知, $\overline{\{\theta\}}$ 是可补子空间, 即有

$$E = \overline{\{\theta\}} \oplus E_1.$$

此外, 根据子空间 E_1 的直和性质, 有 $E_1 \cap \overline{\{\theta\}} = \{\theta\}$, 也即在 E_1 的导出拓扑下, $\{\theta\}$ 为其内闭集, 故 E_1 是满足 T_0 公理的局部凸空间.

类似可证, $E_0^{(n)}$ 在 $\overline{\{\theta\}}$ 内也是可补子空间, 即有

$$\overline{\{\theta\}} = E_0^{(n)} \oplus E_0.$$

而且, 由于 E_1 是具有 T_0 公理的局部凸空间, 故从推论 6.3.24 可知, 其内的有限维线性子空间 $E_1^{(n)}$ 是具有可补子空间 E_2 的, 即有

$$E_1 = E_1^{(n)} \oplus E_2.$$

由此, 综上三式, 我们就可得到

$$E = E_0^{(n)} \oplus E_0 \oplus E_1^{(n)} \oplus E_2 = E_0^{(n)} \oplus E_1^{(n)} \oplus E_0 \oplus E_2.$$

因而, 再注意到拓扑直和的等价定义 (注 6.3.18), 当令 $F = E_0 \oplus E_2$ 时, 由上则可以导出

$$E = E^{(n)} \oplus F,$$

这表明 $E^{(n)}$ 在 E 内是可补子空间. □

注 6.3.27 推论 6.3.26 对于非局部凸空间未必成立, 一个典型的反例可在空间 $L^\beta[0,1]$ $(0 < \beta < 1)$ 中看到.

因此, 我们有下面的结论:

命题 6.3.28 设 E 为具有 T_0 公理的无穷维线性拓扑空间. 那么下面命题是等价的:

(i) E 的每一个 (非零) 有限维线性子空间都不是可补子空间;

(ii) E 的每一个有限维线性子空间的代数补空间在 E 中是稠的;

(iii) 在 E 中不存在着闭的超平面 (即 $E^* = \{0\}$).

证明 (i)⇒(ii): 反之, 设 (i) 成立, 但 (ii) 不成立. 那么, 存在 n_0 维线性空间 $E^{(n_0)}$, 使得: $E = E^{(n_0)} + E_0$, 且 $\overline{E_0} \neq E$, 由此还知 $E_0 \neq \{\theta\}$. 这样, 由于 $\overline{E_0}$ 闭, $E/\overline{E_0}$ 是有限维的, 因此, 直接由定理 6.3.23 则知, $\overline{E_0}$ 是可补空间, 当设 $E_0 = \overline{E_0} \oplus E_1$ 时, 故 E_1 亦是有限维线性子空间, 且其是可补空间, 与 (i) 矛盾.

(ii)⇒(iii): 由 (ii) 的假设, 我们可以知道: $\forall \theta \neq x_0 \in E$, 当令 $E = [\alpha x_0] + E_0$ 时, 则由 $\overline{E_0} = E$, 得到 $E_0 \neq \overline{E_0}$. 最后, 注意到超平面的定义, 由此直接导出 (iii).

(iii)⇒(i): 反之, 设 (iii) 成立, 但 (i) 不成立. 那么, 必存在有限维 (非零) 线性子空间 $E^{(n_0)}$, 使得 $E = E^{(n_0)} \oplus E_0$. 因此, 由注 6.3.18 知, 投影 $J_1: E \to E^{(n_0)}$ 是连续线性算子. 结合 E 具有 T_0 公理的假设, 由推论 4.2.4可知, $E^{(n_0)}$ 上任何线性泛函均是连续的, 因此, $E^{(n_0)}$ 上存在着一非零的连续线性泛函 f_0, 并且

$$f = f_0 \circ J_1$$

就是 E 上的连续线性泛函. 这样由定理 3.1.2 可知, 超平面

$$N(f) = \{x \mid f(x) = 0, x \in E\}$$

是闭的. 与 (iii) 的假设矛盾.　　　　　　　　　　　　　　　　　　□

6.4　凸集的分隔性定理

我们注意到 (类似于泛函分析中赋范空间) 在局部凸拓扑空间 E 中, 每一个泛函 $f \in E^*$ 的存在性与 E 内的闭超平面 $H_f = \{x \mid f(x) = \alpha_0, x \in E\}$ 的存在性是相互等价的. 因此, 从几何上讲, 推论 6.3.7 指出: 若在满足 T_0 公理的空间 E 中, 存在元素 x_1 与线性子空间 E_0, 满足 $x_1 \notin \overline{E_0}$, 那么存在一闭超平面 $\pi_1 = N(f_1) = \{x \mid f_1(x) = 0, x \in E\}$ 将 x_1 与 E_0 分隔开, 意味着 E_0 在 π_1 内, 而 $x_1 \notin \pi_1$. 这节, 我们将对凸集考虑其隔离性质. 相应的结果均称为凸集分隔性定理. 首先是比较有名的 Mazur 定理.

定理 6.4.1 [17, Mazur]　设 E 为实 (复) 线性拓扑空间, W 为 E 中的吸收 (均衡吸收) 开凸集, 且 $x_1 \notin W$, 则存在泛函 $f_1 \in E^*$, 使得

$$f_1(x_1) = 1; \quad f(z) < 1(|f(z)| < 1), \quad \forall z \in W.$$

证明　由定理 6.1.20 及推论 6.1.21, 我们可知, 在实 (或复) 数域 K 上的空间 E 内, W 可决定一取非负值的连续、次加、正齐性 (绝对齐性) 泛函 $p(x)$, 使得

$$W = \{x \mid p(x) < 1, x \in E\}.$$

设一维线性子空间 E_0 为

$$E_0 = \{\lambda x_1 \mid \lambda \in K\}.$$

并令 E_0 上的线性泛函 f_0 为

$$f_0(\lambda x_1) = \lambda, \quad \forall \lambda \in K.$$

那么, 当 $K = \mathbb{R}$ 时, 由 $p(x)$ 的正齐性 (和非负性) 及 $x_1 \notin W$ 的假设 (从而有 $p(x_1) \geqslant 1$), 我们有

$$p(\lambda x_1) = \lambda p(x_1) \geqslant \lambda = f_0(\lambda x_1), \quad \forall \lambda \geqslant 0$$

以及

$$p(\lambda x_1) \geqslant 0 > \lambda = f_0(\lambda x_1), \quad \forall \lambda < 0.$$

从而有

$$f_0(y) \leqslant p(y), \quad \forall y \in E_0.$$

而当 $K = \mathbb{C}$ 时, 由 W 的均衡性及 $p(x)$ 的绝对齐性, 我们类似有

$$p(\lambda x_1) = |\lambda| p(x_1) \geqslant |\lambda| \geqslant |f_0(\lambda x_1)|, \quad \forall \lambda \in \mathbb{C}.$$

也即有 $|f_0(y)| \leqslant p(y), \forall y \in E_0$.

于是, 直接由 Hahn-Banach 定理 (定理 6.3.1), 我们可得到 f_0 在 E 上的控制延拓线性泛函 f_1. 最后注意到定理 3.1.5 (注意在实线性拓扑空间中, 那里的 $f(x)$ 的绝对值可以去掉), 由上述 $p(x)$ 在 E 上的连续性, 我们还可以导出, 上述泛函 f_1 亦是连续的, 也即 $f_1 \in E^*$. 显然, 此 f_1 即为定理所求. $\qquad \square$

注 6.4.2 在定理 6.4.1 中, 若将 W 的 "开" 性改为 "含内点", 那么, 由定理 6.1.3 可知, 只要将后续的不等式中 "<" 换为 "$\leqslant$", 仍有类似结果成立.

由定理 6.4.1, 我们可以得到一个在实空间中的推广结果.

推论 6.4.3 设 E 为实线性拓扑空间, V 为 E 中一个凸集, 且有 $V^\circ \neq \varnothing$ 和 $x_1 \notin V^\circ$, 那么, 必存在泛函 $f_1 \in E^*$, 以及实数 α_1, 使得

$$f_1(x_1) = \alpha_1, \quad f_1(x) \begin{cases} \leqslant \alpha_1, & x \in V, \\ < \alpha_1, & x \in V^\circ. \end{cases}$$

证明 令 $x_0 \in V^\circ$ 且作 $W = V - x_0$. 那么, 显然 W 亦为一凸集, 且有: $W^\circ \neq \varnothing, \theta \in W^\circ$. 再令 $y_1 = x_1 - x_0$, 可知 $y_1 \notin W^\circ$. 因为 W° 为 θ 点的开邻域, 可知其亦为吸收凸集. 这样, 由定理 6.4.1, 则知存在泛函 $f_1 \in E^*$, 使得

$$f_1(y_1) = 1, \quad f_1(z) < 1, \quad \forall z \in W^\circ.$$

由此即得

$$f_1(x_1) = 1 + f_1(x_0), \quad f_1(x) < 1 + f_1(x_0), \quad \forall x \in V^\circ.$$

因此, 当令 $\alpha_1 = 1 + f_1(x_0)$ 时, 并注意到推论 6.1.4, $\overline{V^\circ} = \overline{V}$ 及 f_1 的连续性, 就可立即得到本推论结论. $\qquad \square$

接下来, 我们将介绍一个定理, 该定理在不要求空间满足 T_0 公理且集合不必须是线性子空间的情况下, 对推论 6.3.7 进行了推广.

定理 6.4.4 设 E 为实 (复) 局部凸空间, A 为 E 中含 θ 点的 (均衡) 凸集, 那么, 只要 $x_1 \notin \overline{A}$, 则必存在泛函 $f_1 \in E^*$, 使得

$$f_1(x_1) > 1, \quad f_1(z) < 1 \, (|f_1(z)| < 1), \quad \forall z \in \overline{A}.$$

证明　由于 $\overline{A}$ 为闭集, 且 $x_1 \notin \overline{A}$ 及 E 为局部凸的, 运用引理 6.2.9 知存在 θ 点凸的均衡、吸收、开邻域 V, 使得 $(x_1 + V) \cap A = \varnothing$. 设

$$W = A + \frac{1}{2}V \quad (\text{显然} W \supset \overline{A} = \bigcap\{A + U \mid U \in \mathfrak{U}\}),$$

那么, 由集的运算法则性质可知, W 亦为一 (均衡) 吸收开凸集. 注意到 V 的对称性与凸性, 我们有 $\frac{1}{2}V - \frac{1}{2}V = V$, 从而由假设 $(x_1 + V) \cap A = \varnothing$, 不难导出

$$\left(x_1 + \frac{1}{2}V\right) \cap W = \left(x_1 + \frac{1}{2}V\right) \cap \left(A + \frac{1}{2}V\right) = \varnothing.$$

此外, 由于 $x_1 + \frac{1}{2}V$ 为 x_1 的邻域, 故从线性拓扑空间性质又知, 必存在正数 $\delta_0 < 1$, 使得

$$x_1^* = (1 - \delta_0)x_1 \in x_1 + \frac{1}{2}V,$$

且从上式还有: $x_1^* \notin W = W^\circ$.

因此, 根据定理 6.4.1, 我们可以导出, 存在泛函 $f_1 \in E^*$, 使得 $f_1(x_1^*) = 1$, 即

$$f_1(x_1) = \frac{f_1(x_1^*)}{1 - \delta_0} > 1,$$

以及

$$f(z) < 1 \ (|f(z)| < 1), \quad \forall z \in W \supset \overline{A}. \qquad \square$$

由定理 6.4.1, 对实线性空间, 我们可以得到下面一个更一般的结果:

定理 6.4.5 (Ascoli-Mazur)　设 E 为实的局部凸空间, B 为 E 内凸集. 那么, 只要 $x_1 \notin \overline{B}$, 则必存在泛函 $f_1 \in E^*$, 使得

$$\sup_{y \in \overline{B}} f_1(y) < f_1(x_1).$$

证明　取元 $x_0 \in B$, 并令集 $A = B - x_0$, 由集的运算法则可知, A 亦为凸集 (参看 6.1 节), 以及 $\overline{A} = \overline{B} - x_0$ (参看第 1 讲), 且有 $\theta \in A$. 并当令 $x_1^* = x_1 - x_0$ 时, 由假设亦有 $x_1^* \notin \overline{A}$. 于是从定理 6.4.4 结果则知, 存在泛函 $f_1 \in E^*$, 使得

$$f_1(x_1^*) > 1, \quad f_1(z) < 1, \quad \forall z \in \overline{A}.$$

由此, 即有

$$f_1(x_1) > 1 + f_1(x_0),$$

以及
$$f_1(y) < 1 + f_1(x_0), \quad \forall y \in \overline{B}.$$

立即导出
$$\sup_{y \in \overline{B}} f_1(y) \leqslant 1 + f_1(x_0) < f_1(x_1). \hspace{2cm} \Box$$

下面, 回顾练习题 4.8 有关空间 "弱" 拓扑 $\omega(E, E^*)$ 的定义
$$\omega(E, E^*) = \bigvee_{f \in E^*} \omega(E, f),$$

根据定理 6.4.5, 我们可以给出以下推论: 在局部凸空间中, 凸集在原拓扑下的闭性与其在 "弱" 拓扑下的闭性 (简称为 "弱闭性") 是等价的.

推论 6.4.6　设 E 为局部凸空间, B 为 E 内一凸集, 那么, B 为弱闭集的充要条件是 B 为闭集.

证明　必要性. 设 $x_0 \in \overline{B}$ 为集 B(按原拓扑下) 的一个聚点. 那么, 对弱拓扑 $\omega(E, E^*)$ 下 θ 点邻域基中的每一个邻域

$$U(f_1, \cdots, f_n; \varepsilon) = \bigcap_{k=1}^{n} U_k(\varepsilon) = \{x \mid |f_k(x)| < \varepsilon, f_k \in E^*, 1 \leqslant k \leqslant n; x \in E\},$$

由 $f_k(1 \leqslant k \leqslant n)$ 的连续性可知, 必存在 (原拓扑下) 邻域 V, 使得
$$V \subset U(f_1, \cdots, f_n; \varepsilon).$$

这样, 由 x_0 的假设, 有
$$[x_0 + U(f_1, \cdots, f_n; \varepsilon)] \cap B \supset [x_0 + V] \cap B \neq \varnothing.$$

由此, x_0 亦应属于 B 在弱拓扑 $\omega(E, E^*)$ 下的闭包. 因而, 由 B 是弱闭集的假设则可得到 $x_0 \in B$, 也即 B 亦为一个原拓扑下的闭集.

充分性. 反之, 设 B 是一个闭集, 但不是一个弱闭集. 那么, 必存在一点 $x_1 \notin B$, 使其为集 B 在弱拓扑下的聚点. 这样, 对任何弱拓扑下的邻域

$$U_f\left(\frac{1}{n}\right) = \left\{x \mid |f(x)| < \frac{1}{n}, x \in E\right\},$$

必均有
$$\left[x_1 + U_f\left(\frac{1}{n}\right)\right] \cap B \neq \varnothing, \quad \forall f \in E^*, \quad n \in \mathbb{N}. \tag{6.8}$$

然而, 由上知 $x_1 \notin B = \overline{B}$, 故由定理 6.4.5, 当视 E 为实空间时, 必存在一 "实" 连续线性泛函 f_1^0, 使得
$$\sup_{y \in \overline{B}} f_1^0(y) < f_1^0(x_1).$$

故当令 $f(x) = f_1^0(x) - if_1^0(ix)$ 时, 显然有 $f \in E^*$. 选取自然数 n_0, 使得

$$\frac{1}{n_0} < f_1^0(x_1) - \sup_{y \in \overline{B}} f_1^0(y).$$

因为

$$|f_1(x_1) - f_1(y)| \geqslant \mathrm{Re}.[f_1(x_1) - f_1(y)] = f_1^0(x_1) - f_1^0(y)$$

$$\geqslant f_1^0(x_1) - \sup_{y \in \overline{B}} f_1^0(y) > \frac{1}{n_0}, \quad \forall y \in B$$

所以

$$\left[x_1 + U_{f_1}\left(\frac{1}{n_0}\right)\right] \cap B = \varnothing.$$

但此式和(6.8)是矛盾的. 从而得知 B 为弱闭集. $\square$

注 6.4.7 注意到练习题 4.8 的结论: 对空间 E 中每一个广义点列 $\{x_\delta\}$, 均有

$$x_\delta \xrightarrow{\omega(E,E^*)} x_0 \Leftrightarrow x_\delta \xrightarrow{\omega(E,f)} x_0, \quad \forall f \in E^*$$

(或简写为: $x_\delta \xrightarrow{w} x_0 \Leftrightarrow f(x_\delta) \to f(x_0), \forall f \in E^*$). 推论 6.4.6 的充分性可以用泛函中的通常方法证明.

注 6.4.8 从定理 6.4.4 的证明中, 显然可见: 对于任意的线性拓扑空间 (不必 "局部凸") E 而言, 其内的弱闭集一定都是闭集.

由定理 6.4.5, 我们还可以得到下面 (关于复空间) 的推论:

推论 6.4.9 设 E 为局部凸空间, W 为 E 内均衡的凸集. 那么只要 $x_1 \notin \overline{W}$, 则必存在泛函 $f_1 \in E^*$, 使得

$$\sup_{y \in \overline{W}} |f_1(y)| < |f_1(x_1)|.$$

证明 首先, 我们视 E 为一 "实" 局部凸空间, 那么, 从推论 6.4.6 的证明可知, 存在 E 上连续线性泛函 f_1^0, 使得

$$\sup_{y \in \overline{W}} f_1^0(y) < f_1^0(x_1).$$

其次, 我们令

$$f_1(x) = f_1^0(x) - if_1^0(ix), \quad \forall x \in E.$$

显然有 $f_1 \in E^*$, 并注意到注 6.1.1, 可知 $\overline{W}$ 亦为一均衡凸集, 故从前式可以导出

$$\sup_{y \in \overline{W}} |f_1(y)| = \sup_{y \in \overline{W}} e^{-i \arg(f_1(y))} f_1(y) = \sup_{y \in \overline{W}} f_1[e^{-i \arg(f_1(y))} y]$$

$$= \sup_{y \in \overline{W}} f_1^0[e^{-i \arg(f_1(y))} y] = \sup_{y \in \overline{W}} f_1^0(y) < f_1^0(x_1) \leqslant |f_1(x_1)|. \qquad \square$$

为了证明接下来的定理, 我们先给出一个引理.

引理 6.4.10 设 E 为数域 K 上的线性拓扑空间, 那么, 任何非零的线性泛函均为从 E 到数域 K 内的开映射.

证明 设 $f \in E^{\#}$ 为非零泛函, 故必存在元 $x_0 \in E$, 使得 $f(x_0) \neq 0$. 特别地, 当令 $x_1 = \dfrac{x_0}{f(x_0)}$ 时, 则有 $f(x_1) = 1$.

由此, 对 E 中每一个开集 $G \neq \varnothing$ 及任意的 $y \in G$, 由于 $G - y$ 为 E 中零点的一个开邻域, 故知其必为吸收集. 因而, 对于上述元 x_1, 必存在一数 $\delta_0 > 0$, 使得

$$|\lambda| \leqslant \delta_0 \Rightarrow \lambda x_1 \in (G - y) \quad (\lambda \in K).$$

这样, 由 $\lambda x_1 + y \in G$ 及 f 的线性, 注意到上段结果我们立即导出

$$f(y) + \lambda \in f(G), \quad \forall |\lambda| \leqslant \delta_0.$$

因此, $f(y)$ 为集合 $f(G)$ 的一个内点. 最后, 注意到 y 在 G 中的任意性, 从上导出 $f(G)$ 为 K 中一个开集, 也即 f 为 E 到 K 内的一个开映射. $\qquad \square$

作为推论 6.4.4 的推广, 我们有下面的定理 (请参看文献 [18]).

定理 6.4.11 (Eidelheit) 设 E 为一线性拓扑空间, V_1, V_2 为 E 中两个凸集, 并且有 $V_2^{\circ} \neq \varnothing, V_1 \cap V_2^{\circ} = \varnothing$. 那么, 存在一个闭的 "实" 超平面 H 分隔开 V_1 和 V_2. 也即存在泛函 $f_1 \in E^*$, 使得

$$\sup_{x \in V_1} \mathrm{Re}. f_1(x) \leqslant \inf_{y \in V_2} \mathrm{Re}. f_1(y).$$

并且, 当上述 V_1, V_2 均为开集时, 则存在一个闭的 "实" 超平面 H "严格" 分隔开 V_1 和 V_2. 也即, 存在泛函 $f_1 \in E^*$, 以及实数 a_1, 使得

$$\mathrm{Re}. f_1(x) < a_1 < \mathrm{Re}. f_2(y) \quad (x \in V_1, y \in V_2).$$

证明 首先, 我们令 $V = V_2 - V_1$, 则由集间运算关系易知, V 亦为具有内点的凸集, 并且有 $\theta \notin V^{\circ}$. 这样, 当我们视 E 为实空间时, 利用推论 6.4.4 可知, 存在一个实连续线性泛函 f_1^0, 使得 (注意我们对所得结果的泛函取了一个负号)

$$f_1^0(z) \geqslant f_1^0(\theta) = 0, \quad \forall z \in V,$$

即有

$$f_1^0(x) \leqslant f_1^0(y), \quad \forall x \in V_1, \quad y \in V_2.$$

由此导出

$$\sup_{x \in V_1} f_1^0(x) \leqslant \inf_{y \in V_2} f_1^0(y). \tag{6.9}$$

也即当令 $a_1 = \inf\limits_{y \in V_2} f_1^0(y)$ 时, 实闭超平面 $H_1 = \{x \mid f_1^0(x) = a_1, x \in E\}$ 是分隔开 V_1 和 V_2 的.

其次, 当 V_1, V_2 是开集时, 注意到对于上述实连续线性泛函 f_1^0, 从引理 6.4.10 知其为从 E 到实数域 $\mathbb{R}$ 内的开映射. 因此, f_1^0 将 V_1, V_2 映射为 $\mathbb{R}$ 内的两个开集. 此外, 由 V_1, V_2 的凸性和 f_1^0 的线性还可推出: $f_1^0(V_1), f_2^0(V_2)$ 必为 $\mathbb{R}$ 内两个 (有限或无穷的)"开区间". 由此, 当我们令 $a_1 = \inf\limits_{y \in V_2} f_1^0(y)$ 时, 由 (6.9) 式, 立即得知实闭超平面 $H_1 = \{x \mid f_1^0(x) = a_1, x \in E\}$ 严格分离 V_1, V_2. 也即有

$$f_1^0(x) < a_1 < f_1^0(y), \quad \forall x \in V_1, \quad y \in V_2. \tag{6.10}$$

最后, 我们令

$$f_1(x) = f_1^0(x) - i f_1^0(ix), \quad \forall x \in E.$$

显然, $f_1 \in E^*$, 且 $f_1^0(x) = \mathrm{Re}. f_1(x) \, (\forall x \in E)$. 由此, 代入 (6.9), (6.10) 式即得定理结果.　　　　　　　　　　　　　　　　　　　　　　　　　　　　□

注 6.4.12　定理 6.4.11 亦称为 "第一分隔定理".

为了介绍下面一个推论, 我们先来介绍一个定义:

定义 6.4.13　实线性空间 E 内的超平面 $H_f = \{x \mid f(x) = a_0, x \in E\}$ 称为凸集 V 的**承托超平面**, 是指该平面在 V 的一侧, 且与 V 有公共点, 也即: $f(x) - a_0$ 在 V 上具相同符号, 且存在元 $x_0 \in V$, 使得 $f(x_0) = a_0$.

推论 6.4.14　设 E 为实线性拓扑空间, V 为其内一具有内点的凸集 (亦称 "凸体"), 那么, 对 V 的每一个边界点 y, 必存在一个经过 y 的 V 的闭承托超平面.

最后, 我们再给出一个所谓的 "第二分隔定理".

定理 6.4.15　设 E 是局部凸空间, B 为 E 中的闭凸集, C 为 E 中的紧凸集, 且有 $B \cap C = \varnothing$, 那么, 必存在一闭的 "实" 超平面 H "严格" 分隔 B 和 C, 也即存在 $f_1 \in E^*$, 实数 a_1, 使得

$$\mathrm{Re}. f_1(x) < a_1 < \mathrm{Re}. f_1(y), \quad \forall x \in B, \quad y \in C.$$

证明　首先, 我们指出: 在考虑互不相交的闭集 B 和紧集 C 的情况下, 必存在一个 θ 点的均衡、开凸邻域 W_0, 使得

$$(C + W_0) \cap B = \varnothing.$$

事实上, 由引理 6.2.9 可知, E 存在一个均衡、开凸集所组成的 θ 点邻域基, 我们记为 $\mathfrak{W}$. 那么, 因为假设集 C 与 B 不交, 以及 B 的闭性, 我们则可以导出: $\forall c \in C$, 必可选出一均衡的开凸邻域 $W_c \in \mathfrak{W}$, 使得

$$(c + W_c) \cap B = \varnothing. \tag{6.11}$$

因此, $\left\{ c + \dfrac{1}{2} W_c \,\middle|\, c \in C \right\}$ 亦构成集 C 的一族开覆盖. 因而, 由 C 的紧性假设, 我们则可从中选出有限个开集 $\left\{ c_k + \dfrac{1}{2} W_k \,\middle|\, 1 \leqslant k \leqslant n_0 \right\}$ 使其仍为 C 的一族开覆盖. 这样, 当令 $W_0 = \bigcap\limits_{k=1}^{n_0} \dfrac{1}{2} W_k$ 时, 显然 W_0 亦为 θ 点的均衡、开凸邻域, 并且 $\forall c_0 \in C$, 从上述结果可知, 必存在自然数 k_0, 使得 $1 \leqslant k_0 \leqslant n_0$, 且有 $c_0 \in c_{k_0} + \dfrac{1}{2} W_{k_0}$. 由此可得 (注意 W_{k_0} 的凸性)

$$c_0 + W_0 \subset c_{k_0} + \frac{1}{2} W_{k_0} + \frac{1}{2} W_{k_0} = c_{k_0} + W_{k_0}.$$

由此从 (6.11) 式立即可以导出

$$(c + W_0) \cap B = \varnothing. \tag{6.12}$$

其次, 因为 W_0 为均衡凸集, 故当令 $V_0 = \dfrac{1}{2} W_0$ 时, 由 (6.12) 式, 容易推出

$$(C + V_0) \cap (B + V_0) = \varnothing.$$

此外, 结合 W_0 为开凸集的性质, 进一步推导出

$$V_1 = B + V_0, \quad V_2 = C + V_0$$

均为开凸集, 且有 $V_1 \cap V_2 = \varnothing$.

因此, 最后直接利用定理 6.4.11 的结果, 我们便可得到本定理结论. $\qquad\square$

注 6.4.16 对于实空间的情形, 我们也可根据 $A = C - B$ 是闭集 (第 2 讲集的运算法则), 且 $\theta \notin A = \overline{A}$, 直接由定理 6.4.5 推导出比定理 6.4.15 弱的结果: 存在 $f_1 \in E^*, a_0 > 0$, 使得

$$f_1(x) + a_0 < f_1(y), \quad \forall x \in B, \quad y \in C.$$

从而有

$$\sup_{x \in B} f_1(x) + a_0 \leqslant \inf_{y \in C} f_1(y).$$

6.5　弱拓扑 $\omega(E, E^*)$

在上一节中, 我们已经探讨了线性拓扑空间 E 及其共轭空间 E^* 所定义的弱拓扑 $\omega(E, E^*)$ 的某些特性. 在本节, 我们将对这些性质进行更深入的分析和讨论.

延续上一节关于局部凸空间中凸集闭性与弱闭性等价性的讨论, 我们进一步得出了以下结论: 在两种不同的拓扑结构下, 有界性也是等价的.

定理 6.5.1　设 E 是局部凸空间, B 为 E 中的子集. 那么, B 为 (原拓扑下) 有界集的充要条件是 B 为 "弱" 有界集.

证明　必要性. 根据弱拓扑的定义, 由于拓扑 $\omega(E, E^*)$ 弱于空间原拓扑, 因此对 θ 点的每一个弱邻域, 必含有 (原拓扑下的) 一个邻域. 从而, 由有界集的定义可直接推导出: 当 B 在原拓扑有界时, 必在弱拓扑下仍有界.

充分性. 设 B 为 "弱" 有界集, 那么从推论 6.2.17 有界性的表征式, 我们有

$$\sup_{x,y\in B} |f(x-y)| < +\infty, \quad \forall f \in E^*. \tag{6.13}$$

根据定理 6.2.10, 我们可以假设局部凸空间 E 的原拓扑由一族连续拟范数 $\Phi = \{\varphi_\lambda \mid \lambda \in \Lambda\}$ 所确定. 对任意 $\lambda \in \Lambda$, 我们作

$$N_\lambda = \{x \mid \varphi_\lambda(x) = 0, x \in E\}.$$

那么, 从 φ_λ 的次加、绝对齐性, 以及连续性假设, 可知 N_λ 必为原拓扑下空间 E 的一个闭线性子空间. 因而, 当令

$$E_\lambda = E/N_\lambda$$

时, 则商空间 E_λ 必为一个赋范线性空间, 且其范数 $\|\cdot\|_\lambda$ 有性质:

$$\| [x] \|_\lambda = \varphi_\lambda(x), \quad \forall [x] \in E/N_\lambda. \tag{6.14}$$

并且, $\forall f_\lambda \in (E_\lambda)^*$, 当我们取 $E \to E/N_\lambda = E_\lambda$ 的商映射为 ϕ_λ 时, 由于

$$f = f_\lambda \circ \phi_\lambda \in (E_\lambda)^*,$$

由 (6.13) 式可以导出

$$\sup_{[x]\in\Psi(B)} |f_\lambda([x])| = \sup_{x\in B} |(f_\lambda \circ \phi_\lambda)(x)| = \sup_{x\in B} |f(x)| < +\infty, \quad \forall f_\lambda \in (E_\lambda)^*.$$

因此由 "共鸣定理", 并注意式 (6.14), 我们则可以导出

$$\sup_{x\in B} \varphi_\lambda(x) = \sup_{[x]\in\Psi(B)} \| [x] \|_\lambda < +\infty.$$

注意到上面 $\lambda \in \Lambda$ 的任意性, 以及 φ_λ 的拟范性, 我们也可以得到

$$\sup_{x, y \in B} \varphi_\lambda(x - y) < +\infty, \quad \forall \lambda \in \Lambda.$$

由此, 再运用推论 6.2.17, 我们就可以导出集 B 在原拓扑 (即 Φ 拓扑) 下也是一个有界集. $\qquad\square$

注 6.5.2 根据定理 6.5.1 的证明过程, 我们可以得到以下结论: 设 E 是一个非平凡 (即 $E \neq \overline{\{\theta\}}$) 的局部凸空间 (无须满足 T_0 分离公理), 若其拓扑结构非平凡, 则 E 上必定存在非零的连续线性泛函.

对于弱拓扑, 我们还有下面一个更强的结论:

定理 6.5.3 设 B 为满足 T_0 公理的局部凸空间 E 内一个子集. 那么, B 为 "弱" 完全有界的充要条件是 B 为 "弱" 有界的.

证明 我们只需证明充分性. 设 B 是弱有界的, 那么, 由 (6.13) 式我们易得

$$\sup_{x \in B} |f(x)| < +\infty, \quad \forall f \in E^*. \tag{6.15}$$

设积空间

$$F = \prod_{f \in E^*} K_f \quad (K_f \text{ 是 } f \text{ 的值域}).$$

定义 E 到积空间 F 的一个算子 T 为

$$T(x) = \{f(x) \mid f \in E^*\}, \quad \forall x \in E. \tag{6.16}$$

显然 T 是线性的. 注意到 J_f 是积空间 F 到 K_f 内的 "投影", 有

$$T_f := J_f \circ T = f, \quad \forall f \in E^*. \tag{6.17}$$

因为对于 E 中每一个广义点列 $\{x_\delta\}, x_\delta \xrightarrow{w} x_0$ 等价于 $f(x_\delta) \to f(x_0)$ 对于所有的 $f \in E^*$ 成立, 故由 (6.17) 式可知, 每一个 T_f 在 E 的弱拓扑 $\omega(E, E^*)$ 下亦均为连续的. 因此, 由推论 3.3.4, 我们则知, T 是 E 在 "弱" 拓扑下到积空间 F 内的连续算子. 注意到 E 是满足 T_0 公理的局部凸空间, 故由推论 6.3.5 知: $\forall x, y \in E, x \neq y$, 必存在泛函 $f_1 \in E^*$, 使得 $f_1(x) \neq f_1(y)$. 因此, $T^{-1} : T(E) \to E$ 是存在的. 此外, 由于 E 内 θ 点的每一个 "弱邻域" $U(f_1, \cdots, f_n; \varepsilon)$ 满足

$$U(f_1, \cdots, f_n; \varepsilon) = \{x \mid |f_k(x)| < \varepsilon, f_k \in E^*; 1 \leqslant k \leqslant n, x \in E\}.$$

令 $V = \prod_{f \in E^*} \Delta_f$, 其中

$$\Delta_f = \begin{cases} |\xi|_f < \varepsilon, & f = f_k, 1 \leqslant k \leqslant n, \\ K_f, & \text{其他的 } f \in E^*, \end{cases}$$

显然, 由乘积空间 $F = \prod\limits_{f \in E^*} K_f$ 中拓扑的定义可知, V 为 F 在 θ 点的一个邻域, 且由式 (6.17) 还知

$$T^{-1}(V) \subset U(f_1, \cdots, f_n; \varepsilon),$$

即 T^{-1} 在 E 的 "弱" 拓扑下, 亦为积空间内子空间 $T[E]$ 上的连续线性算子. 综上可知, 在 "弱" 拓扑下, 算子 T 为 E 到 $T(E) \subset F$ 上的一个线性同胚映射.

由 (6.16) 式, 我们知: $\forall f \in E^*$, 投影集

$$J_f[T(B)] = \{J_f[T(x)] \mid x \in B\}$$

$$= \{T_f(x) \mid x \in B\} = \{f(x) \mid x \in B\}$$

均为数域 K_f 内的有界集, 因此, $\overline{J_f[T(B)]}$ 为其内的紧集. 由 Tychonoff 定理可知它们的 "积" $\prod\limits_{f \in E^*} \overline{J_f[T(B)]}$ 为积空间 F 中的紧集. 故由拓扑知识可知, 其亦为完全有界集, 从而由定理 5.5.7 可知其子集 $T(B)$ 也是完全有界的. 同样还可以导出, 在连续线性映射 T^{-1} 下, $B = T^{-1}[T(B)]$ 也是在 E 的 "弱" 拓扑下的完全有界集. □

注 6.5.4　定理 6.5.3 中的条件 T_0 是可以去掉的. 事实上, 若 E 不满足 T_0 公理, 则考虑商空间 $F = E/\overline{\{0\}}$. 因为商空间 F 是满足 T_0 公理的, 记商映射为 π, 容易验证 $\pi(B)$ 是全有界的, 则 B 是全有界的.

根据定理 6.5.3、定理 5.5.8 和定理 6.5.1, 我们可以推导出以下关于赋范空间中子集在 "弱" 拓扑下成为 "紧集" 的特征性命题:

推论 6.5.5　设 E 为赋范线性空间, A 为 E 的一个子集. 那么, A 为 "弱" 紧集的充要条件是 A 为 (强或弱) 有界且 "弱" 完备集.

接下来, 我们将探讨一个命题, 它在空间的原始拓扑和弱拓扑下都具有等价性.

定理 6.5.6　设 E 是局部凸空间. 那么, 其在弱拓扑 $\omega(E, E^*)$ 下的所有连续线性泛函之全体亦为 E^*.

证明　首先, 由于 E 的原拓扑是强于弱拓扑 $\omega(E, E^*)$ 的, 因此, 每一个在弱拓扑下连续的线性泛函显然必为在原拓扑下的连续线性泛函, 由此即有

$$[E, \omega(E, E^*)]^* \subset E^*.$$

反过来 $\forall f \in E^*$, 由于空间 "弱" 拓扑由拟范族 $\{|f| \mid f \in E^*\}$ 所确定, 故由引理 6.3.15 即知 $f \in [E, \omega(E, E^*)]^*$. □

当定理 6.5.6 中的 E 为 Banach 空间时, 我们还有下面的推广定理:

定理 6.5.7　设 E 和 F 均为 Banach 空间, T 为 E 到 F 内的线性算子. 那么在 E, F 的 "强" 拓扑或 "弱" 拓扑下, 算子 T 的连续性是相同的.

证明 首先, 我们设 T 在 E, F 的原拓扑下是连续线性算子. 那么, 对于 F 中零点 θ_1 的每一个 "弱" 邻域

$$V = V(g_1, g_2, \cdots, g_n; \varepsilon) = \{y \mid |g_k(y)| < \varepsilon, g_k \in F^*; 1 \leqslant k \leqslant n, y \in F\},$$

由 T 假设可知

$$f = g \circ T \in E^*, \quad \forall g \in F^*.$$

故当令 $f_k = g_k \circ T (1 \leqslant k \leqslant n)$ 时, 我们可以导出: E 中零点 θ 的 "弱" 邻域 $U = U(f_1, f_2, \cdots, f_n; \varepsilon)$ 满足关系式

$$T[U] \subset V.$$

也即在 E 与 F 的 "弱" 拓扑下, T 在 E 的零点 θ 是连续的. 因此, 由于 T 是线性的, 立即可以导出, T 亦为 E 到 F 内在空间 "弱" 拓扑下的连续算子.

反过来, 若设 T 在 E, F 的 "弱" 拓扑下是连续线性算子. 为证 T 在 E, F 的 (原) 拓扑下是连续的, 由 "闭图像定理", 我们只需要证明 T 在该拓扑下是一个闭算子即可. 下面我们验证该事实. 事实上, 假设存在 $\{x_n\} \subset E$, 使得

$$x_n \to x_0 \in E,$$
$$T(x_n) \to y_0 \in F, \quad n \to \infty.$$

则

$$x_n \xrightarrow{w} x_0 \ (T(x_n) \xrightarrow{w} y_0), \quad n \to \infty.$$

再由 T 的假设, 有

$$T(x_n) \xrightarrow{w} Tx_0, \quad n \to \infty.$$

最后, 由 "弱极限" 的唯一性, 立即导出 $Tx_0 = y_0$, 也即 T 是闭线性算子. □

注 6.5.8 从定理 6.5.7 证明中显然可见: 只要 E, F 为 "局部凸" 空间 (甚至, 只要是存在非零连续线性泛函的两个线性拓扑空间), 则对于 E, F(原) 拓扑下的连续线性算子, 其必亦为 E, F 在 "弱" 拓扑下的连续线性算子. 反过来, 对于 Fréchet 空间 E 与 F, 只要 F 满足 6.3 节中有关 "足够多的非零连续线性泛函存在定理" 时, 则上段结论的逆命题也是正确的.

由以上定理, 我们已经看出, 虽然空间原拓扑与其 "弱" 拓扑不同, 然而它们有时却有相同的结果. 其实, "弱" 拓扑从本质上讲与空间原拓扑的差别是很大的, 因为我们有下面两个定理.

首先, 我们给出一个引理:

引理 6.5.9　设 E 为线性空间, $f_1, f_2, \cdots, f_n$ 及 g 均为 E 上的线性泛函. 那么, g 为 $f_1, f_2, \cdots, f_n$ 的线性组合的充要条件是

$$\bigcap_{k=1}^{n} N(f_k) \subset N(g).$$

证明　我们只需要证明充分性. 用归纳法. 当 $n = 1$ 时, 由 $N(f_1) \subset N(g)$ 可知, 若 $f_1 = 0$, 显然, 有 $g = 0$, 从而结论成立; 而若 $f_1 \neq 0$, 则必有一元 $x_0 \in E$, 使得 $f_1(x_0) \neq 0$, 且由假设可得

$$x - \frac{f_1(x)}{f_1(x_0)} x_0 \in N(f_1) \subset N(g), \quad \forall x \in E,$$

即有

$$g\left[x - \frac{f_1(x)}{f_1(x_0)} x_0\right] = 0, \quad \forall x \in E.$$

从而导出

$$g(x) = \frac{g(x_0)}{f_1(x_0)} f_1(x), \quad \forall x \in E.$$

也即结论成立. 设 $n = m$ 时该结论成立. 那么, 当 $n = m+1$ 时, 由于 $f_1, \cdots, f_{m+1}$ 线性无关, 且有 $\bigcap_{k=1}^{m+1} N(f_k) \subset N(g)$. 故当在线性空间 $N(f_{m+1})$ 中考虑上述问题时, 我们有 $\bigcap_{k=1}^{m} N(f_k) \subset N(g)$. 因此在 $N(f_{m+1})$ 中, 必有线性组合关系式 $g = \sum_{k=1}^{m} \lambda_k f_k$. 设

$$h = g - \sum_{k=1}^{m} \lambda_k f_k,$$

在 E 上有

$$N(f_{m+1}) \subset N(h).$$

因此, 存在数 λ_{m+1}, 使得 $h = \lambda_{m+1} f_{m+1}$, 也即导出

$$g = \sum_{k=1}^{m+1} \lambda_k f_k. \qquad \Box$$

定理 6.5.10　设 E 是赋范空间或赋 β-范空间, 若 E^* 是无穷维的, 那么, E 在 "弱" 拓扑下是不满足第一可数公理 A_1 的.

证明 反之, 若设 E 在弱拓扑 $\omega(E, E^*)$ 下是满足 A_1 公理的, 那么, 其在 θ 点必存在一个可数 "弱" 邻域基 $\{U_n\}$. 因此, 由 "弱" 邻域基的定义可知, 每个 U_n 仅对应着有限个 E^* 中的泛函. 因而, $\{U_n\}$ 仅对应着可数个泛函 $\{f_n\} \subset E^*$.

此外, 注意到当 E 为无穷维赋范空间时, 由推论 6.3.7 可知, E^* 必亦是无穷维的. 并且由泛函知识和练习题 5.8 (ii) 可知, 无论 E 为赋范还是赋 β-范空间, E^* 均为 Banach 空间. 这样, 又利用练习题 1.9, 我们还知 E^* 的维数是 "非可数" 的. 因此, 必存在泛函 $g_0 \in E^*$, 使得 $g_0 \notin L(\{f_n\})$. 由此, 我们作弱邻域

$$V_0 = \{x \mid |g_0(x)| < 1, x \in E\},$$

下面证明此 V_0 不会含有 $\{U_n\}$ 中任一元.

事实上, 对任意 "弱" 邻域 $U \in \{U_n\}$, 若有

$$U = \{x \mid |f_{n_i}(x)| < \varepsilon; f_{n_i} \in E^*, 1 \leqslant i \leqslant k, x \in E\},$$

设 $\{f_{n_i} \mid 1 \leqslant i \leqslant k\}$ 中的线性无关元为 $\{f_{m_j} \mid 1 \leqslant j \leqslant l\}$, 那么, $\{g_0, f_{m_1}, \cdots, f_{m_j}\}$ 亦是线性无关的. 因此, 由引理 6.5.9 的逆否命题知 $\bigcap_{j=1}^{l} N(f_{m_j}) \not\subset N(g_0)$, 也即存在一个元 $x_0 \in E$, 使得

$$f_{m_1}(x_0) = f_{m_2}(x_0) = \cdots = f_{m_l}(x_0) = 0, \quad g(x_0) = 2.$$

从而得到 $x_0 \in U$ 且 $x_0 \notin V_0$. 由此导出 $U \not\subset V_0$.

最后, 由 $U \in \{U_n\}$ 的任意性, 我们即知上结果与 $\{U_n\}$ 是 E 在 θ 点的 "弱" 邻域基矛盾. $\square$

为了介绍 "弱" 拓扑与原空间拓扑另一本质的区别, 我们还需要一个引理:

引理 6.5.11 设 E 为满足 T_0 公理的无穷维局部凸空间, 那么, E 在 "弱" 拓扑下的任何邻域均是无界的, 从而也是原拓扑下的无界集.

证明 我们不妨只对 θ 点来考虑. 设

$$U = U(f_1, f_2, \cdots, f_n; \varepsilon)$$

为 θ 的 "弱" 邻域. 那么根据推论 6.3.10, 由 E 的假设可知, E^* 必亦是无穷维的. 而注意到引理 6.5.9, 我们就可得到 $\bigcap_{k=1}^{n} N(f_k) \neq \{\theta\}$, 否则, $\forall f \in E^*$, 均有 f 为 $f_1, \cdots, f_n$ 的线性组合, 矛盾. 因此, 存在一个非 θ 元 $x_0 \in \bigcap_{k=1}^{n} N(f_k)$. 由此, 由推论 6.3.24 可知, 存在泛函 $g_0 \in E^*$, 使得 $g_0(x_0) = 1$. 这样, 我们则导出

$$\alpha x_0 \in U(f_1, f_2, \cdots, f_n; \varepsilon), \quad g_0(\alpha x_0) = \alpha, \quad \forall \alpha \in K.$$

因此, 再注意到推论 6.2.17, 由

$$\sup_{x,y\in U}|g_0(x-y)| \geqslant \sup_{x\in U}|g_0(x)| \geqslant \sup_{\alpha x_0\in U}|g_0(\alpha x_0)| = +\infty$$

可知 $U = U(f_1, f_2, \cdots, f_n; \varepsilon)$ 是 "弱" 无界集. 而由定理 6.5.1, 也知其是 (原拓扑下的) 无界集. □

由定理 6.5.10 及引理 6.5.11, 我们可以直接得到下面的推论:

推论 6.5.12　设 E 为无穷维的赋范空间, 或是具有无穷维 E^* 的赋 β-范空间. 那么, 在 "弱" 拓扑下, 它们均是不可距离化的. 并且, 对赋范空间而言, 其任何 "弱" 邻域均是按范数的无界集.

由引理 6.5.11, 我们还可以得到下面的结论:

定理 6.5.13　任何无穷维的赋范线性空间 E 在其 "弱" 拓扑下均是第一纲的.

证明　对任何自然数 n, 圆心球 $\overline{B}_n = \{x \mid \|x\| \leqslant n, x \in E\}$ 均是 E 中 (范数拓扑下) 的闭凸集. 故由推论 6.4.6 可知, 其亦是 "弱" 闭集. 再因 $\overline{B}_n$ 也是 (按范) 有界集, 故由引理 6.5.11 可知, 其不可能包含任何 θ 点的 "弱" 邻域. 这表明 $\overline{B}_n$ 在 "弱" 拓扑下不含任何内点, 也即 $\overline{B}_n$ 均是 "弱" 疏朗集. 因此导出空间

$$E = \bigcup_{n=1}^{\infty} \overline{B}_n$$

在 "弱" 拓扑下是第一纲的空间. □

最后, 我们给出一个有关空间原拓扑与其弱拓扑等价的定理:

定理 6.5.14　设 E 为满足 T_0 公理的线性拓扑空间. 那么, 当 E 为有限维时, 其拓扑与其 "弱" 拓扑是等价的. 反之, 当 E 是赋范线性空间时, 该逆命题亦真.

证明　事实上, 当 E 是有限维时, 由假设及定理 4.2.3 可知, E 的任意满足 T_0 公理的拓扑是与欧氏拓扑等价的. 因此, 容易知道其拓扑与其 "弱" 拓扑是等价的.

我们只需证明定理的后一部分结论. 设 E 是赋范线性空间, 且其 (按范) 拓扑与其上 "弱" 拓扑等价. 那么, 考虑 E 中的单位开球

$$O_1 = \{x \mid \|x\| < 1, x \in E\}.$$

由假设可知, O_1 亦为 E 在 "弱" 拓扑下的开集. 于是存在 θ 点的一个 "弱" 邻域

$$U(f_1, \cdots, f_n; \varepsilon) \subset O_1.$$

因此, 假设 E 是无穷维的, 则由引理 6.5.11 可知, "弱" 邻域 $U(f_1, \cdots, f_n; \varepsilon)$ 在原拓扑下 (即在 E 的范数拓扑下) 必是无界的. 此显然与 O_1 为赋范空间 E 中有界集矛盾. □

6.6 * 弱拓扑 $\omega^*(E^*, E)$

对于一个线性拓扑空间 E 的共轭空间 E^* 而言, 我们通常会遇到三种拓扑. 正如在第 6.5 节中所述, 这三种拓扑分别是:

- 由 E^{**} (即 E^* 上所有连续线性泛函的全体) 所决定的 "弱" 拓扑 $\omega^*(E^*, E^{**})$;

- 由 E 所决定的所谓 "* 弱" 拓扑;

- 以及当 E 为赋范空间时, 由 E^* 上的连续线性泛函范数所决定的 "范数拓扑".

本节我们将介绍 E^* 上的 "* 弱" 拓扑的一些基本特性.

首先, 回顾定义 1.2.14 中 E 到 E^{**} 内的典则映射 J 的定义, 我们给出 "* 弱" 拓扑的定义.

定义 6.6.1 设 E 为线性拓扑空间, 且 E^* 是 "非零空间". 那么, E^* 上由拟范数族 $\{|J_x(x^*)| \mid x \in E\}$ 所确定的局部凸空间称为 "* 弱" 拓扑, 记为 $\omega^*(E^*, E)$.

注 6.6.2 E^* 上的每个拟范 $|J_x(x^*)|$ 是由相应的元 $x \in E$ 所确定的, 因为有

$$|J_x(x^*)| = |x^*(x)|, \quad \forall x^* \in E^*.$$

而由定理 6.2.11 可知, 在拟范族 $\{|J_x(x^*)| \mid x \in E\}$ 所确定的拓扑下, E^* 构成一个局部凸空间.

下面, 我们先来讨论 E 的共轭空间 E^* 在 "* 弱" 拓扑下的一些特殊的性质. 首先, 与定理 6.5.6 类似, 我们给出在 "* 弱" 拓扑下一个有关 E^* 的共轭空间的定理:

定理 6.6.3 设 E 是局部凸空间 (或 $E^* \neq \{0\}$ 的线性拓扑空间), 那么, E^* 在 "* 弱" 拓扑 $\omega^*(E^*, E)$ 下的所有连续线性泛函之全体为 $J(E) \equiv \{J_x \mid x \in E\}$.

证明 首先, 由于空间的 "* 弱" 拓扑是由拟范族 $\{|J_x| \mid x \in E\}$ 所确定的, 故由引理 6.3.15 可知, 每一个 J_x 均为 E^* 在 "* 弱" 拓扑下的连续泛函.

当 $\forall x^* \in E^*$ 时, 由于 X 在 "* 弱" 拓扑下是连续泛函的假设, 故必存在 "* 弱" 拓扑下空间 E^* 在零点的邻域

$$U^* = U^*(x_1, \cdots, x_{n_0}; \varepsilon) = \{x^* \mid |x^*(x_k)| < \varepsilon, x_k \in E; 1 \leqslant k \leqslant n_0, x^* \in E^*\}$$

使得

$$|X(x^*)| < 1, \quad \forall x^* \in U^*.$$

因此, 设 E^* 上的泛函 $J_{x_k}(1 \leqslant k \leqslant n_0)$ 的 "零空间" 之 "交"

$$V^* = \bigcap_{k=1}^{n_0} N(J_{x_k}),$$

可以知道 $V^* \subset U^*$. 因此, 由上式可知

$$|X(x^*)| < 1, \quad \forall x^* \in V^*.$$

再注意到 V^* 为线性空间, X 为线性泛函, 我们还可得到

$$|\lambda||X(x^*)| = |X(\lambda x^*)| < 1, \quad \forall \lambda \in \mathbb{R}, \quad x^* \in V^*.$$

从而推得

$$X(x^*) = 0, \quad \forall x^* \in V^*,$$

也即 $V^* \subset N(X)$. 于是, 由引理 6.5.9, 我们则可以导出: X 为 $J_{x_1}, J_{x_2}, \cdots, J_{x_{n_0}}$ 的线性组合, 也即 $X \in J(E)$. □

注 6.6.4　由定理 6.6.3, 我们不难看出: 设 $E^* \neq \{0\}$, E 取 "弱" 拓扑 $\omega(E, E^*)$, 而相应的 $J(E)$ 取 "* 弱" 拓扑 $\omega^*(J(E), E^*)$, 则 E 必为 (拓扑)"自反" 空间. 特别地, 我们有下面结论: 每一个局部凸空间必是 "弱自反" 的.

在定义 6.3.8 中, 我们曾介绍过空间 E^* 中的集 $\mathscr{A}$ 是 "全定"E 的, 及其在 E^* 中是 "基本的" 这两个概念. 我们容易看出: 当 $\mathscr{A}$ 在 E^* 中是基本集时, 其必然是全定 E 的. 反过来, 全定 E 的集 $\mathscr{A} \subset E^*$ 是否必在集 E^* 内是基本的呢? 这将与 E^* 中的拓扑结构有着密切的关系.

例如, 由注 6.6.4, 我们知道, 如果 E 为一个具有 T_0 公理的局部凸空间, 那么, 对于空间 E^{**} 的子集 $J(E)$ 而言, 虽然在 "* 弱" 拓扑下, $J(E)$ 在 E^{**} 中是个 "基本集", 并且由 6.3 节有关 "足够多非零连续线性泛函存在定理", 我们知道, $J(E)$ 也是 "全定"E^* 的. 然而, 当 E 为非自反的 Banach 空间时, 由泛函的基本知识可知, E^{**} 在其范数拓扑下, 虽然此时其子集 $J(E)$ 仍是 "全定"E^* 的, 但 $J(E)$ 却不再是 E^{**} 中的 "基本集" 了.

下面, 我们将指出在空间 E^* 中, 集 $\mathscr{A}$"全定"E 与 E 在 "* 弱" 拓扑下是 E^* 的 "基本集" 这两个概念是等价的. 为此, 我们先来介绍一个有关线性拓扑空间中集 A 的 "极" 的定义及一个引理:

定义 6.6.5　设 E 为线性拓扑空间, A 为 E 内一子集. 那么, 我们称 E^* 空间的集

$$A^{\circ} = \{f \mid |f(x)| \leqslant 1, \ x \in A, f \in E^*\}$$

为 A 的极, 并称 E 的集

$$^{\circ}A^{\circ} = {}^{\circ}(A^{\circ}) = \{x \mid |\varphi(x)| \leqslant 1, \varphi \in A^{\circ}, x \in E\}$$

为 A 的**二次极**.

注 6.6.6 由定义 6.6.5 我们容易知道, 对于 E 的子集 A 和 B, 其 "极" 有以下性质:

(i) 若 $A \subset B$, 则有 $A^\circ \supset B^\circ$;

(ii) $(aA)^\circ = \dfrac{1}{a} A^\circ (a \neq 0)$;

(iii) $(A \cup B)^\circ = A^\circ \cap B^\circ$;

(iv) $A \subset {}^\circ A^\circ$;

(v) $A^\circ = ({}^\circ A^\circ)^\circ$.

引理 6.6.7 设 E 是局部凸空间, A 为 E 中的子集. 那么

(i) "极" A° 必为 E^* 中的均衡凸集, 且是 "* 弱" 闭的;

(ii) "二次极" ${}^\circ A^\circ$, 必为集 A 的均衡凸闭包.

证明 (i) 的结论是明显的. 由极 A° 的定义立即可知, 其为均衡凸集. 至于它的 "* 弱" 闭性则可以由 "* 弱" 拓扑的定义直接导出.

下面我们来证明 (ii) 的结论. 首先, 与 (i) 类似, ${}^\circ A^\circ$, 亦是 E 中一 "弱" 闭的均衡凸集. 故当设 A 的均衡凸 "弱" 闭包为 $\overline{\mathrm{aco}.A}^{\,\omega}$ 时, 我们有

$$\overline{\mathrm{aco}.A}^{\,\omega} \subset {}^\circ A^\circ.$$

因此, 反之, 若有 $\overline{\mathrm{aco}.A}^{\,\omega} \neq {}^\circ A^\circ$, 则由定理 6.4.4 (注意 E 此时按 "弱" 拓扑来考虑), 我们可知, 只要元 $x_1 \in {}^\circ A^\circ \setminus \overline{\mathrm{aco}.A}^{\,\omega}$, 则必存在着一个按照 E 的 "弱" 拓扑下的连续线性泛函 $f_1 \in E^*$, 使得

$$f_1(x_1) > 1, \quad |f_1(z)| < 1, \quad \forall z \in \overline{\mathrm{aco}.A}^{\,\omega}.$$

因此, 有 $f_1 \in A^\circ$, 但 $x_1 \notin {}^\circ A^\circ$, 此显然与前面元 x_1 的取法矛盾. $\qquad\square$

有了上面的引理, 下面我们就可以导出所需的结论.

定理 6.6.8 设 E 为满足 T_0 公理的局部凸空间. 那么在 "* 弱" 拓扑下, E^* 内子集 $\mathscr{A}$ 是 "全定" E 的与其在 E^* 内是 "基本" 的, 这两个性质是等价的, 也即, $\mathscr{A}$ 是 "全定" E 的充要条件是 $\overline{L(\mathscr{A})}^{\,\omega^*} = E^*$.

证明 充分性. $\overline{L(\mathscr{A})}^{\,\omega^*} = E^*$, 那么 $\forall x_0 \in E$, 若有

$$z^*(x_0) = 0, \quad \forall z^* \in \mathscr{A},$$

则有

$$y^*(x_0) = 0, \quad \forall y^* \in L(\mathscr{A}).$$

从而由假设 (注意 E^* 中 "* 弱" 拓扑的定义) 可以导出

$$x^*(x_0) = 0, \quad \forall x^* \in E^*.$$

由此, 根据推论 6.3.9, 我们可以导出 $x_0 = \theta$. 也即 E^* 的子集 $\mathscr{A}$ 是全定 E 的.

必要性. 现考察在 "$*$ 弱" 拓扑下的局部凸空间 E^*. 注意到定理 6.6.3, 我们可以看到, 对于 E^* 上每一个连续线性泛函 (其必形如)$J_{x_0} \in J(E)$, 若对 E^* 内子集 $\mathscr{A}$ 有

$$|J_{x_0}(y^*)| \leqslant 1, \quad \forall y^* \in L(\mathscr{A}),$$

即有

$$|y^*(x_0)| \leqslant 1, \quad \forall y^* \in L(\mathscr{A}).$$

由于 $L(\mathscr{A})$ 为线性集, 则可得到

$$y^*(x_0) = 0, \quad \forall y^* \in \mathscr{A}.$$

于是, 当假设 $\mathscr{A}$"全定"E 时, 由上则可以导出 $x_0 = \theta$. 这样, 由 "极" 的定义, 我们不难看出, 必有 $[L(\mathscr{A})]^\circ = \{\theta\}$. 而由 "二次极" 的定义, 我们又可得到

$$^\circ[L(\mathscr{A})]^\circ = {}^\circ\{\theta\} = E^*.$$

最后, 由引理 6.6.7 (ii) 中的结论, 以及注意到此时空间 E^* 的拓扑为 "$*$ 弱" 拓扑, 而 E^* 上的 "弱" 拓扑即为 $J(E)$ 所定的拓扑 $\omega(E^*, J(E))$, 并且该拓扑与 E^* 自身上的 ω^* 拓扑是一回事. 因此, 我们立即导出

$$\overline{L(\mathscr{A})}^{\omega^*} = \overline{L(\mathscr{A})}^{\omega(E^*, J(E))} = {}^\circ(L(\mathscr{A}))^\circ = E^*. \qquad \square$$

由定理 6.6.8, 我们可以得到下面一个推论:

推论 6.6.9　设 E 为赋范线性空间, 那么 $J(E)$ 在 "$*$ 弱" 拓扑下是稠于 E^{**} 的 (即 $\overline{J(E)}^{\omega^*} = E^{**}$).

证明　这里, 我们只要取 E^* 为定理 6.6.8 中的 E^{**}, $J(E)$ 为子集 $\mathscr{A}$, 并注意到: $\forall x^* \in E^*$, 若 $J_x(x^*) = 0, \forall x \in E$, 则有 $x^*(x) = 0, \forall x \in E$, 也即 $x^* = 0$. 从而可知, $J(E)$ 是 "全定"E^* 的. 最后, 再注意到 $J(E)$ 是线性集, 故由定理 6.6.8 可直接导出本推论结果. $\qquad \square$

注 6.6.10　我们知道, 在 E^{**} 的 "范数拓扑" 下, 对于不自反的 Banach 空间 E, 不存在 $\overline{J(E)} = E^{**}$ 的关系. 因此, $J(E)$ 构成 E^{**} 中一个闭的真子空间.

下面, 我们介绍空间 E^* 在 "$*$ 弱" 拓扑下有关紧性 (或称 "$*$ 弱" 紧) 的一个重要结果.

定理 6.6.11 (Alaoglu-Bourbaki)　设 E 为线性拓扑空间, U 为 E 的零点邻域. 那么, 其 "极"U° 必为空间 E^* 中的 "$*$ 弱" 紧集.

证明 注意到前面 Hausdorff 定理 (定理 5.5.12), 我们可知, 为了证明 U° 是 "* 弱" 紧集, 只要证明其在 "* 弱" 拓扑下, 既是完全有界的, 又是完备的. 下面, 我们验证这两点.

首先, 我们指出, 在 "* 弱" 拓扑下, U° 是完全有界集. 事实上, 由极集 U° 的定义 (注意 θ 点邻域 U 的 "吸收性") 可知: $\forall x \in E, \exists \delta > 0$, 使得 $\delta x \in U$, 从而

$$\sup_{y^* \in U^\circ} |J_x(y^*)| = \sup_{y^* \in U^\circ} |y^*(x)| \leqslant \frac{1}{\delta} < +\infty.$$

注意到数域 K 上的有界集必是完全有界的, 因此 $\forall \varepsilon > 0$, 在完全有界数集 $\{J_x(y^*) \mid y^* \in U^\circ\}$ 中必可找到 "有限 ε-网":

$$\{J_x(y_k^*) \mid y_k^* \in U^\circ, 1 \leqslant k \leqslant n(x)\}.$$

也即: 对上述 $x \in E$ 和 $\varepsilon > 0$, 存在 E^* 的有限元集 $B^* \subset U^\circ$, 使得: $\forall y^* \in U^\circ, \exists y_0^* \in B^*$, 满足

$$|J_x(y^* - y_0^*)| = |J_x(y^*) - J_x(y_0^*)| < \varepsilon.$$

因此, 注意到 E^* 空间中 "* 弱" 拓扑的定义, 由推论 6.2.17 (ii), 我们立即得出结论: U° 在 "* 弱" 拓扑下是完全有界的.

其次, 我们验证, 在 "* 弱" 拓扑下, U° 还是一个完备集. 事实上, 设 $\{y_\delta^* \mid \delta \in \Delta\} \subset U^\circ$ 为空间 E^* 中按 "* 弱" 拓扑下的 "广义 Cauchy 列", 那么, 由该拓扑的定义知: $\forall x \in E, \{y_\delta^*(x) \mid \delta \in \Delta\}$ 均为数域 K 内的 "广义 Cauchy 列". 因此, 由数域 K 的完备性, 则知存在数 (我们记为)$g(x)$, 使得

$$\lim_\delta y_\delta^*(x) = g(x).$$

由于每一个 y_δ^* 均是线性泛函, 且数域上极限是唯一的, 故知 $g(x)$ 亦是 E 上的线性泛函, 并且注意到 $\{y_\delta^* \mid \delta \in \Delta\}$ 的定义, 由 $|y_\delta^*(x)| \leqslant 1 (\forall x \in U, \delta \in \Delta)$ 我们还可以导出

$$\sup_{x \in U} |g(x)| \leqslant 1.$$

因此, 由定理 3.1.2 可知, $g \in E^*$, 且有 $g \in U^\circ$, 也即: $y_\delta \xrightarrow{\omega^*} g \in U^\circ$, 从而导出了集 U° 的完备性. $\square$

注 6.6.12 由定理 6.6.11 证明的第一段, 我们实际上已经证得结论: 在 "* 弱" 拓扑下, E^* 中子集的有界性与完全有界性是等价的. 注意到定理 6.6.3, 我们不难看出, 由于 E^* 在 "* 弱" 拓扑下的拓扑结构与其在该拓扑下空间的 "弱" 拓扑结构是一致的, 故在 $(E^*, \omega^*(E^*, E))$ 中 "(完全) 有界" 与 "弱 (完全) 有界"

完全是一回事. 因此, 定理 6.6.11 的第一段证明实际上也可由定理 6.5.3 的结论直接导出. 但这里的证明, 由于其不依赖于定理 6.6.3, 且与定理 6.5.3 的证法不同, 因而也是有意义的.

实际上, 更一般地, 我们有下面的结果:

命题 6.6.13　设 L 为 "线性" 空间, L^* 为 L 上 "线性" 泛函之全体 (即: "代数共轭" 空间), $\mathcal{L}$ 为 L^* 的一个子集. 那么, 对于 L 中每一个子集 A, 以下三个性质是等价的:

(i) $\sup\limits_{x \in A} |l(x)| < \infty$, $\forall l \in \mathcal{L}$;

(ii) A 在 "弱" 拓扑 $\omega(L, \mathcal{L})$ 下是 "有界集";

(iii) A 在 "弱" 拓扑 $\omega(L, \mathcal{L})$ 下是 "完全有界集".

由 Alaoglu-Bourbaki 定理, 我们可以得到下面几个结论.

推论 6.6.14　线性拓扑空间 E 上的每一个 "等度连续" 泛函族 $\mathscr{A} \subset E^*$, 必为 E^* 内的相对 "* 弱" 紧集 (即: $\mathscr{A}$ 的 "* 弱" 闭包必为 "* 弱" 紧的).

证明　回顾练习题 3.13 有关泛函族等度连续的定义可知, 此时 $\forall \varepsilon > 0, \exists U \in \mathcal{U}(\theta$ 点邻域族), 使得

$$|y^*(x)| < \varepsilon, \quad \forall x \in U, \quad y^* \in \mathscr{A},$$

也即 (注意 "极" 的定义及性质)

$$\mathscr{A} \subset \left(\frac{1}{\varepsilon}U\right)^\circ = \varepsilon U^\circ.$$

由此, 直接由定理 6.6.11 可得本定理的结论.　　　　　　　　　　　　　　□

与泛函分析中关于 "可分" 赋范空间的共轭空间中闭单位球是 "* 弱" 自列紧的性质类似, 我们有下面结论:

推论 6.6.15　设 E 为赋范线性空间, 那么 E^* 中每一个 (按范) 有界集 $\mathscr{A}$ 均是相对 "* 弱" 紧集; 特别地, E^* 中每一个闭球 $B_r^*(x_0^*)$ 均是 "* 弱" 紧的.

证明　对于赋范空间 E 而言, 注意到 E 的闭单位球

$$B_1 = \{x \mid \|x\| \leqslant 1, x \in E\},$$

其 "极"

$$(B_1)^\circ = B_1^*.$$

而 $B_1^* = \{x^* \mid \|x^*\| \leqslant 1, x \in E^*\}$ 正好是 E^* 中的闭单位球, 以及

$$(\alpha B_1)^\circ = \frac{1}{\alpha}(B_1)^\circ = \frac{1}{\alpha}B_1^* \quad (\alpha \neq 0).$$

因此, 对于 E^* 中按范有界集 $\mathscr{A}$ 及闭球 $B_r^*(x_0^*) \equiv \{x^* \mid \|x^* - x_0^*\| \leqslant r, x^* \in E^*\}$, 必存在数 $\delta > 0$, 使得

$$\mathscr{A} \cup B_r^*(x_0^*) \subset (\delta B_1)^\circ.$$

故由定理 6.6.11可知, $\mathscr{A}$ 和 $B_r^*(x_0^*)$ 均为相对 "* 弱" 紧的, 结合前式还知

$$B_r^*(x_0^*) = x_0^* + rB_1^* = x_0^* + \left(\frac{1}{r}B_1\right)^\circ.$$

因为在 "* 弱" 拓扑下, $\left(\dfrac{1}{r}B_1\right)^\circ$ 是一个闭集, 单点集 $\{x_0^*\}$ 是紧集, 从而由第 2 讲的运算法则可知, $B_r^*(x_0^*)$ 亦为 "* 弱" 闭集. 因而导出, $B_r^*(x_0^*)$ 是 "* 弱" 紧的. □

特别地, 由推论 6.6.15, 结合 Hausdorff 定理以及 "共鸣定理", 我们还可以直接得到下面的推论:

推论 6.6.16 设 E 为一个 Banach 空间, $\mathscr{A}$ 为 E^* 中一个子集. 那么, $\mathscr{A}$ 为 "* 弱" 紧的充要条件是 $\mathscr{A}$ 为 "* 弱" 闭且按范有界的.

注 6.6.17 推论 6.6.16 在 E 为不完备的赋范空间的情况下未必成立. 我们有下面的反例:

设 $c_{00} \equiv \{\{\zeta_n\} \mid \zeta_n$ 中仅 "有限个" 非 $0, \{\zeta_n\} \in l^1\}$, 显然, E 在 l^1-范数下构成一个不完备的赋范空间. 现取 E^* 中可列个元 $\{x_n^*\}$ 如下:

$$x_n^*(x) = \zeta_n, \quad \forall x = \{\zeta_n\} \in E.$$

并作 E^* 中的子集 $\mathscr{A} = \{0, nx_n^* \mid n \in \mathbb{N}\}$(这里, 0 为 E 上的 "零泛函"). 那么, 由 E 的取法可知

$$nx_n^*(x) = n\zeta_n \to 0, \quad \forall x = \{\zeta_n\} \in E,$$

即 $nx_n^* \xrightarrow{\omega^*} (n \to \infty)$. 因而, 对 $\mathscr{A}$ 的任何一组开覆盖, 当 0 点的覆盖为开集 G_0 时, 存在邻域 (在 "* 弱" 拓扑意义下)

$$V_0 = \{x^* \mid |x^*(x_k)| < \varepsilon, x_k \in E, 1 \leqslant k \leqslant n_0, x^* \in E^*\}$$

使得 $V_0 \subset G_0$. 由上可知, 必存在自然数 N, 使得当 $n \geqslant N$ 时, 有

$$|nx_n^*(x_k)| < \varepsilon \quad (1 \leqslant k \leqslant n_0),$$

也即 $nx_n^* \in V_0 \subset G_0$, 从而知 $\mathscr{A}$ 满足 "有限覆盖" 性质. 这表明 "* 弱" 拓扑下, 上述 $\mathscr{A}$ 为紧集, 然而, 由 $\|nx_n^*\| = n (n \in \mathbb{N})$ 可知, $\mathscr{A}$ 显然不是 E^* 中的 (按范) 有界集.

注 6.6.18　注意到在 "紧" 的 Hausdorff 拓扑空间中, 每一点的开邻域内必含有一个紧邻域, 因此, 我们不难运用验证完备度量空间必为 Baire 空间的方法, 同样 (由 "有限交" 性质) 类似证明: "任意 (局部) 紧的 Hausdorff 空间必为 Baire 空间". 从而, 我们可以进一步得到下面结论:

命题 6.6.19　设 E 为赋范线性空间, 那么 E^* 内每一个 "$*$ 弱" 紧的凸集必是 (按范) 有界的.

作为泛函分析中有关 $C[0,1]$ 空间 "万有性" 定理的某种推广 (这里不再限制空间是 "可分" 的), 我们有以下结论:

推论 6.6.20　设 E 是 Banach 空间, 则 E 必等价于某连续函数空间 $C(K)$ 中的一个闭线性子空间 (这里, K 为某一个 "紧" 的 Hausdorff 拓扑空间).

证明　所谓两个赋范线性空间 "等价", 指的是: 在它们之间存在一个线性同构映射, 并且此映射还是 "保范" 的. 下面, 我们就来证明此结论.

事实上, 当我们取 K 为 E^* 的闭单位球 B_1^*, 并在其上定义 "$*$ 弱" 拓扑时, 由 Alaoglu-Bourbaki 定理则知, 在 "$*$ 弱" 拓扑下, K 为一个紧的 Hausdorff 空间, 而由定理 6.6.3, 有 $J(E) \subset C(K)$. 此时, 由 E 是 Banach 空间的假设, 以及 $C(K)$ 中收敛的定义 (即在 B_1^* 上的 "一致收敛"), 我们容易验证, $J(E)$ 在 $C(K)$ 中必为一闭线性子空间. 最后, 注意到 E 到 $J(E) \subset E^{**}$ 的典则映射 J 是一个线性同构的保范映射, 从而推出所需结果.　　□

利用上面的定理, 下面我们将讨论赋范空间 E 的二次共轭空间 E^{**} 上 $J(E)$ 与 E^{**} 内单位球 $J(B_1)$ 和 B_1^{**} 之间的关系. 前面我们曾提及, 对于一个非自反的 Banach 空间而言, 在 E^{**} 的范数拓扑下, $J(E)$ 组成 E^{**} 内的一个 "真" 闭子空间, 因此, $J(B_1)$ 当然不会在 B^{**} 内稠密. 而由推论 6.6.9, 我们又知道, 在 "$*$ 弱" 拓扑下, $J(E)$ 是稠密于 E^{**} 的 (即使赋范空间 E 不是完备的). 因此, 我们自然会提出一个问题: 在 "$*$ 弱" 拓扑下, $J(B_1)$ 是否也是稠密于 B_1^{**} 的呢? 下面, 我们将可看出, 这个回答是肯定的.

定理 6.6.21 (Goldstine-Weston)　设 E 为赋范线性空间, B_1, B_1^{**} 分别为 E 及 E^{**} 中的单位闭球, 那么 $\overline{J(B_1)}^{\omega^*} = B_1^{**}$.

证明　首先, 由推论 6.6.15 可知, E^{**} 中的闭球 B_1^{**} 在 "$*$ 弱" 拓扑 $\omega^*(E^{**}, E^*)$ 下是紧的, 且其还是满足 T_2 公理的. 因此亦是 "闭" 的. 其次, 由于 $J(B_1) \subset B_1^{**}$, 故由前面结果, 有 $\overline{J(B_1)}^{\omega^*} \subset B_1^{**}$. 并且, 由 $J(B_1)$ 的性质, 注意到注 6.1.1, 我们可知在 "$*$ 弱" 拓扑下, $\overline{J(B_1)}^{\omega^*}$ 亦为 E^{**} 中一个含 "零点" 的均衡闭凸集.

因此, 假设 $\overline{J(B_1)}^{\omega^*} \subsetneqq B_1^{**}$. 故对于任意 $\Phi_0 \in B_1^{**} \setminus \overline{J(B_1)}^{\omega^*}$, 由定理 6.4.4 (注意在 "$*$ 弱" 拓扑下, E^{**} 亦为一个 "局部凸" 空间) 可知, 存在 E^{**} 空间在 "$*$ 弱"

拓扑下的连续线性泛函 $J_{x_0^*} \in J(E^*)$ 使得

$$J_{x_0^*}(\Phi_0) > 1, \quad |J_{x_0^*}(\psi)| < 1, \quad \forall \psi \in \overline{J(B_1)}^{\omega^*}.$$

于是, 由上面后一关系式, 我们可以得到 (这里, 我们用 J 既表示 E 到 E^{**}, 也表示 E^* 到 E^{***} 的典则映射)

$$|x_0^*(x)| = |J_x(x_0^*)| = |J_{x_0^*}(J_x)| < 1, \quad \forall x \in B_1,$$

也即有 $\|x_0^*\| \leqslant 1$. 由此, 注意到 $\Phi_0 \in B_1^{**}$, 故有 $\|\Phi_0\| \leqslant 1$, 从而又可以导出

$$|J_{x_0^*}(\Phi_0)| = \|\Phi_0(x_0^*)\| \leqslant \|\Phi_0\| \cdot \|x_0^*\| \leqslant 1.$$

而此显然与 J_{x_0} 的选取矛盾.   □

注 6.6.22 不要以为 Goldstine-Weston 定理就是推论 6.6.9 的直接推论. 因为在 "* 弱" 拓扑之下, 虽然可以从 $\overline{J(B_1)}^{\omega^*} = B_1^{**}$ 直接导出 $\overline{J(E)}^{\omega^*} = E^{**}$ 的结论 (注意到 $\overline{J(E)}^{\omega^*} \subset E^{**}$ 及 $\overline{J(B_1)}^{\omega^*} = \overline{J(E)}^{\omega^*}$ 以及后者为线性空间, 则可以导出), 然而, 反过来却并非显然成立.

注 6.6.23 对于 "* 弱" 拓扑而言, 我们也不难由 E^* 内单位闭球 B_1^* 的可分性, 直接导出 E^* 的可分性. 注意, 当 $\overline{\{x_n^*\}}^{\omega^*} = B_1^*$ 时, 可以令 $D^* = \{r x_n^* \mid n \in N, r$ 为任意有理数$\}$, 则有 $\overline{D^*}^{\omega^*} = E^*$. 然而, 反过来的结论却未必成立 (可参看 [8]).

利用定理 6.6.11 和定理 6.6.21, 我们也可得到泛函分析有关自反空间特性的一个推论:

推论 6.6.24 设 E 为 Banach 空间, 那么当 E 为自反时, E 的每一个有界闭凸集必为 "弱紧" 的; 反之, 只要 E 的单位闭球 B_1 是弱紧的, 则 E 必为自反空间.

证明 我们先来验证推论的前半段命题. 设 E 为自反空间, K 为 E 中一个有界闭凸集. 那么, 首先由推论 6.4.6 可知, K 也是 "弱" 闭集. 此外, 由于 E 是自反空间, 故 E 的 "弱" 拓扑与 $E^{**} = J(E)$ 的 "* 弱" 拓扑是一样的. 因此, 在典则映射 J 下, $J(K)$ 是 E^{**} 中的 (按范) 有界、"* 弱" 闭. 因此, 由推论 6.6.15, 我们立即导出 $J(K)$ 必是 E^{**} 内的 "* 弱" 紧集, 也即 K 是 E 中的 "弱紧" 集.

下面, 我们再来验证推论的后半段命题. 由假设, E 中单位闭球 B_1 是 "弱紧" 的. 因此, 由上段已知, $J(B_1)$ 亦为 E^{**} 中的 "* 弱" 紧集. 并且, 由于 E^{**} 在 "* 弱" 拓扑下是满足 T_2 公理的, 所以在此拓扑下, 紧集 $J(B_1)$ 必为闭集. 这样一来, 由 Goldstine-Weston 定理, 我们立即导出

$$J(B_1) = \overline{J(B_1)}^{\omega^*} = B_1^{**}.$$

结合推论 6.6.14 的证明, 可以导出 $J(E) = E^{**}$, 也即 E 是个自反空间.   □

6.7   赋范空间的弱完备与弱列备性

在泛函分析中, 我们通常通过 Cauchy 列来定义赋 (拟、准) 范空间的完备性. 由于这类空间都是距离空间, 因此满足第一可数公理 (A_1). 基于这一性质, 在定义空间完备性时 (参见定义 5.5.10), 可以将 "广义点列" 替换为通常的点列进行讨论.

然而, 对于弱拓扑及 "* 弱" 拓扑而言, 当 E 为无穷维的赋范空间 (或具有无穷维 E^* 的赋 β-范空间) 时, E 在弱拓扑下是不具有 A_1 公理的 (参考定理 6.5.10). 类似地, 可以证明当 E 为无穷维的 Banach 空间 (或具有无穷维 E^* 的 Fréchet 空间) 时, E^* 在 "* 弱" 拓扑下也是不具有 A_1 公理的. 因此上述空间 E (及 E^*) 上就有 "弱" 完备与 "弱" (序) 列 (完) 备 (相应地, "* 弱" 完备与 "* 弱" 序列完备) 两个不同的概念. 对此, 必须予以充分的注意, 且不可混淆!

为了进一步体会上两个概念的区别, 我们来介绍几个定理. 首先, 我们给出空间关于弱完备及 "* 弱" 完备的特征性定理:

定理 6.7.1   设 E 是赋范空间, 那么 E 为弱完备的充要条件是 E 为有限维的.

证明   定理的充分性是明显的, 我们只要注意到定理 4.2.3 就可直接得出.

下面, 我们来证明定理的必要性. 反之, 如果 E 是无穷维的, 那么, E^* 显然也是无穷维的. 这样, 类似 Kakutani 证明单位 (闭) 球弱紧是空间的自反性特征的方法 (见 [1, §3.5 定理 3] 或 [19]), 我们将 E^* 中所有 "有限元" 所组成的集类记为 $\{\pi\}$, 并在其内按 "包含" 关系定义 "序" 关系, 即: 如果 $\pi_1 \subset \pi_2$, 则记 $\pi_1 < \pi_2$, 显然 $\{\pi\}$ 构成一个定向集.

然后, 由定理 4.2.1, 我们可以找到在 E^* 上 (按照范数拓扑) 不连续的一个线性泛函 F, 也即有 $F \notin E^{**}$.

此外, 运用推论 4.2.5, 我们可以看出, 对于任意 $\pi \in \{\pi\}$, 若设 $\pi = \{f_1, \cdots, f_n\}$, F 在有限维线性空间 $L[f_1, \cdots, f_n]$ 上必为一个连续线性泛函, 因而其为以某正数 β_π 为界的有界泛函, 从而对任意 n 个复数 $\xi_1, \xi_2, \cdots, \xi_n$, 均成立关系式:

$$\left| \sum_{k=1}^n \xi_k F(f_k) \right| = \left| F\left(\sum_{k=1}^n \xi_k f_k \right) \right| \leqslant \beta_\pi \left\| \sum_{k=1}^n \xi_k f_k \right\|.$$

这样, 由泛函中的 Helly 定理 (例参看 [1] 中第 194 页), 可知: $\forall \varepsilon > 0, \exists x_\pi \in E$, 满足 $\|x_\pi\| \leqslant \beta_\pi + \varepsilon$ 使得

$$f_k(x_\pi) = F(f_k) \quad (1 \leqslant k \leqslant n).$$

也即导出, 对任意 $\pi \in \{\pi\}$, 均存在一个 $x_\pi \in E$, 使得

$$f(x_\pi) = F(f), \quad \forall f \in \pi. \tag{6.18}$$

下面, 我们将要指出, 上述得到的 $\{x_\pi\}$ 构成 E 中的一个 "广义弱 Cauchy 列". 事实上, 对于每一个泛函 $f_0 \in E^*$, 必存在 $\pi_0 \in \{\pi\}$, 使得 $f_0 \in \pi_0$. 由此, 对于任意的 $\pi_1, \pi_2 \in \{\pi\}$, 只要 $\pi_1, \pi_2 > \pi_0$, 由上面关系式 (6.18) 则有

$$f_0(x_{\pi_1}) - f_0(x_{\pi_2}) = F(f_0) - F(f_0) = 0,$$

也即导出所需结论.

最后, 由于定理假设 E 是弱完备的, 因而, 必存在一元 $x_0 \in E$, 使得上述广义弱 Cauchy 列 $\{x_\pi\}$ 弱收敛于 x_0. 由此则有

$$\lim_\pi f(x_\pi) = f(x_0), \quad \forall f \in E^*.$$

然而, 同样注意到对于任意的泛函 $f_0 \in E^*$, 必存在 $\pi_0 \in \{\pi\}$, 使得 $f_0 \in \pi_0$. 由此, 当 $\pi > \pi_0$ 时, 恒有

$$f_0(x_\pi) = f_0(x_{\pi_0}) = F(f_0).$$

故由上式立即导出

$$F(f) = f(x_0), \quad \forall f \in E^*,$$

也即有 $F = J_{x_0} \in E^{**}$, 与 F 开始的取法矛盾! □

定理 6.7.2 设 E 是赋范空间, 那么 E^* 为 "* 弱" 完备的充要条件是 E 为有限维的.

证明 定理的充分性同样是明显的. 我们只要注意到, 当 E 是有限维时, E^* 必然也是有限维的, 从而可由定理 4.2.3 导出.

下面, 我们证明定理的必要性. 反之, 如果 E 是无穷维的, 那么同样由定理 4.2.1 可知, 在 E 上存在一个不连续的线性泛函 g, 即 $g \notin E^*$.

类似地, 设 $\{M_\alpha\}$ 为 E 内所有 "有限元" 集所成的集类, 并在其内按 "包含" 关系定义 "序" 的关系, 显然, $\{M_\alpha\}$ 亦构成一个定向集. 然后, 注意到对任意 $\alpha \in \{\alpha\}$, M_α 的线性包 $L[M_\alpha]$ 均为 E 内的有限维线性子空间. 由推论 6.3.26 可知, $L[M_\alpha]$ 在 E 内均是可补的, 从而从 E 到 $L[M_\alpha]$ 的投影 J_α 均是连续的. 同样, 根据推论 4.3.1, 由于 g 在 $L[M_\alpha]$ 上是连续泛函, 故当令 $f_\alpha = g \circ J_\alpha$ 时, 有 $f_\alpha \in E^*$.

接着, 我们将要指出, 上面得到的 $\{f_\alpha\}$ 构成 E^* 中的一个广义 "* 弱"Cauchy 列. 事实上, 对于任意的元 $x \in E$, 必存在 $\alpha \in \{\alpha\}$, 使得 $x \in \{M_\alpha\}$. 因此, 类似定

理 6.7.1 的证明, 只要 $\alpha_1, \alpha_2 > \alpha$, 就有

$$f_{\alpha_1}(x) - f_{\alpha_2}(x) = g[J_{\alpha_1}(x)] - g[J_{\alpha_2}(x)] = g(x) - g(x) = 0.$$

由此可知, 当 $\{f_\alpha\}$ 的 "* 弱" 极限为 f 时, 有

$$f(x) = \lim_\alpha f_\alpha(x) = g(x).$$

从而, 由 x 的任意性立即导出 $g = f \in E^*$, 与原来 g 的取法矛盾. □

然而, 对于无穷维的赋范空间而言, 空间本身可以是弱列备, 但其共轭空间却可以是 "* 弱" 列备的. 这正是因为下面的定理.

定理 6.7.3　设 E 为 "第二纲" 的赋 β-范空间, 那么 E^* 必是 "* 弱" 列备的. 特别地, 当 E 为自反的 Banach 空间时, E 必为弱列备的.

证明　设 $\{f_n\} \subset E^*$ 为 "* 弱" Cauchy 列, 那么, 对于任意元 $x \in E$, $\{f_n(x)\}$ 均为 Cauchy 数列. 因此, 必有极限, 记为 $f_0(x)$. 显然 f_0 亦是线性泛函, 并且由推广的 "共鸣定理"(例如参看 [1] 中第 249 页) 还知 f_0 是有界泛函, 也即有

$$f_0 \in E^*, \quad f_n \xrightarrow{w^*} f_0 \quad (n \to \infty),$$

这表明 E^* 是 "* 弱" 列备的.

此外, 当 E 为自反的 Banach 空间时, 对于其内的弱 Cauchy 列 $\{x_n\}$, 在典则映射下, $\{J_{x_n}\}$ 为 E^{**} 内的 "* 弱"Cauchy 列. 故由上段结论可知, 存在 $F_0 \in E^{**}$, 使得 $J_{x_n} \xrightarrow{w^*} F_0 \ (n \to \infty)$. 而注意到 E 的自反性假设, 又有一元 $x_0 \in E$, 使得 $F_0 = J_{x_0}$. 由此我们可以导出

$$\lim_{n\to\infty} f(x_n) = \lim_{n\to\infty} J_{x_n}(f) = F_0(f) = J_{x_0}(f) = f(x_0), \quad \forall f \in E^*.$$

这表明 $x_n \xrightarrow{w} x_0 \ (n \to \infty)$, 也即证出 E 为弱列备的. □

注 6.7.4　在定理 6.7.3 的后半段命题中, 若 E 不是自反空间, 其相应结论未必成立. 这可由下面正、反两类例子看出:

例 6.7.5　l^1 为非自反的弱列备空间.

验证　事实上, 由泛函中的 Schur 定理可知, 在 l^1 中序列的强、弱收敛是等价的, 由于 l^1 是 (非自反) Banach 空间, 这一性质可以导出本结论. 验毕.

例 6.7.6　当 $(\Omega, \mathfrak{B}, \mu)$ 为 "σ-有限" 测度空间时, 空间 $L^1(\Omega, \mathfrak{B}, \mu)$ 是非自反的弱列备空间.

验证　设 $\{x_n\}$ 为 $L^1(\Omega, \mathfrak{B}, \mu)$ 内弱 Cauchy 列, 那么, 注意到

$$[L^1(\Omega, \mathfrak{B}, \mu)]^* = L^\infty(\Omega, \mathfrak{B}, \mu),$$

故知: 对于任意可测集 $E \subset \Omega$, $\chi_E(t)$ 是 E 的特征函数, 有 $\chi_E \in L^\infty(\Omega, \mathfrak{B}, \mu)$, 且有

$$\left\{ \int_E x_n(t)\mu(dt) \right\} = \left\{ \int_\Omega \chi_E(t) \cdot x_n(t)\mu(dt) \right\}$$

均为 Cauchy 数列, 从而是收敛的. 由此, 可以定义一个集函数 τ:

$$\tau(E) = \lim_{n\to\infty} \int_E x_n(t)\mu(dt), \quad \forall E \in \mathfrak{B}.$$

由测度论知识可以证明 τ 是一个有界复测度, 并且对于 μ 是绝对连续的. 从而由 Radon-Nikodým 定理可知, 存在一元 $x_0 \in L^1(\Omega, \mathfrak{B}, \mu)$, 使得

$$\lim_{n\to\infty} \int_E x_n(t)\mu(dt) = \tau(E) = \int_E x_0(t)\mu(dt), \quad \forall E \in \mathfrak{B}.$$

因此, 当 $h(t)$ 为 Ω 上的可测简单函数时, 由上则有

$$\lim_{n\to\infty} \int_\Omega x_n(t)h(t)\mu(dt) = \int_\Omega x_0(t)h(t)\mu(dt).$$

最后, 注意到所有可测的简单函数全体是稠于空间 $L^\infty(\Omega, \mathfrak{B}, \mu)$ 的, 因而由上式则可以导出

$$\lim_{n\to\infty} \int_\Omega x_n(t)f(t)\mu(dt) = \int_\Omega x_0(t)f(t)\mu(dt), \quad \forall f \in L^\infty(\Omega, \mathfrak{B}, \mu).$$

此即得到 $x_n \xrightarrow{w} x_0 \ (n\to\infty)$. 从而导出了 $L^1(\Omega, \mathfrak{B}, \mu)$ 的弱列备性. 验毕.

反例 6.7.7 c_0 为非弱列备的 Banach 空间.

验证 c_0 为非自反的 Banach 空间乃是泛函的基本知识. 为了说明 c_0 不是弱列备的, 只要找到其内一个弱 Cauchy 列, 其不存在弱极限元则可. 下面, 我们特取 c_0 中一列元 $\{x_n\}$ 如下:

$$x_n = (\underbrace{1, 1, \cdots, 1}_{(n\text{项})}, 0, 0, \cdots) \quad (\forall n \in \mathbb{N}).$$

根据泛函知识: $c_0^* = l^1$. 那么, 由于对任意 $f = \{f_n\} \in l^1 = c_0^*$, 有 (不妨设 $m > n$)

$$|f(x_n) - f(x_m)| = \left| \sum_{k=1}^n f_k - \sum_{k=1}^m f_k \right| = \left| \sum_{k=n+1}^m f_k \right|$$

$$\leqslant \sum_{k=n+1}^m |f_k| \to 0 \quad (n, m \to \infty),$$

从而可知 $\{x_n\}$ 为 c_0 中弱 Cauchy 列, 然而, $\{x_n\}$ 在 c_0 中是不存在弱极限的. 事实上, 反之, 如果有一元 $x_0 \in c_0$, 使得 $x_n \xrightarrow{w} x_0$ $(n \to \infty)$, 那么 $\forall m \in N$, 当取泛函

$$g^{(m)} = e_m = (0, \cdots, 0, \underset{(m\text{项})}{1}, 0, \cdots) \in c_0^*$$

时, 我们可以得到, 当 $x_0 = \{\xi_k\}$ 时, 有

$$1 = g^{(m)}(x_n) \to g^{(m)}(x_0) = \xi_m \quad (n \to \infty).$$

也即导出 $x_0 = (1, 1, \cdots)$, 此显然与 $x_0 \in c_0$ 的假设矛盾. 验毕.

下面给出关于弱列备空间的一些常见的性质.

注 6.7.8 (i) 设 X 和 Y 是赋范空间, 且 X 与 Y 等价, 则 X 是弱列备的当且仅当 Y 是弱列备的;

(ii) 设 X 是弱列备的赋范空间, $K \subset X$ 是闭凸子集, 则 K 也是弱列备的.

6.8 赋范空间中弱紧与弱自列紧性的等价性

由拓扑知识我们熟知, 在距离空间中任何一个集, 其列紧性与紧性是等价的. 而根据定理 6.6.11, 我们知道, 对于无穷维赋范空间 E 而言, 其在 "弱" 拓扑下是不满足第一可数公理的. 因此, 对该拓扑而言是不能 "距离化" 的 (即 E 中不能赋予与该拓扑等价的距离拓扑). 在这种背景下, 本节将要介绍的 Eberlein-Šmulian 定理显得尤为出色. 它表明, 在赋范线性空间中, 任何集合的弱紧性与弱列紧性是等价的. 首先, 我们根据两个引理导出, 在赋范线性空间中的任何子集 C, 满足: 弱紧 $\Rightarrow$ 弱自列紧.

引理 6.8.1 设 E 为紧的, F 为 Hausdorff 的拓扑空间. 那么, 从 E 到 F 上的任何一个 1-1 对应的连续映射 T 必为同胚映射.

证明 设 E_1 为 E 内的闭子集. 由于 E 是紧空间, 故知 E_1 亦为紧集. 因此, 由拓扑基本知识可知, 在连续映射 T 下, $T(E_1)$ 亦为 F 内的紧集. 因为 F 为 Hausdorff 空间, 故紧集 $T(E_1)$ 亦为闭集. 注意到 T 是 "满" 算子及 1-1 对应的, 故从上即知 T^{-1} 使闭集的原像仍为闭集, 从而知其亦为连续的. 也即 T 为 E 到 F 上的同胚映射.   □

引理 6.8.2 设 E 为可分的赋范线性空间, C 为 E 内的某 "弱紧" 集. 那么, 在 C 上, (诱导的) 弱拓扑是可以 "距离化" 的.

证明 由于 E 是可分的赋范空间, 故由 "泛函" 基本知识可知, E^* 是 "* 弱" 可分的 (例参看 [1] 或 [20]). 因此, 存在可列个泛函 $\{f_n^0\} \subset E^*$, 使得 $\overline{\{f_n^0\}}^{w*} = E^*$.

并且, 由定理 6.6.8 可知, $\{f_n^0\}$ 还是 "全定" E 的. 从而, 当令

$$d(x,y) = \sum_{n=1}^{\infty} \frac{1}{2^n} \frac{|f_n^0(x-y)|}{1+|f_n^0(x-y)|}, \quad \forall x,y \in C$$

时, 我们容易验证 d 确实为 C 上的一个 "距离".

接下来, 我们证明在集合 C 上, 由距离 d 诱导的拓扑与空间 E 在 C 中诱导的弱拓扑是等价的. 事实上, 记 C 在 E 的 "弱" 拓扑下所构成的拓扑空间为 (C, ω) (由假设, 这是一个紧空间), 而在 "距离 d" 下所构成的拓扑空间记为 (C, d)(显然, 这是一个 Hausdorff 空间), 我们定义恒等映射 $I : (C, \omega) \to (C, d)$, 使得 $I(x) = x$, 对于所有 $x \in C$. 显然 I 是一个 "1-1 对应" 的、到 "上"(满) 映射. 并且, 我们还可以证明 I 是连续的.

事实上, $\forall x_0 \in C, \forall \varepsilon > 0$, 我们找到一自然数 N, 使得 $\sum_{n>N} \frac{1}{2^n} < \frac{\varepsilon}{2}$. 于是, 取正数 $\delta = \dfrac{\varepsilon}{2\left(\sum_{n-1}^{N} \frac{1}{2^n}\right)}$, 以及 (C, ω) 空间的 x_0 点邻域

$$U_{\omega}(x_0, \delta) = U(x_0 : f_1^0, \cdots, f_N^0; \delta)$$
$$= \{x \mid |f_k^0(x) - f_k^0(x_0)| < \delta, 1 \leqslant k \leqslant N, x \in E\}$$

这里, $f_k^0 (1 \leqslant k \leqslant N)$ 是 E^* 中的元. 只要 $x \in U_{\omega}(x_0, \delta)$, 就有

$$d(x, x_0) = \sum_{n=1}^{\infty} \frac{1}{2^n} \cdot \frac{|f_n^0(x-x_0)|}{1+|f_n^0(x-x_0)|}$$
$$< \sum_{n=1}^{N} \frac{1}{2^n} \cdot \frac{|f_n^0(x-x_0)|}{1+|f_n^0(x-x_0)|} + \frac{\varepsilon}{2}$$
$$< \sum_{n=1}^{N} \frac{1}{2^n} \delta + \frac{\varepsilon}{2} = \varepsilon,$$

即 $x \in V_d(x_0, \varepsilon)$. 从而得出映射 I 的连续性.

最后, 直接应用引理 6.8.1, 立即导出 (C, ω) 与 (C, d) 的拓扑是等价的. □

注 6.8.3 由引理 6.8.2 的证明显然可见: 如果 E 是 "局部凸" 空间, C 是 E 中按弱拓扑 $\omega(E, E_0^*)$ 的弱紧集, 而且在 E_0^* 中存在 "可数" 子集 $\mathscr{F}$ 可以分离集 C 中的点. 则该引理的结论仍然成立.

注意到定理 6.6.11 及其推论, 我们可以导出关于 E^* 空间的子集的 "弱" 拓扑可以距离化的两个命题:

命题 6.8.4　设 E 为可分的 "局部凸" 空间, $\mathscr{A}$ 为 E^* 内 "* 弱闭" 等度连续的子集. 那么, $\mathscr{A}$ 在 (诱导的) "* 弱" 拓扑下必构成一个紧距离空间.

命题 6.8.5　设 E 为赋范线性空间, 那么下面三性质是等价的:

(i) E^* 中单位闭球 B_1^* 的 (诱导) "* 弱" 拓扑是可距离化的;

(ii) E^* 中每一个闭球的 (诱导) "* 弱" 拓扑是可距离化的;

(iii) E 是可分的.

有了引理 6.8.2, 我们可以得到下面的一个重要结果:

定理 6.8.6　设 E 为赋范线性空间, C 为 E 中的子集. 若 C 是 "弱紧" 的, 则 C 必是 "弱自列紧" 的.

证明　设 $\{x_n\}$ 为 C 的无穷点列. 在定理的假设下, 我们下面导出, 其必存在 "弱" 收敛于 C 中一元的子列. 事实上, 我们先设 $\{x_n\}$ 所成的闭线性子空间

$$E_0 = \overline{L[\{x_n\}]},$$

显然 E_0 为可分的赋范线性空间, 并且由 Ascoli-Mazur 定理可知其也是 "弱" 闭的. 因此, 集 $C \cap E_0$ 亦是 E_0 中的 "弱紧" 集. 这样, 直接由引理 6.8.2 就可推出, $C \cap E_0$ 的 (诱导) "弱" 拓扑是可距离化的. 而再注意到距离空间中, 集的紧性与列紧性是等价的, 我们又得到 $C \cap E_0$ 中的序列 $\{x_n\}$ 必存在一子列 $\{x_{n_k}\}$, 使其按上述 "距离" 收敛于 $C \cap E_0$ 中一元 x_0, 也即导出 $x_{n_k} \xrightarrow{w} x_0$. □

注 6.8.7　在拓扑学中, 我们已知, 在一般的拓扑空间中, "紧" 性未必强于 "(自) 列紧" 性. 下面的反例正好说明对 "* 弱" 拓扑而言, 定理 6.8.6 的结论是未必成立的.

反例 6.8.8　设 $E = (l^1)^* = m$, 我们考虑 E^* 中单位闭球 B_1^* (由 Hahn-Banach 定理可知 E^* 不是 "零空间"). 首先, 由定理 6.6.11, 其必为一个 "* 弱" 紧集. 但另一方面, 当令 E 上泛函列 x_n^* 为:

$$x_n^*(\{\xi_i\}) = \xi_n, \quad \forall \{\xi_i\} \in E \quad (\forall n \in \mathbb{N})$$

时, 显然 x_n^* 为 E 上的线性泛函. 再由空间 m 的范数定义知 $\|x_n^*\| \leqslant 1 (n \in \mathbb{N})$, 也即 $\{x_n^*\} \subset B_1^*$. 然而, 对其每一个子列 $\{x_{n_k}^*\}$, 均可找到一元

$$x_0 = \{\xi_i\} = \begin{cases} (-1)^k, & i = n_k, \\ 0, & \text{其他的 } i, \end{cases}$$

使得 $x_0 \in m = E$, 但是

$$\{x_{n_k}^*(x_0)\} = \{(-1)^k\}$$

不收敛, 因此我们导出 B_1^* 不是 "* 弱" (自) 列紧的.

为了导出定理 6.8.6 的逆命题, 我们需要借助一个称为 "可数紧" 的性质作为 "桥梁". 为此, 我们先给出其定义如下:

定义 6.8.9 设 E 为拓扑空间, C 为 E 中子集. 我们称 C 为 (相对) 可数紧的, 是指对于 C 中每一个无穷可数点集, 其在 E 中必有 "聚点" 存在.

注 6.8.10 我们显然可以看出, 在拓扑空间中, 紧、自列紧与可数紧三个概念之间的关系如下: 紧 $\Rightarrow$ 可数紧, 自列紧 $\Rightarrow$ 可数紧.

有了上面的定义, 我们将给出在赋范空间中的弱拓扑下, "弱可数紧" 与 "弱自列紧" 等价的一个结果.

定理 6.8.11 设 E 为赋范线性空间, C 为 E 中的子集. 那么下面的五个性质是等价的:

(i) C 为 "弱自列紧" 集;

(ii) C 为 "弱可数紧" 集;

(iii) $\forall \{x_n\} \subset C, \exists x_0 \in C$ 使得

$$\varliminf_{n \to \infty} \mathrm{Re}.f(x_n) \leqslant \mathrm{Re}.f(x_0) \leqslant \varlimsup_{n \to \infty} \mathrm{Re}.f(x_n), \quad \forall f \in E^*;$$

(iv) 对 E 中的递减、闭、凸集列 $\{K_n\}$, 若有 $K_n \cap C \neq \varnothing \,(\forall n \in \mathbb{N})$, 则必有

$$\left(\bigcap_{n=1}^{\infty} K_n\right) \cap C \neq \varnothing;$$

(v) 对 E 中的可分闭线性子空间 E_0, 以及列闭的 "半空间" S_n, 即

$$S_n = \{x | \mathrm{Re}.f_n(x) \geqslant a_n, x \in E\},$$

这里 f_n 为 E^* 中某一元, a_n 为某一实数, 若有 $\left(\bigcap_{i=1}^{n} S_i\right) \cap E_0 \cap C \neq \varnothing \,(\forall n \in \mathbb{N})$, 则必有

$$\left(\bigcap_{n=1}^{\infty} S_n\right) \cap E_0 \cap C \neq \varnothing.$$

证明 (i)$\Rightarrow$(ii) 显然.

(ii)$\Rightarrow$(iii): $\forall \{x_n\} \subset C$, 由 C 弱可数紧的假设, 可知存在元 $x_0 \in C$, 使得 $x_0 \in \overline{\{x_n\}}^w$. 故由 "弱" 拓扑的定义, 有

$$f(x_0) \in \overline{\{f(x_n)\}}, \quad \forall f \in E^*.$$

因而可得 (iii) 的结论.

(iii)$\Rightarrow$(iv): 反之, 若在 (iii) 的假设下, (iv) 的结论不真, 那么, 必存在一列递减的闭凸集 $\{K_n\}$, 使得 $K_n \cap C \neq \varnothing \,(\forall n \in \mathbb{N})$, 但 $\left(\bigcap_{n=1}^{\infty} K_n\right) \cap C = \varnothing$. 故当在每个

集 $K_n \cap C$ 中取一元 x_n 时, 由 (iii) 的假设, 对此 $\{x_n\}$, 必存在一元 $x_0 \in C$, 使得

$$\varliminf_{n \to \infty} \mathrm{Re}.f(x_n) \leqslant \mathrm{Re}.f(x_0) \leqslant \varlimsup_{n \to \infty} \mathrm{Re}.f(x_n), \quad \forall f \in E^*,$$

以及

$$x_0 \notin \bigcap_{n=1}^{\infty} K_n.$$

由此后式得知, 对上述某一闭凸集 K_{n_0}, 必有 $x_0 \notin K_{n_0}$. 因而, 由分隔性定理推得, 存在泛函 $f_0 \in E^*$, 使得

$$\mathrm{Re}.f_0(x_0) > \sup_{y \in K_{n_0}} \mathrm{Re}.f_0(y).$$

进一步, 注意到 $\{K_n\}$ 的递减性假设, 以及序列 $\{x_n\}$ 的取法, 我们可以导出

$$\mathrm{Re}.f_0(x_0) > \sup_{n \geqslant n_0} \sup_{y \in K_n} \mathrm{Re}.f_0(y) \geqslant \varlimsup_{n \to \infty} \mathrm{Re}.f_0(x_n).$$

而此显然与前面的不等式矛盾.

(iv)$\Rightarrow$(v): 我们只要令

$$K_n = \left(\bigcap_{i=1}^{n} S_i \right) \cap E_0,$$

就直接导出 (v) 的结论 (闭子空间 E_0 的 "可分性" 的假设不必用).

(v)$\Rightarrow$(i): 首先, 注意到 E 中的集 C 与其 "复对称" 集 $\{e^{i\theta} C | 0 \leqslant \theta \leqslant 2\pi\}$ 的 "弱自列紧" 性是相同的 (事实上, 其与 "均衡包"aco.C 的弱自列紧性亦是等价的). 因此, 我们不妨设这里的集 C 是 "复对称" 的.

对于任意的 $\{x_n\} \subset C$, 令

$$E_0 = \overline{L[\{x_n\}]}.$$

则 E_0 显然是 E 中可分的闭线性赋范空间. 故由泛函知识可知, 存在一个可数子集 $\{\varphi_n\} \subset E_0^*$, 使得 $\overline{\{\varphi_n\}}^{\omega^*} = E_0^*$, 并且 $\{\varphi_n\}$ 还是 "全定"E_0 的.

然后, 我们指出 C 是 E 上的 "弱有界" 集. 事实上, 反之, 若存在泛函 $f_0 \in E^*$, 使得

$$\sup_{x \in C} |f_0(x)| = +\infty,$$

那么, 由 C 的复对称性, 我们就有

$$\sup_{x \in C} \mathrm{Re}.f_0(x) = +\infty.$$

因而, 当令列闭 "半空间"

$$S_n = \{x | \mathrm{Re.} f_0(x) \geqslant n, x \in E\} \quad (\forall n \in \mathbb{N})$$

时, 则 $\{S_n\}$ 满足 (v) 的条件, 但 $\bigcap\limits_{n=1}^{\infty} S_n = \varnothing$, 矛盾.

由 Hahn-Banach 定理, 对于前面的泛函列 $\{\varphi_n\} \subset E_0^*$, 特别地, $\{\varphi_n(x_k)\}$ 均是有界数集. 因此, 由熟知的 "Cantor 对角线选择法", 我们可以得到子列 $\{x_{k_i}\} \subset \{x_k\}$, 使得对每个 $n \in \mathbb{N}$, 极限 $\lim\limits_{i \to \infty} \varphi_n(x_{k_i})$ 均存在. 特别地, 我们可设

$$\lim_{i \to \infty} \mathrm{Re.} \varphi_n(x_{k_i}) = \alpha_n, \quad \lim_{i \to \infty} \mathrm{Im.} \varphi_n(x_{k_i}) = \beta_n \quad (\forall n \in \mathbb{N}).$$

下面, 我们证明, 必存在一元 $x_0 \in C$, 使得: $\mathrm{Re.} \varphi_n(x_0) = \alpha_n, \mathrm{Im.} \varphi_n(x_0) = \beta_n$. 为此, 我们来考察四个列闭 "半空间":

$$S_{R,n,i}^{\pm} = \left\{ x \middle| \pm (\mathrm{Re.} \varphi_n(x) - \alpha_n) \leqslant \frac{1}{i}, x \in E \right\},$$

$$S_{I,n,i}^{\pm} = \left\{ x \middle| \pm (\mathrm{Im.} \varphi_n(x) - \beta_n) \leqslant \frac{1}{i}, x \in E \right\} \quad (\forall n, i \in \mathbb{N}).$$

并且, 我们不妨以 $R, I, +, -$ 交错; n, i 以 "字典排列" 将它们合记为 $\{S_m\}$. 那么, 由 $\{x_{k_i}\}$ 的取法, 由于 $\{x_{k_i}\} \subset E_0 \cap C$, 以及前面两个极限关系式, 我们显然可知: $\forall n \in \mathbb{N}$, 均有

$$\left(\bigcap_{m=1}^{n} S_m \right) \cap E_0 \cap C \neq \varnothing.$$

从而, 由于假设 (v) 成立, 故知必存在一元

$$x_0 \in \left(\bigcap_{m=1}^{\infty} S_m \right) \cap E_0 \cap C.$$

也即有

$$\mathrm{Re.} \varphi_n(x_0) = \alpha_n, \quad \mathrm{Im.} \varphi_n(x_0) = \beta_n \quad (\forall n \in \mathbb{N}).$$

最后, 我们证明上面找到的元 x_0 即为 $\{x_n\}$ 的子列 $\{x_{k_i}\}$ 的 "弱极限". 为此, 我们只需证明下面两个关系式:

$$\overline{\lim_{i \to \infty}} \mathrm{Re.} f(x_{k_i} - x_0) \leqslant 0 \leqslant \underline{\lim_{i \to \infty}} \mathrm{Re.} f(x_{k_i} - x_0)$$

及
$$\varlimsup_{i\to\infty}\mathrm{Im}.f(x_{k_i}-x_0)\leqslant 0\leqslant \varliminf_{i\to\infty}\mathrm{Im}.f(x_{k_i}-x_0)\quad(\forall f\in E^*).$$

我们先证明 $\varlimsup\limits_{i\to\infty}\mathrm{Re}.f(x_{k_i}-x_0)\leqslant 0\,(\forall f\in E^*)$. 同样地, 我们用反证法. 反之, 如果存在泛函 $f_0\in E^*$, 正数 ε_0, 以及 $\{x_{k_i}\}$ 的子列 (我们不妨仍记为其自身)$\{x_{k_i}\}$, 使得
$$\mathrm{Re}.f(x_{k_i}-x_0)\geqslant\varepsilon_0,$$

也即有
$$\mathrm{Re}.f_0(x_{k_i})\geqslant\mathrm{Re}.f_0(x_0)+\varepsilon_0\quad(\forall i\in\mathbb{N}),$$

那么, 当令闭 "半空间"
$$S=\{x|\mathrm{Re}.f_0(x)\geqslant\mathrm{Re}.f_0(x_0)+\varepsilon_0,x\in E\}$$

时, 由上式知 $\{x_{k_i}\}\subset S$, 故联系到前面 $\{S_m\}$ 性质可知, 对任意 $n\in\mathbb{N}$,
$$\left(\bigcap_{m=1}^{\infty}S_m\right)\cap S\cap E_0\cap C$$

均含 $\{x_{k_i}\}$ 中的元. 因此, 同样由 (v) 的结论我们可以得到一元
$$y_0\in\left(\bigcap_{m=1}^{\infty}S_m\right)\cap S\cap E_0\cap C.$$

与前段一样, 由此则可得到 (注意到该段结果)
$$\mathrm{Re}.\varphi_n(y_0)=\alpha_n=\mathrm{Re}.\varphi_n(x_0),$$
$$\mathrm{Im}.\varphi_n(y_0)=\beta_n=\mathrm{Im}.\varphi_n(x_0)\quad(\forall n\in\mathbb{N}).$$

由于 $\{\varphi_n\}$ 是全定 E_0 的, 我们立即导出 $y_0=x_0$. 然而, 根据构造的方法, 显然, 可知 $y_0=x_0\notin S$. 矛盾! 此即证出了前面所需的第一个不等式. 类似地, 我们容易验证余下的另外三个不等式. 因此, 我们得到
$$\lim_{i\to\infty}f(x_{k_i})=f(x_0),\quad\forall f\in E^*.$$

从而证明了集 C 的 "弱列紧" 性. □

注 6.8.12 在定理 6.8.11 中, 当 E 换为一般的 "局部凸" 线性拓扑空间时, 由上面的证明不难看出, 对于定理中的五个性质必亦有关系式:
$$\mathrm{(i)}\Rightarrow\mathrm{(ii)}\Rightarrow\mathrm{(iii)}\Rightarrow\mathrm{(iv)}\Rightarrow\mathrm{(v)}.$$

为了得到本节的主要结果, 我们首先给出两个引理, 这些引理将用于证明赋范线性空间中任意子集的 "弱可数紧 ⇒ 弱紧" 性质. 具体内容如下:

引理 6.8.13 设 E 为赋范空间, E_0^* 为 E^* 的一个 "有限维" 线性子空间. 那么, $\forall \varepsilon > 0$, 在 E 的单位球面 S_1 上必存在有限个元: $x_1, x_2, \cdots, x_n$, 使得

$$\max_{1 \leqslant k \leqslant n} |\varphi(x_k)| \geqslant (1 - \varepsilon)\|\varphi\|, \quad \forall \varphi \in E_0^*.$$

证明 由于 E_0^* 是有限维的赋范线性空间, 故其单位球面 S_0^* 必是 (按 "范" 拓扑的) 紧集. 故对上述 $\varepsilon > 0$, 存在有限元 $\{\varphi_1, \cdots, \varphi_n\} \subset S_0^*$ 组成的 $\frac{\varepsilon}{2}$-网.

此外, $\forall k \ (1 \leqslant k \leqslant n)$, 由于 $\|\varphi_k\| = 1$, 故由范数定义可知, 对上面正数 $\frac{\varepsilon}{2}$, 必可找到元 $x_k \in S_1$, 使得

$$|\varphi_k(x_k)| > 1 - \frac{\varepsilon}{2}.$$

于是, $\forall 0 \neq \varphi \in E_0^*$, 由第一段结果可知, 必有泛函 $\varphi_{k_0} (1 \leqslant k_0 \leqslant n)$, 使得

$$\left\| \frac{\varphi}{\|\varphi\|} - \varphi_{k_0} \right\| < \frac{\varepsilon}{2}.$$

因此, 由上面两个不等式立即导出

$$\max_{1 \leqslant k \leqslant n} |\varphi(x_k)| \geqslant |\varphi(x_{k_0})|$$

$$\geqslant \|\varphi\| \left(|\varphi_{k_0}(x_{k_0})| - \left| \frac{|\varphi(x_{k_0})|}{\|\varphi\|} - \varphi_{k_0}(x_{k_0}) \right| \right)$$

$$\geqslant \|\varphi\| \left(1 - \frac{\varepsilon}{2} - \left\| \frac{\varphi}{\|\varphi\|} - \varphi_{k_0} \right\| \right) > (1 - \varepsilon)\|\varphi\|. \qquad \square$$

下面, 我们再来介绍一个著名的引理.

引理 6.8.14 (Whitley 结构) 设 E 为赋范线性空间, C 为 E 中相对 "弱" 可数紧集. 那么, $\forall \Phi \in \overline{J(C)}^{\omega^*}$, $\exists \{y_n\} \subset C$, 使得 $\{y_n\}$ "弱" 收敛于某元 $x_0 \in E$, 并且有 $J_{x_0} = \Phi$ [由此可知, $\overline{J(C)}^{\omega^*} \subset J(\overline{C}^\omega) \subset J(E)$].

证明 下面, 我们分四步证明.

(i) 我们将通过集 C 中将所需的点列 $\{y_n\}$ 找出来. 首先, 由假设 $\Phi \in \overline{J(C)}^{\omega^*}$, 任选泛函 $f_1 \in S_1^* (E^*$ 中的单位球面), 我们必可找到一元 $y_1 \in C$, 使得

$$|(J_{y_1} - \Phi)(f_1)| < 1;$$

接下来, 在 E^{**} 中作有限维线性空间 $E_{01}^{**} = L(\Phi, J_{y_1})$, 由引理 6.8.13, 我们可知, 存在 S_1^* 上有限个元: $f_2, f_3, \cdots, f_{n(2)}$, 使得

$$\max_{2 \leqslant k \leqslant n(2)} |\psi(f_k)| \geqslant \frac{1}{2}\|\psi\|, \quad \forall \psi \in E_{01}^{**}.$$

再次, 由假设 $\Phi \in \overline{J(C)}^{\omega^*}$ (注意 "∗ 弱" 拓扑的定义), 对上面的泛函 $f_k(1 \leqslant k \leqslant n(2))$, 我们可找到一元 $y_2 \in C$, 使得

$$\max_{1 \leqslant k \leqslant n(2)} |(J_{y_2} - \psi)(f_k)| < \frac{1}{2}.$$

类似地, 令 $E_{02}^{**} = L(\Phi, J_{y_1}, J_{y_2})$, 同样由引理 6.8.13, 我们可在 S_1^* 上找到有限元: $f_{n(2)+1}, \cdots, f_{n(3)}$, 使得

$$\max_{n(2) \leqslant k \leqslant n(3)} |\psi(f_k)| \geqslant \frac{1}{2}\|\psi\|, \quad \forall \psi \in E_{02}^{**}.$$

然后, 再由假设 $\Phi \in \overline{J(C)}^{\omega^*}$, 我们可找到一元 $y_3 \in C$, 使得

$$\max_{1 \leqslant k \leqslant n(3)} |(J_{y_3} - \psi)(f_k)| < \frac{1}{3}.$$

如此继续做下去, 我们就可得到 C 中一个点列 $\{y_n\}$.

(ii) 我们将指出: $\forall \psi \in \overline{L[\{\Phi, J_{y_k}\}]}$, 必有 $\sup\limits_{k \geqslant 1}\|\psi(f_k)\| \geqslant \frac{1}{2}\|\psi\|$.

事实上, 由 C 的假设, 我们知上面找出的点列 $\{y_k\}$ 至少有一个 "弱聚点"(弱拓扑下的聚点)$x_0 \in E$. 根据 Ascoli-Mazur 定理, 由于 $\overline{L[\{y_k\}]}$ 亦是弱闭集, 因此 $x_0 \in \overline{L[\{y_k\}]}$. 从而不难得到 E^{**} 空间中相应的关系式:

$$J_{x_0} - \Phi \in \overline{L[\{\Phi, J_{y_k}\}]}.$$

由 (i) 的作法, 我们还知道, 对 $L[\{\Phi, J_{y_k}\}]$ 中的每一个元 ψ, 均有

$$\sup_{k \geqslant 1}|\psi(f_k)| \geqslant \frac{1}{2}\|\psi\|.$$

由此, $\forall \psi_1 \in \overline{L[\{\Phi, J_{y_k}\}]}$, $\forall \varepsilon > 0$, 存在 $\psi_0 \in L[\{\Phi, J_{y_k}\}]$, 使得 $\|\psi_1 - \psi_0\| < \frac{\varepsilon}{3}$. 因而由上不等式, 我们可选出一泛函 f_{k_0}, 使得

$$|\psi_0(f_{k_0})| > \sup_{k \geqslant 1}|\psi_0(f)| - \frac{\varepsilon}{3} \geqslant \frac{1}{2}\|\psi_0\| - \frac{\varepsilon}{3}.$$

这样, 联系到前面的结果我们也可得到

$$\sup_{k \geqslant 1} |\psi_1(f_k)| \geqslant |\psi_1(f_{k_0})| \geqslant \psi_0(f_{k_0}) - \frac{\varepsilon}{3}$$

$$\geqslant \frac{1}{2}\|\psi_0\| - \frac{1}{3}\varepsilon \geqslant \frac{1}{2}\left(\|\psi_1\| - \frac{1}{3}\varepsilon\right) - \frac{2}{3}\varepsilon$$

$$> \frac{1}{2}\|\psi_1\| - \varepsilon.$$

注意到正数 ε 的任意性, 由上也即导出

$$\sup_{k \geqslant 1} |\psi(f_k)| \geqslant \frac{1}{2}\|\psi\|, \quad \forall \psi \in \overline{L[\{\Phi, J_{y_k}\}]}.$$

特别地, 由前面关系可知, 对 $J_{x_0} - \Phi$ 上式亦成立. 即有

$$\sup_{k \geqslant 1} |(J_{x_0} - \Phi)(f_k)| \geqslant \frac{1}{2}\|J_{x_0} - \Phi\|.$$

(iii) 下面我们证明: $(J_{x_0} - \Phi)(f_i) = 0 \, (\forall i \in \mathbb{N})$.

事实上, $\forall i \in \mathbb{N}$, 由 (i) 中 $n(k)$ 的取法知 $n(k) \to \infty \, (k \to \infty)$. 因此, $\forall \varepsilon > 0$, $\exists k$, 使得 $n(k) \geqslant i$, 以及 $\dfrac{2}{k} < \varepsilon$. 由此, 由 (i) 取法可知, 当 $n \geqslant n(k) \geqslant i$ 时, 就有

$$|(J_{y_n} - \Phi)(f_i)| < \frac{1}{k},$$

因而有

$$|(J_{x_0} - \Phi)(f_i)| \leqslant |(J_{y_n} - \Phi)(f_i)| + |(J_{x_0} - J_{y_n})(f_i)|$$

$$\leqslant \frac{1}{k} + |f_i(y_n - x_0)|.$$

再注意 x_0 为 $\{y_n\}$ 的 "弱聚点" 的假设, 因此对于 x_0 的 "弱邻域" $U\left(x_0, f_i, \dfrac{1}{k}\right)$, 必存在一自然数 $n_0 > n(k)$, 使得 $y_{n_0} \in U\left(x_0, f_i, \dfrac{1}{k}\right)$, 也即有

$$|f_i(y_{n_0} - x_0)| = |f_i(y_{n_0}) - f_i(x_0)| < \frac{1}{k}.$$

从而上面不等式变为

$$|(J_{x_0} - \Phi)(f_i)| \leqslant \frac{1}{k} + \frac{1}{k} = \frac{2}{k} < \varepsilon.$$

最后, 由 ε 的任意性, 可以导出

$$(J_{x_0} - \Phi)(f_i) = 0, \quad \forall i \in \mathbb{N}.$$

(iv) 最后, 当我们注意到 (ii) 的最后一式, 我们立即导出 $\|J_{x_0} - \Phi\| = 0$, 也即有 $J_{x_0} = \Phi$. 又因为 x_0 为 $\{y_n\}$ 的 "弱聚点", 并且 J 为 E 到 $J(E)$ 上的 1-1 映射, 由上则知 $\{y_n\}$ 仅有唯一的聚点 x_0, 此即导出: $y_n \xrightarrow{w} x_0$. □

注 6.8.15 引理 6.8.14 指出: 当 C 为 E 中相对 "弱" 可数紧集时, C 必在 $\overline{C}^{\omega}$ 中 "弱" 序列稠. 事实上, $\forall x_1 \in \overline{C}^{\omega}$, 易知 $J_{x_1} \in \overline{J(C)}^{\omega^*}$, 故由引理 6.8.14 知, 存在 $\{y_n\} \subset C$, 使得 $y_n \xrightarrow{w} x_0 \in E$, $J_{x_0} = J_{x_1}$, 由此导出 $x_1 = x_0$.

注 6.8.16 特别地, 当 C 为 "弱" 可数紧集时, 从注 6.8.15 的证明过程中我们有 $y_n \xrightarrow{w} x_0 \in C$, 从而知 $x_1 = x_0 \in C$. 也即导出, 此时 C 必亦为 "弱" 闭集.

有了引理 6.8.14, 我们则可得到下面另一重要结论:

定理 6.8.17 设 E 为赋范空间, C 为 E 中的子集. 若 C 是 "弱" 可数紧的, 则 C 必是 "弱" 紧的.

证明 首先, 由 C 是 "弱" 可数紧的假设, 我们可以知道: $\forall f \in E^*$,

$$\{f(x) | x \in C\}$$

均为数域中的紧集, 因此也是有界集. 也即有

$$\sup_{x \in C} |f(x)| < +\infty, \quad \forall f \in E^*.$$

所以, 由 "共鸣定理" 可知 C 为 E 内的 (按范) 有界集, 于是 $J(C)$ 是 E^{**} 内的 (按范) 有界集. 再由引理 6.8.14 及注 6.8.16, 由于 C 此时必为 "弱" 闭集, 故注意到相应 $J(C)$ 必为 "* 弱" 闭, 我们又可得到

$$\overline{J(C)}^{\omega^*} = J(C),$$

因而 $\overline{J(C)}^{\omega^*}$ 必亦为 "* 弱" 闭的按范有界集.

其次, 注意到 6.6 节中 Alaoglu-Bourbaki 定理及其推论, 我们还知 $\overline{J(C)}^{\omega^*}$ 必为 "* 弱" 紧集. 而从定理 6.5.6 可知, 典则映射 J 必为 E (在 "弱" 拓扑下) 到 $J(E)$ (在 "* 弱" 拓扑下) 上的线性同胚映射. 故由上段的等式可知, 由 $\overline{J(C)}^{\omega^*}$ 在 "* 弱" 拓扑下的紧性, 就可得到集 C 在 "弱" 拓扑下的紧性, 也即 C 为一个 "弱紧" 集. □

综合上面定理 6.8.6、定理 6.8.11 和定理 6.8.17, 我们就可立即得到下面有关 "弱" 拓扑下三种紧性等价的一个最重要的命题:

定理 6.8.18 (Eberlein-Šmulian) 在赋范线性空间中, 其任何一个子集的 "弱紧性""弱自列紧性""弱可数紧性" 均是等价的.

练习题 6

6.1 验证有关凸性的注 6.1.1.

6.2 验证有关凸性的注 6.1.2.

6.3 试证: 在具有 T_0 公理的线性拓扑空间中, 若 A, B 的凸包的闭包 $\overline{\langle A \rangle}$, $\overline{\langle B \rangle}$ 均为紧集, 则 $\overline{\langle A \cup B \rangle}$ 及 $\overline{\langle \alpha A + \beta B \rangle}$ 亦为紧集.

6.4 在 $\mathbb{R}^2$ 中举一反例说明: 闭集的凸包未必仍为闭集 (甚至还有: 闭集的凸包可以为 $\mathbb{R}^2$ 内的一开 (真) 子集).

6.5 详细验证命题 6.1.6.

6.6 证明推论 6.1.7.

6.7 证明推论 6.2.16.

6.8 证明推论 6.2.17.

6.9 设 E 为线性空间, $E^\#$ 为 E 上线性泛函之全体, $\Psi = \{\psi_\lambda | \lambda \in \Lambda\}$ 为 $E^\#$ 的一个子集, 其是 "全定" E 的 (由定义 6.3.8 可知 Ψ 可 "分离" E 的任意两个不同点, 也即: $\forall x_1 \neq x_2, \exists \psi_0 \in \Psi$, 使得 $\psi_0(x_1) \neq \psi_0(x_2)$). 试证:

(i) 在 Ψ 所产生的拓扑 $\omega(E, \Psi) = \bigvee_{\lambda \in \Lambda} \omega(E, \psi_\lambda)$ 下, E 构成一个满足 T_0 公理的局部凸空间.

(ii) $\forall \psi_\lambda \in \Psi$, 其必为空间 E 在上述拓扑 $\omega(E, \Psi)$ 下的连续线性泛函.

(iii) $\omega(E, \Psi)$ 是使得 Ψ 内所有泛函均连续的、空间 E 上之最弱拓扑.

6.10 当空间满足 T_0 公理时, 试用紧集内闭集族的有关 "有限交非空" 性质重新证明定理 6.5.10 (第二分隔定理).

6.11 验证注 6.6.4.

6.12 证明注 6.8.15 和注 6.8.16.

6.13 证明命题 6.8.4 和命题 6.8.5.

附录　拓扑空间的一些基本知识

定义 1　设 $S \neq \varnothing$, 则 2^s 代表 S 的所有子集的集族.

定义 2　设 $\mathscr{T} \subset 2^s$, 若其满足

(i) $\varnothing, S \in \mathscr{T}$;

(ii) $\forall \alpha \in A, G_\alpha \in \mathscr{T}$, 则 $\bigcup_{\alpha \in A} G_\alpha \in \mathscr{T}$;

(iii) 若 $G_k \in \mathscr{T}(k = 1, 2, \cdots, n)$, 则 $\bigcup_{k=1}^{n} G_k \in \mathscr{T}$,

则称 $\mathscr{T}$ 为 S 上的一个拓扑; $\mathscr{T}$ 的元素称为开集; $\langle S, \mathscr{T} \rangle$ 表示具有拓扑 $\mathscr{T}$ 的集合 S, 称为拓扑空间.

注 1　集 S 上可以有不同的拓扑, 此可由下例看出:

例 1　设 $S = \{a, b, c\}$, 则 $\mathscr{T}_1 = \{\varnothing, S\}$, $\mathscr{T}_2 = \{\varnothing, S, \{a\}, \{b\}, \{c\}, \{a, b\}, \{a, c\}, \{b, c\}\}$, $\mathscr{T}_3 = \{\varnothing, \{a\}, S\}$, $\mathscr{T}_4 = \{\varnothing, S, \{a\}, \{a, b\}\}$, $\mathscr{T}_5 = \{\varnothing, S, \{a\}, \{a, b\}, \{a, c\}\}$ 等均为 S 上的拓扑 (注: S 上可以定义 29 个拓扑).

注 2　$\mathscr{T}_1, \mathscr{T}_2$ 分别称为 S 上的平凡拓扑及离散拓扑, 它们分别为 S 上的 "最小" 及 "最大"(即包含元素最少与最多的) 拓扑.

定义 3　在 $\langle S, \mathscr{T} \rangle$ 中, 我们称集 F 为闭集, 是指其 "余集"$F^c \equiv S \oplus F \in \mathscr{T}$. S 中所有闭集的全体记为 $\mathscr{F}$. 并且, 我们令集 A 的闭包为

$$\overline{A} \equiv \bigcap \{F | A \subset F, F \in \mathscr{F}\}.$$

性质 1　在 $\langle S, \mathscr{F} \rangle$ 中, 其闭集族 $\mathscr{F}$ 具有性质:

(i) $\varnothing, S \in \mathscr{F}$;

(ii) $\forall \alpha \in A, F_\alpha \in \mathscr{F}$, 则 $\bigcap_{\alpha \in A} F_\alpha \in \mathscr{F}$;

(iii) 若 $F_k \in \mathscr{F}(k = 1, 2, \cdots, n)$, 则 $\bigcup_{k=1}^{n} \in \mathscr{F}$.

性质 2 (Kuratowski)　在 $\langle S, \mathscr{T} \rangle$ 中, 对于任意两个集合 A, B, 其 "闭包运算" 具有性质:

(i) $\overline{\varnothing} = \varnothing$;

(ii) $A \subset \overline{A}$;

(iii) $\overline{(\overline{A})} = \overline{A}$;

(iv) $\overline{A \cup B} = \overline{A} \cup \overline{B}$.

注 3　性质 1 与性质 2 为我们提供了在非空集 S 上定义拓扑的另外两个方法, 即把 S 中满足性质 1 的三条集族 $\mathscr{F}$ 称为闭集族, 并由此可唯一确定 S 上的拓扑 $\mathscr{T} = \{G | G^c \in \mathscr{F}\}$. 类似地, 当把满足性质 2 中的四条性质的运算称为闭包运算, 并将 $\overline{A} = A$ 的集定义为闭集时, 同上亦可唯一确定出 S 的一个拓扑来.

定义 4　在 $\langle S, \mathscr{T} \rangle$ 中, 我们称 $\mathfrak{B} \subset 2^s$ 为拓扑 $\mathscr{T}$ 的一个基, 是指: $\mathfrak{B}$ 中任意多个集的 "并集" 之全体与空集 $\varnothing$ 构成了 S 中的拓扑 $\mathscr{T}$.

注 4　显然 $\mathfrak{B} \in \mathscr{T}$, 也即拓扑 $\mathscr{T}$ 的基中的元必为 $\langle S, \mathscr{T} \rangle$ 中的开集.

这里, 我们自然会提出这样的问题: 对于 S 的每一个子集族是否均可定义一个拓扑以此子集族为 "基" 呢? 由下面的定理我们可见, 即使此子集族的并等于 S, 回答也是否定的.

定理 1　设 $S \neq \varnothing$, $\mathfrak{B} \subset 2^s$. 那么 $\mathfrak{B}$ 是 S 上某一拓扑 $\mathscr{T}$ 的基的充要条件是:

(i) $S = \bigcup\{B | B \in \mathfrak{B}\}$;

(ii) $\forall B_1, B_2 \in \mathfrak{B}, \forall x \in B_1 \cap B_2, \exists B_3 \in \mathfrak{B},$ 使得 $x \in B_3 \in B_1 \cap B_2.$

与上类似, 我们亦有判定 S 上拓扑 $\mathscr{T}$ 的某一子集 $\mathfrak{B}$ 是否为基的命题:

定理 2　在 $\langle S, \mathscr{T} \rangle$ 中, 设 $\mathfrak{B} \in \mathscr{F}$. 那么 $\mathfrak{B}$ 为拓扑 $\mathscr{T}$ 的基的充要条件是: $\forall x \in S, \forall G \in \mathscr{T}, x \in G, \exists B \in \mathfrak{B},$ 使得 $x \in B \subset G.$

例 2　设 $\langle \mathbb{R}, \xi \rangle$ 为欧氏拓扑空间, 则 "开区间" 的全体 $\mathfrak{B} = \{(\alpha, \beta) | \alpha, \beta \in \mathbb{R}, \alpha < \beta\}$ 构成其拓扑基.

例 3　设 $\langle \mathbb{R}, \mathscr{T} \rangle$ 为实轴上以 "左闭右开" 区间全体 $\mathfrak{B}_* = \{[\alpha, \beta) | \alpha, \beta \in \mathbb{R}\}$ 为拓扑基而成的拓扑空间 (注意定理 1. 此 $\mathfrak{B}_*$ 是满足那里条件 (i)(ii) 的, 由此构成的拓扑称为 "下限拓扑").

定义 5　对于 S 的两个子集族 $\mathfrak{B}_1, \mathfrak{B}_2$, 我们称它们为等价基, 是指它们均是 S 上某一拓扑 $\mathscr{T}$ 的基.

关于等价基的判别我们可直接由下面定理导出:

定理 3　在 $\langle S, \mathscr{T} \rangle$ 中, 若 $\mathfrak{B}_1$ 为 $\mathscr{T}$ 的一个基, 那么, 对 S 的另一子集族 $\mathfrak{B}_2$, 若有

(i) $\forall x \in B_1 \in \mathfrak{B}_1, \exists B_2 \in \mathfrak{B}_2,$ 使得 $x \in B_2 \subset B_1$;

(ii) $\forall x \in B_2 \in \mathfrak{B}_2, \exists B_1 \in \mathfrak{B}_1,$ 使得 $x \in B_1 \subset B_2$,

则 $\mathfrak{B}_2$ 和 $\mathfrak{B}_1$ 是等价基.

例 4　在 $\mathbb{R}^2$ 中, 所有 "开圆" 的全体 $\mathfrak{B}_1$ 与所有 "开矩形" 的全体 $\mathfrak{B}_2$ 均是空间中欧氏拓扑的基, 故为等价基.

定义 6　在 $\langle S, \mathscr{T} \rangle$ 中, $\mathfrak{B}$ 为 $\mathscr{T}$ 的一个基. 我们称 $\mathscr{S} \subset 2^s$ 为拓扑 $\mathscr{T}$ 的一个子基, 是指 $\mathscr{S}$ 中任意有限个集的 "交集" 之全体构成了拓扑基 $\mathfrak{B}$.

$\mathscr{T}$ 的子基 $\mathscr{S}$ 必为其基 $\mathfrak{B}$ 的一个子集族. 与定理 1 不同的是, 对于每一个 "并" 等于 S 的子集族 $\mathscr{S}$ 而言, 其必可定义一拓扑, 使其子基为 $\mathscr{S}$. 此可由下面

命题看出:

定理 4　设 $\mathscr{S} \subset 2^s$, 且 $\bigcup\{G | G \in \mathscr{S}\} = S$. 则 $\mathscr{S}$ 必为 S 上 (某唯一的) 一个拓扑 $\mathscr{S}$ 的子基.

例 5　在 $\mathbb{R}$ 中, 子集族 $\mathscr{S} \equiv \{(-\infty, b), (a, +\infty) | a, b \in \mathbb{R}\}$ 为实欧氏拓扑的一个子基.

定义 7　在 $\langle S, \mathscr{T} \rangle$ 中, $\forall x \in S$, 我们称含 x 的集 U_x 为 x 的一个 (开) 邻域, 是指: $\exists G_x \in \mathscr{T}$, 使得 $x \in G_x \subset U_x (x \in G_x = U_x)$. 当令 x 点的所有邻域为 $\mathscr{T}_x$ 时, 我们类似称 $\mathfrak{B}_x$ 为 x 的邻域基 (局部基), 是指: $\mathfrak{B}_x \subset \mathscr{T}_x$, 以及 $\forall G_x \in \mathscr{T}_x$, $\exists B_x \in \mathfrak{B}_x$, 使得 $B_x \subset G_x$; 称 $\mathscr{S}_x$ 为 x 的邻域子基 (局部基), 是指: $\mathscr{S}_x \subset \mathfrak{B}_x$, 以及 $\forall B_x \in \mathfrak{B}_x, \exists S_x^{(1)}, \cdots, S_x^{(n)} \in \mathscr{S}_x$, 使得 $B_x = \bigcap\limits_{k=1}^{n} S_x^{(k)}$.

定义 8　(i) 在 $\langle S, \mathscr{T} \rangle$ 中, 称 S 中点 x_0 为集 A 的聚点, 是指: $\forall x_0 \in G \in \mathscr{T}$, $(G \backslash \{x_0\}) \cap A \neq \varnothing$. A 的聚点的集合称为 A 的导集, 记为 A'.

(ii) 称 S 中点列 $\{x_n\}$ 收敛于 $x_0 \in S$, 是指: $\forall x_0 \in G \in \mathscr{T}$, $\exists N \in \mathbb{N}$, 使得 $n \geqslant N$ 时, 就有 $x_n \in G$. 此时, 称 x_0 为 $\{x_n\}$ 的极限 (点).

注 5　在拓扑空间中, 序列的极限点未必是聚点, 而聚点也未必是极限点. 另外, 序列的极限点也可以不唯一. 此可由下面两例看出:

例 6　设 $S = \{a, b, c\}$, $\mathscr{T} = \{\varnothing, \{a, b\}, \{c\}, S\}$, 并取 S 中点列为: $x_1 = a$, $x_2 = b$, $x_n \equiv c$ (当 $n \geqslant 3$). 那么, c 为 $\{x_n\}$ 的 "极限" 点但不是其 "聚点"; 而 a, b 为 $\{x_n\}$ 的 "聚点", 但不是其 "极限点".

例 7　设在 $\mathbb{R}$ 上定义拓扑为 $\mathscr{T} \equiv \{G | G^c$ 是有限点集$\} \cup \{\varnothing\}$(称为 "余有限拓扑"). 在此拓扑空间 $\langle \mathbb{R}, \mathscr{T} \rangle$ 中, 取点列为: $x_n = n$, $\forall n \in \mathbb{N}$. 那么, $\forall x_0 \in \mathbb{R}$, $\forall x_0 \in G$, 由于 G^c 为有限点集, 故必存在 $N \in \mathbb{N}$, 使得 $\forall n \geqslant N$, 有 $x_n \in G$. 因此可知, x_0 为 $\{n\}$ 的极限点. 也即 $\{n\}$ 以实轴上任何一点为极限.

定义 9　我们称 $\langle S, \mathscr{T} \rangle$ 到 $\langle S_1, \mathscr{T}_1 \rangle$ 内的映像 (函数)A 在点 $x_0 \in S$ 是连续的, 是指: $\forall A(x_0) \in V_1 \in \mathscr{T}_1$, $\exists U \in \mathscr{T}$, 使得 $x_0 \in U$ 且 $A(U) \subset V_1$; 称 A 为连续的, 是指 A 在 S 的每一点均连续.

下面我们给出有关一个映射连续的十分有用的判别定理:

定理 5　$\langle S, \mathscr{T} \rangle$ 到 $\langle S_1, \mathscr{T}_1 \rangle$ 内的映射 A 是 "连续的" 充要条件是其满足以下其中一条性质:

(i) $\langle S_1, \mathscr{T}_1 \rangle$ 中每一个开集 G_1 的 "原像"$A^{-1}(G_1)$ 亦为 $\langle S, \mathscr{T} \rangle$ 中的开集 (即: $\forall G_1 \in \mathscr{T}_1 \Rightarrow A^{-1}(G_1) \in \mathscr{T}$);

(ii) $\langle S_1, \mathscr{T}_1 \rangle$ 中每一个闭集 F_1 的 "原像"$A^{-1}(F_1)$ 亦为 $\langle S, \mathscr{T} \rangle$ 中的闭集;

(iii) $\forall M \subset S \Rightarrow A(\overline{M}) \subset \overline{A(M)}$.

推论 1　若 A 为 $\langle S, \mathscr{T} \rangle \mapsto \langle S_1, \mathscr{T}_1 \rangle$ 的连续映射, 那么 $\forall \{x, x_n\} \subset S$, $x_n \to$

$x \Rightarrow A(x_n) \to A(x)$.

注 6　若上述 A 将任意开 (闭) 集映为开 (闭) 集, 则称其为开 (闭) 映射. 我们还需注意, 开与闭映射是两个不同的概念. 例如, 在欧氏拓扑下, $A_1(t) = \arctan t$; $A_2(t) = \max(0, t)$ 分别为 $\mathbb{R} \to \mathbb{R}$ 自身内的 "开而不闭" 及 "闭而不开" 的映射.

定义 10　对 $\langle S, \mathscr{T} \rangle$ 内每一个非空子集 M, $\mathscr{T}$ 在 M 上的诱导拓扑 (记为 $\mathscr{T}|_M$), 是指 $\mathscr{T}|_M \equiv \{M \cap G | G \in \mathscr{T}\}$. 并且, 此时称 $\langle M, \mathscr{T}|_M \rangle$ 为 $\langle S, \mathscr{T} \rangle$ 的一个 (拓扑) 子空间.

定义 11　称 $\langle S, \mathscr{T} \rangle$ 到 $\langle S_1, \mathscr{T}_1 \rangle$ 的映射 H 为同胚的, 是指 H 是 "满"(到上) 的, 1-1 对应且 "双方连续" 的 (即 H 与 H^{-1} 均连续). 此时, 该两空间亦称为拓扑同胚. 并且, 我们称拓扑空间在同胚映射下不变的性质为拓扑性质. 此外, 对某空间的拓扑性质而言, 若其每一个子空间也必具有该性质, 则称此拓扑性质为遗传的.

与定理 5 类似, 我们有下面命题:

定理 6　$\langle S, \mathscr{T} \rangle$ 到 $\langle S_1, \mathscr{T}_1 \rangle$ 上的 1-1 对应映射 H 是 "同胚" 的充要条件是其满足下面其中一条性质:

(i) H 是开的连续映射;

(ii) H 是闭的连续映射;

(iii) $\forall M \subset S \Rightarrow H(\overline{M}) = \overline{H(M)}$.

注 7　必须注意的是 $\langle S, \mathscr{T} \rangle$ 中任意非空子集 $\mathscr{T}_1$ 仅是在 $\mathscr{T}$ 的 "诱导拓扑" 下构成拓扑空间, 才能称 $\mathscr{T}_1$ 为 $\mathscr{T}$ 的 "拓扑子空间". 有时, 我们也称 $\mathscr{T}|_M$ 为 $\mathscr{T}$ 在 M 上的 "相对拓扑" 或 $\mathscr{T}$ 的 "子拓扑". 类似易证: 当 $\mathfrak{B}$ 为 $\langle S, \mathscr{T} \rangle$ 的拓扑基时, $\mathfrak{B}|_M \equiv \{M \cap B | B \in \mathfrak{B}\}$ 亦称为拓扑子空间 $\langle S, \mathscr{T}|_M \rangle$ 的拓扑基.

定义 12　对于 $\langle S, \mathscr{T} \rangle$ 内任两子集 A, B, 我们称 A 在 B 中是稠密的, 是指 $\overline{A} \supset B$. 我们称 $\langle S, \mathscr{T} \rangle$ 是可分的, 是指其内有一 "可数" 子集 D 稠密于 S.

定理 7　若 $\langle S, \mathscr{T} \rangle$ 可分, A 为从 $\langle S, \mathscr{T} \rangle$ 到 $\langle S_1, \mathscr{T}_1 \rangle$ 上的连续映射, 那么, $\langle S_1, \mathscr{T}_1 \rangle$ 亦是可分的.

注 8　由定理 7 可知: 可分性是个拓扑性质, 然而其不是遗传的. 也即可分空间的子空间未必仍是可分的. 此可由下两例看出:

例 8　在每一个 $\langle S, \mathscr{T} \rangle$ 中, 我们作另一拓扑空间 $\langle S^*, \mathscr{T}^* \rangle$ 如下:

$S^* \equiv S \cup \{\infty\}$　(这里, $\{\infty\}$ 表示不属于 S 的某一新元),

$\mathscr{T}^* \equiv \{G \cup \{\infty\} | G \in \mathscr{T}\} \cup \{\varnothing\}$.

则 $\langle S^*, \mathscr{T}^* \rangle$ 是 "可分的"(因单点集 $\{\infty\}$ 稠密于 S^*), 然而 $\langle S, \mathscr{T} \rangle$ 作为其子空间却未必是可分的.

例 9　设 $\langle \mathbb{R}^2, \mathscr{L}^2 \rangle$ 为实平面上以 "左闭右开, 下闭上开" 矩形全体 $\mathfrak{B}^2_*$ 为拓扑基的拓扑空间. 那么, 我们不难验证, 其内 "有理数对" 的全体 D 是稠密于它的,

因而其为可分空间. 但是, 对于二、四象限的分角线集 $M = \{(x, -x)|x \in \mathbb{R}\}$ 所构成的拓扑子空间 $\langle M, \mathscr{L}^2|_M \rangle$ 而言, 由诱导拓扑的定义可知, M 中每一 "单点集" 均为 $\langle M, \mathscr{L}^2|_M \rangle$ 中的开集 (也即此子空间的拓扑为 "离散拓扑"). 因此, 由于 M 非可数集, 故知子空间 $\langle M, \mathscr{L}^2|_M \rangle$ 是不可分的.

定义 13 (i) 对于集族 $\{S_\lambda | \lambda \in \Lambda\}$ 而言, 其笛卡儿积 $\left(\text{记为} \prod\limits_{\lambda \in \Lambda} S_\lambda\right)$ 定义为

$$\prod_{\lambda \in \Lambda} S_\lambda \equiv \{\{x_\lambda\} | x_\lambda \in S_\lambda, \lambda \in \Lambda\}.$$

(ii) 在空间 $\prod\limits_{\lambda \in \Lambda} S_\lambda$ 上, 我们称映射

$$J_{\lambda_0}(x) = x_{\lambda_0}, \quad \forall x \in \{x_\lambda\} \in \prod_{\lambda \in \Lambda} S_\lambda$$

为该空间到 S 的投影 (映射)$(\forall \lambda_0 \in \Lambda)$.

若 $\langle S_\lambda, \mathscr{T}_\lambda \rangle (\lambda \in \Lambda)$ 为一族拓扑空间, 那么在空间 $\prod\limits_{\lambda \in \Lambda} S_\lambda$ 中以集族

$$\mathscr{S} \equiv \{J_\lambda^{-1}(G_\lambda) | G_\lambda \in \mathscr{T}_\lambda, \lambda \in \Lambda\}$$

为 "子基" 而定义的拓扑, 称为积空间上的 Tychonoff 拓扑, 由此而成的拓扑空间称为 $\langle S_\lambda, \mathscr{T}_\lambda \rangle (\lambda \in \Lambda)$ 的乘积空间, 记为 $\prod\limits_{\lambda \in \Lambda} \langle S_\lambda, \mathscr{T}_\lambda \rangle$.

注 9 注意定理 4, 可知上述 Tychonoff 拓扑是存在且唯一确定的. 此外上述拓扑空间的积空间有时亦可记为 $\left\langle \prod\limits_{\lambda \in \Lambda} S_\lambda, \prod\limits_{\lambda \in \Lambda} \mathscr{T}_\lambda \right\rangle$.

对于可分性我们有下面三个有用的命题:

定理 8 可分空间的每一个 "开" 子空间 (即子空间 $\langle M, \mathscr{T}|_M \rangle$ 的 M 为 S 中的开集) 亦是可分的.

定理 9 若 $\langle S_n, \mathscr{T}_n \rangle (n \in \mathbb{N})$ 均可分, 那么积空间 $\prod\limits_{n} \langle S_n, \mathscr{T}_n \rangle$ 亦是可分的.

注 10 由上可知, 可分性是一个拓扑性质. 然而, 尽管有定理 9 的存在, 对于 "任意" 的可分空间 (即当涉及 "非可数" 个空间时), 它们的积空间未必仍然是可分的. 这种对 "积" 运算不封闭的拓扑性质, 有时也被称为 "不满足乘积性".

定义 14 我们称 $\langle S, \mathscr{T} \rangle$ 为第二可数空间 (记为 A_2), 是指有一个可数基 $\mathfrak{B} = \{B_n\}$; 称 $\langle S, \mathscr{T} \rangle$ 是第一可数空间 (记为 A_1), 是指: $\forall x \in S$, 均存在 x 的一个可数局部基.

注 11 $A_2 \Rightarrow A_1$, A_2 空间必可分.

例 10　$\langle \mathbb{R}, \xi \rangle$ 是 A_2 空间，$\left\{ \left(r - \dfrac{1}{n}, r + \dfrac{1}{n} \right) \middle| r \text{为任有理数} \right\}$ 为 ξ 的一个可数拓扑基. 但 $\langle \mathbb{R}, \mathscr{L} \rangle$ 却不是 A_2 空间，因为在 $\mathscr{L}$ 拓扑下，$\{[\rho, \rho+1] | \rho \text{为任无理数}\}$ 均为开集，但由拓扑基的定义知其不可能存在可数拓扑基. 因 $A_2 \Rightarrow A_1$，以及 $\forall x \in \mathbb{R}$，$\left[x, x + \dfrac{1}{n} \right)$ 构成在 x 点 $\mathscr{L}$ 拓扑的局部基，故知上两空间均是 A_1 空间.

定理 10　设 $\langle S, \mathscr{T} \rangle$ 是 A_1 空间，则

(i) $\forall A \subset S$，$x \in \overline{A} \Leftrightarrow \exists \{x_n\} \subset A$，有 $x_n \to x$.

(ii) 设 A 为 $\langle S, \mathscr{T} \rangle$ 到 $\langle S_1, \mathscr{T}_1 \rangle$ 内的映射. 那么，A 是连续的 $\Leftrightarrow \forall \{x_n, x\} \subset S$；若 $x_n \to x$，则有 $A(x_n) \to A(x)$.

定理 11　若 $\langle S_n, \mathscr{T}_n \rangle$ 均为 A_1 空间 $(\forall n \in \mathbb{N})$，则 $\prod\limits_n \langle S_n, \mathscr{T}_n \rangle$ 亦是 A_1 空间.

注 12　特别值得注意的是，虽然 A_1 与 A_2 均为 "拓扑性质"，然而与 "可分性" 不同，它们在连续映射下却是可变的. 我们可以由下例看出：

例 11　设 I 为从拓扑空间 $\langle \mathbb{R}, \xi \rangle$ 到 $\langle \mathbb{R}, \text{余有限拓扑} \rangle$ 上的恒等映射. 由定理 10 知 I 为连续映射 (并是 "线性" 的). 然而，注意到 $\langle \mathbb{R}, \xi \rangle$ 是 A_2 空间，而 $\langle \mathbb{R}, \text{余有限拓扑} \rangle$ 却不是 A_1 空间. 并且，此时在任何点 x，均不存在可数局部基. [事实上，反之，在某 $x_0 \in \mathbb{R}$ 存在可数局部基 $\{G_n\}$，由于 G_n^c 均有限集，故 $\bigcup\limits_n G_n^c$ 就是 "可数集"，从而 $\bigcap\limits_n G_n \neq \varnothing$. 因此每一个含 x_0 的开集 G，当使 G 不取 $\bigcap\limits_n G_n$ 中一点 y 时，则 G 内不可能含每一个 $G_n (\forall n \in \mathbb{N})$，矛盾.]

定义 15　拓扑空间 $\langle S, \mathscr{T} \rangle$ 称为 T_0 空间，是指 $\forall x, y \in S$，$x \neq y$，$\exists U \in \mathscr{T}$，使得 $x \in U$，$y \notin U$ 或 $y \in U$，$x \notin U$.

$\langle S, \mathscr{T} \rangle$ 称为 T_1 空间，是指在上假设中，$\exists U, V \in \mathscr{T}$，使得 $x \in U$，$y \notin U$ 且 $y \in V$，$x \notin V$.

$\langle S, \mathscr{T} \rangle$ 称为 T_2 空间 (Hausdorff 空间)，是指在上假设中，$\exists U, V \in \mathscr{T}$，使得 $x \in U$，$y \in V$ 且 $U \cap V = \varnothing$.

$\langle S, \mathscr{T} \rangle$ 称为 $T_{\frac{5}{2}}$ 空间 (Ypbicoh 空间)，是指对上 U，V，还有 $\overline{U} \cap \overline{V} = \varnothing$；称为正则空间，是指 $\forall x \in S$，闭集 $F \subset S \backslash \{x\}$，$\exists U, V \in \mathscr{T}$，使得 $x \in U$，$F \subset V$，且 $U \cap V = \varnothing$.

$\langle S, \mathscr{T} \rangle$ 称为 T_3 空间，是指其为正则的 T_1 空间.

$\langle S, \mathscr{T} \rangle$ 称为完全正则空间，是指在前面假设下，存在 $\langle S, \mathscr{T} \rangle$ 上的连续函数 f，使得 $f(x) = 0$，$f(F) \equiv \{1\}$.

$\langle S, \mathscr{T} \rangle$ 称为 $T_{\frac{7}{2}}$ 空间 (Tychonoff 空间)，是指其为完全正则的 T_1 空间.

$\langle S, \mathscr{T} \rangle$ 称为正规空间，是指闭集 F_1，$F_2 \subset S$，$F_1 \cap F_2 = \varnothing$，$\exists G_1, G_2 \in \mathscr{T}$，使得 $F_1 \subset G_1$，$F_2 \subset G_2$，且 $G_1 \cap G_2 = \varnothing$.

　　$\langle S, \mathscr{T} \rangle$ 称为 T_4 空间, 是指其为正规的 T_1 空间; 称为完全正规空间, 是指 $\forall A, B \subset S$, 若 $\overline{A} \cap B = \overline{B} \cap A = \varnothing$ (称 "分离集"), 则 $\exists G_1, G_2 \in \mathscr{T}$, 使得 $A \subset G_1, B \subset G_2,$ 且 $G_1 \cap G_2 = \varnothing.$

　　$\langle S, \mathscr{T} \rangle$ 称为 T_5 空间, 是指其为完全正规的 T_1 空间.

　　注 13　由上可知: 当 $j > i$ 时, 必有 $T_j \Rightarrow T_i$, 这里, $i, j = 0, 1, 2, \dfrac{5}{2}, 3, \dfrac{7}{2}$, 4, 5.

　　下面, 我们先举出有关上面空间的一些例子:

　　例 12　在 $S = \{a, b, c\}$ 中 $\mathscr{T}_1 = \{\varnothing, S\}$ 不是 T_0 拓扑; 但 $\mathscr{T}_2 = \{\varnothing, S, \{a\}, \{b\}, \{a, b\}\}$ 是 T_0 拓扑而不是 T_1 拓扑 (注意含 c 的开集不能与 a, b 不交).

　　例 13　设 S 为一无限集, 则 $\langle S,$ 余有限拓扑$\rangle$ 是一个 T_1 而非 T_2 拓扑空间.

　　例 14　设 S 为上半平面 (包括 x 轴) 中所有 "有理数对" (r_1, r_2) 之全体, $\forall (r_1^0, r_2^0) \in S$, 我们定义其 "$\varepsilon$-开邻域" 如下:

　　(i) 当 (r_1^0, r_2^0) 在 x 轴时, 其为 $(r_1^0 - \varepsilon, r_1^0 + \varepsilon)$ 中所有 "有理点" 组成.

　　(ii) 当 $r_2^0 > 0$ 时, 其由以 (r_1^0, r_2^0) 为顶, x 轴为底的 "正三角形" 底边两端点的 ε-区间内 "有理点" 全体及 (r_1^0, r_2^0) 所组成. 则以此 ε-开邻域 $(\forall \varepsilon > 0)$ 为 (邻域) 基的拓扑 $\mathscr{T}$ 所成的空间是 T_2 的 (这里仅需注意, 对于任意两个 "有理数对", 若其在 x 轴上方时, 它们所成的上述两正三角形的 "底足" 是不会重合的; 同样, 对于每一个在 x 轴内与 x 轴上方的 "有理数对", 它们也不可能在上述某正三角形的端点上). 但不是 $T_{\frac{5}{2}}$ 的. 事实上, 对于 x 轴内任两有理点 $a, b (a \neq b)$ 的 "不交"ε-开区间: $G_1 = (a - \varepsilon, a + \varepsilon)$, $G_2 = (b - \varepsilon, b + \varepsilon)$, 由于 "有理数对" 在 x 轴上方的稠密性, 故必可找到一 "底足" 分别在上两区间内, 而取 "有理数对"(r_1, r_2) 为顶点的三角形 (如图 1 所示). 因此, 由 $\mathscr{T}$ 的定义则知 $(r_1, r_2) \in \overline{G_1}, \overline{G_2}$, 也即 $\overline{G_1} \cap \overline{G_2} \neq \varnothing$. 因此不难导出 $\langle S, \mathscr{T} \rangle$ 中任两开集的闭包之 "交" 均是空非的, 此即导出 $\langle S, \mathscr{T} \rangle$ 不可能是 $T_{\frac{5}{2}}$ 空间.

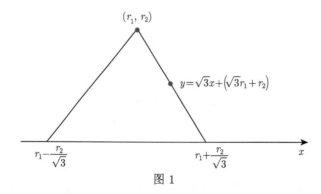

图 1

　　值得注意的是, 正则、正规与 T_0 性质是无关联的, 此可由下两例看出:

例 15　考虑集合 $S = \{a, b, c\}$ 和拓扑 $\mathscr{T} = \{\varnothing, S, \{a\}, \{b, c\}\}$. 根据拓扑 $\mathscr{T}$ 的定义, 我们可以得知 $\langle S, \mathscr{T} \rangle$ 是一个正则且正规的空间. 然而, 观察点 b 和 c 的性质, 我们发现它们不能通过邻域来区分, 即存在一个开集既包含 b 又包含 c, 但不含 a. 这表明 $\langle S, \mathscr{T} \rangle$ 不是一个 T_0 空间, 因此, 它也不是 T_1 或 T_2 等更严格的空间.

例 16　在上半平面 S 中, 对于任意 $x, y \in S$, 我们定义其 "ε-开邻域" 族如下:

(i) 当点 (x, y) 位于 x 轴上时, 其邻域定义为以该点为中心, ε 为半径的开半圆盘, 但去掉了除了圆心以外的 x 轴部分.

(ii) 当点位于 x 轴上方时, 其邻域定义为以该点为中心的 ε 开圆在 S 中的部分.

基于这些 ε-开邻域构成的拓扑记为 $\mathscr{T}$. 可以证明, $\langle S, \mathscr{T} \rangle$ 是一个 $T_{\frac{5}{2}}$ 空间. 然而, 它不是正则的, 因此也不是 T_3 空间. 实际上, 取原点 $O = (0, 0)$ 和闭集 $F_0 \equiv \{x \text{轴}\} \setminus \{0\}$. 根据 $\mathscr{T}$ 的定义, 原点 O 的任何开邻域都不包含 F_0 中的点. 对于 x 轴上方的任意点 $P = (x, y)$, 取 $\dfrac{y}{3}$-开邻域时, 其内部也不包含 F_0 中的点, 这说明 F_0 是一个闭集. 但是, 显然不存在两个不相交的开集 U 和 V, 分别包含原点 0 和闭集 F_0.

例 17　在上半平面 S 中, 对于任意的 $x, y \in S$, 我们定义其 "开邻域" 族如下:

(i) 当点 (x, y) 位于 x 轴上时, 我们取其邻域为与 x 轴相切于点 (x, y) 的 "开圆", 并包含点 (x, y) 本身.

(ii) 当点 (x, y) 位于 x 轴上方时, 则取邻域为不与 x 轴相交的 "开圆". 基于这些开邻域构成的拓扑记为 $\mathscr{T}$. 注意, 此时在 x 轴上的导出拓扑 $\langle x, \mathscr{T}|_x \rangle$ 是一个 "离散拓扑". 因此, 拓扑空间 $\langle S, \mathscr{T} \rangle$ 必然是一个 "正则" 空间. 事实上, 对于 x 轴上的任意点 P_0 和闭集 $F \equiv \{x \text{轴}\} \setminus \{P_0\}$, 它们可以用两个不相交的开集来 "隔离". 对于以 P_0 为 "切点" 的每一个开圆 G_1, 以及 x 轴上每一个与 P_0 不同的点 P, 我们总能找到以 P 点为 "切点" 的某个开圆, 使其与 G_1 不相交. 这些以 P 点为切点的开圆的并集, 即为所需的开集 G_2.

再由于 $\langle S, \mathscr{T} \rangle$ 是一个 T_1 空间, 我们知道它也是一个 T_3 空间. 但它不是 T_4 空间, 因为它不是正规空间. 实际上, 由于对于 x 轴中的任意子集 A, S 中的任何一点 $P \notin A$ 都有一个开邻域不包含 A 中的点, 这意味着 A 必须是 $\langle S, \mathscr{T} \rangle$ 中的闭集.

因此, 特别地, 取闭集 $F_1 \equiv \{x \text{轴上有理点}\}$ 和 $F_2 \equiv \{x \text{轴上无理点}\}$, 则知 $F_1 \cap F_2 = \varnothing$, 且在这个空间中不存在不相交的开集 G_1 和 G_2, 使得它们分别包含 F_1 和 F_2.

注 14 可以验证例 17 的空间 $\langle S, \mathscr{T} \rangle$ 也是 $T_{\frac{7}{2}}$ 空间. 此外, 大多数正则空间也必为 "完全正则" 空间, 但 R. F. Arens 构造了一个反例 (参看 [21, 第 77—79 页]).

值得指出的是, 空间的正规性是推不出正则性的, 我们可看下面的例子.

例 18 取例 12 中的空间 $\langle S, \mathscr{T}_2 \rangle$, 容易验证其是正规而非正则的空间.

注 15 可以找出反例说明, 正规空间未必是完全正则的.

注 16 同样地, 完全正规性、完全正则性与 T_0 性也无内在联系. 容易验证例 15 中的 $\langle S, \mathscr{T} \rangle$ 也是一个完全正则、完全正规空间, 显然其不是一个 T_0 空间. 而同样地由例 17 可知 T_0 空间 (甚至 T_3 空间) 也未必是完全正规的 (因完全正规 $\Rightarrow$ 正规).

下面我们再来介绍与上述分离性公理 T_i 有关的一些命题.

定理 12 如果 $\langle S, \mathscr{T} \rangle$ 是 T_1 空间, 则 "单点集"(从而每个 "有限子空间") 均为闭集.

定理 13 如果 $\langle S, \mathscr{T} \rangle$ 是 T_2 空间, 则其内序列取极限必是唯一的.

定理 14 $\langle S, \mathscr{T} \rangle$ 是正则空间的充要条件是: $\forall x \in S$, $\forall U \in \mathscr{T}$, $x \in U$, $\exists V \in \mathscr{T}$, 使得 $x \in V \subset \overline{V} \subset U$.

定理 15 $\langle S, \mathscr{T} \rangle$ 为正规空间的充要条件是: $\forall$ 闭集 $F_1, F_2 \subset S$, $F_1 \cap F_2 = \varnothing$, $\exists$ 连续函数 $f: S \mapsto [a, b]$, 使得 $f(F_1) \equiv \{a\}$, $f(F_2) \equiv \{b\}$.

与定理 14 类似, 我们也有关于正规性的等价命题:

定理 16 $\langle S, \mathscr{T} \rangle$ 为正规空间的充要条件是: $\forall$ 闭集 F, $\forall U \in \mathscr{T}$, $F \subset U$, $\exists V \in \mathscr{T}$, 使得 $F \subset V \subset \overline{V} \subset U$.

定理 17 (Tietze 延拓定理) $\langle S, \mathscr{T} \rangle$ 为正规空间的充要条件是: $\forall$ 闭集 $F \subset S$, F 上的每一个连续函数 f_0, 若其值域为区间 $[a, b]$, 那么其必有一个 S 上的 "连续延拓" 函数 f(即对 S 上的连续函数 f, 有 $f(y) = f_0(y)$, $y \in F$), 使其值域仍为区间 $[a, b]$.

定理 18 拓扑空间的 $T_i \left(i = 0, 1, 2, \dfrac{5}{2}, 3, \dfrac{7}{2} \right)$ 性质是一个 "拓扑性质", 并且具有 "遗传性" 和 "乘积性".

注 17 "正规" 和 "完全正则" 性是拓扑性质, 但不是遗传的, 也不是乘积的, 并且有下面性质: $\langle S, \mathscr{T} \rangle$ 是一个完全正规空间的充要条件是其每一个子集均是正规的.

注 18 空间 $\langle S, \mathscr{T} \rangle$ 的 T_i 分离性在连续映射下是可能变化的.

定义 16 在 $\langle S, \mathscr{T} \rangle$ 中, 若有 (开, 闭) 集族 $\mathscr{M} = \{M_\lambda : \lambda \in \Lambda\}$, 使得 $\bigcup_{\lambda \in \Lambda} M_\lambda = S$, 则称 $\mathscr{M}$ 为 $\langle S, \mathscr{T} \rangle$ 的一个 (开, 闭) 覆盖. 而由 $\mathscr{M}$ 的一部分组

成的 $\langle S, \mathscr{T} \rangle$ 的覆盖称为 $\mathscr{M}$ 的子覆盖, 我们称 $\langle S, \mathscr{T} \rangle$ 是紧的, 是指其每一"开"覆盖必包含一个有限 (个集组成) 的子覆盖.

关于紧空间我们有下面一些性质.

定理 19 如果 $\langle S, \mathscr{T} \rangle$ 是紧的, 那么对任意闭集 $F \subset S$, $\langle F, \mathscr{T}|_F \rangle$ 亦是紧的.

定理 20 如果 $\langle S, \mathscr{T} \rangle$ 是 T_2 空间, 任意子空间 $\langle A, \mathscr{T}|_A \rangle$ 若是紧的, 则 A 必为 S 中的闭集.

定理 21 如果 $\langle S, \mathscr{T} \rangle$ 是紧的, T 为 $\langle S, \mathscr{T} \rangle$ 到 $\langle S_1, \mathscr{T}_1 \rangle$ 上的连续映射, 则 $\langle S_1, \mathscr{T}_1 \rangle$ 亦是紧的.

定义 17 在 $\langle S, \mathscr{T} \rangle$ 中, 集族 $\mathscr{F}$ 称为具有有限交性质, 是指每一个非空的有限子集族均有非空的交集.

由此, 我们可以给出有关紧性的一个等价命题:

定理 22 拓扑空间 $\langle S, \mathscr{T} \rangle$ 是紧的, 当且仅当对于 S 的任意一个具有有限交性质的闭子集族 $\mathscr{F} \equiv \{F_\lambda | \lambda \in \Lambda\}$, 这些闭子集的交集是非空的.

上面紧性定义中的"有限覆盖"性对于拓扑的子基亦是成立的. 我们有下面命题.

定理 23 $\langle S, \mathscr{T} \rangle$ 是紧的充要条件是: $\mathscr{T}$ 存在一子基 $\mathscr{S}$, 使其满足有限覆盖性.

利用定理 23, 我们便可得到有关紧性是"乘积"的重要结论.

定理 24 如果 $\langle S_\lambda, \mathscr{T}_\lambda \rangle (\forall \lambda \in \Lambda)$ 均是紧的, 那么其积空间 $\prod_{\lambda \in \Lambda} \langle S_\lambda, \mathscr{T}_\lambda \rangle$ 亦是紧的.

最后, 我们再给出另一个涉及紧性的重要定理:

定理 25 设 A 为"紧"空间 $\langle S, \mathscr{T} \rangle$ 到任意一个 T_2 型拓扑空间 $\langle S_1, \mathscr{T}_1 \rangle$ 上的 1-1 对应的连续映射, 那么 A 必为同胚映射.

部分习题解答或提示

练习题1

1.1 注意 Hamel 基的定义, 以及线性代数中的 "替换定理".

1.3 这些空间的 Hamel 维数均为 c (连续势). 该结论可以从下面两方面得到: 首先, 两空间之间的势的关系,

$$|(l^p)| \leqslant |(c)| \leqslant |(m)| \leqslant |(s)| = c^{\aleph_0} = c.$$

其次, $M = \{\{t^n\} | |t| < 1\}$ 乃是空间 l^p 的一个线性无关元集, 而 $|M| = c$.

1.4 此两空间的 Hamel 维数亦为 c. 该结论同样从下面两方面得到: 首先, 考虑实的 $C[0,1]$ 与 L^p 空间, 注意到 $\forall x \in L^p$, 其可由一有理系数多项式序列唯一确定. 因而有

$$|c| \leqslant |L^p| \leqslant \aleph_0^{\aleph_0} = c.$$

其次, 取

$$M = \left\{ x_s(t) \,\middle|\, x_s(t) = \frac{t}{s}, \text{当 } 0 \leqslant t < s \text{ 时}; \ x_s(t) \equiv 1, \text{当 } s \leqslant t \leqslant 1 \text{ 时}; \ s \in [0,1] \right\},$$

则用反证法可以验证 M 是空间 $C[0,1]$ 的一个线性无关元集, 而 $|M| = c$.

1.5 $x_0 = \left\{ \dfrac{1}{n^2} \right\} \in \ell^1$, 但是不能由有限个 e_n 线性表出.

1.7 设 $\{e_1, \cdots, e_n\}$ 为 E 的 H.-基, 注意: 泛函 $f_i : f_i(e_k) = \delta_{i_k} (1 \leqslant k \leqslant n, 1 \leqslant i \leqslant n)$.

1.8 结合练习题 1.6 和 1.7 可以得到所需结论.

1.9 反之, 设 $\{h_k\}$ 为 F 的 H.-基, 则当 $F_n = L[h_k]_{k \leqslant n}$ 时, 有 $F = \bigcup_n F_n$; 并有: $\forall x_0 \in F_n, x_0 + \dfrac{h_n + 1}{n} \to x_0$. 故 F 为第一纲. 矛盾!

1.10 例如, $A = \{(x,y) | x = y\}$, $\dim A = 1$, 当 A 平移后为 A_1 时, $\dim A_1 = 2$.

练 习 题 2

2.1 任何吸收集 B 必含 y 正轴上一点 $Q_0 = (0, y_0)$, 而对任何辐角 θ 的射线 $\left(0 < \theta < \dfrac{\pi}{2}\right)$, B 亦含其上一非零点 P_θ, 但当 θ 充分接近 $\dfrac{\pi}{2}$ 时, 显然有 $Q_0 + P_\theta \notin A$.

2.2 令 $A = \mathbb{R}^2 \backslash \{\theta\}$, 则 $A + A \neq 2A$. 若令 $A = \{(r_1, r_2) | r_1, r_2 \text{ 均为有理数}\}$, 则 $A + A = 2A$.

2.3 运算法则 2.2.11(1) 可先注意到 $x \mapsto x + x_0$, $x \mapsto \lambda x (\lambda \neq 0)$, 均为一同胚映射, 故 $x + \overline{A}$, $\lambda \overline{A}$ 均为闭集. 从而由 $x + A \subset x + \overline{A}$, $\lambda A \subset \lambda \overline{A}$ 直接导出: $\overline{x + A} \subset x + \overline{A}$, $\overline{\lambda A} \subset \lambda \overline{A}$; 反过来, 例如 $\forall y \in \lambda \overline{A}$, 其任意邻域 U_y, 显然有 $\dfrac{1}{\lambda} U_y$ 为 $\dfrac{y}{\lambda}$ 的邻域, 由 $\dfrac{y}{\lambda} \in \overline{A}$ 知 $\dfrac{1}{\lambda} U_y \cap A \neq \varnothing$, 即 $U_y \cap \lambda A \neq \varnothing$, 也即 $y \in \overline{\lambda A}$. 当 $\lambda = 0$ 时未必成立, 可在 $\mathbb{R}^2$ 中作反例, 定义 "拟范数": $\|x\|^\triangle = |\eta|$, $\forall x = (\xi, \eta) \in \mathbb{R}^2$, 并考虑由此所确定的线性拓扑空间 (其不满足 T_0 公理), 此时注意: 对任何子集 A, 均有 $\overline{0 \cdot A} = \{(\xi, 0) | \xi \in \mathbb{R}\}$.

法则 (2) 直接由定义导出. 注意: $\forall z \in \overline{A} + \overline{B}$, 有 $z = x + y$, $x \in \overline{A}$, $y \in \overline{B}$. $\forall U_z$, 有 $U_0 \in \mathscr{U}$, 使得 $U_z = z + U_0$, 以及 $V_0 \in \mathscr{U}$, $V_0 + V_0 \subset U_0$. 而由 $(x + V_0) \cap A \neq \varnothing$, $(y + V_0) \cap B \neq \varnothing$, 则知 $U_z \cap (A + B) \neq \varnothing$, 故有 $z \in \overline{A + B}$. 而且 $\overline{A} + \overline{B}$ 未必闭的反例可设 $\overline{A} = \left\{n - \dfrac{1}{n} \middle| n \in \mathbb{N}\right\}$, $\overline{B} = \{-n | n \in \mathbb{N}\}$.

法则 (3) 仅证 $C + F$ 是闭集. 注意: $\forall y \notin C + F$, 必有 $(y - C) \cap F = \varnothing$, 故 $\forall a \in y - C$ 必有 $a \notin F$. 由于 F 闭, 则 $\exists V^{(a)} \in \mathscr{U}$, 使得 $(a + V^{(a)}) \cap F = \varnothing$. 令 $W^{(a)} + W^{(a)} \subset V^{(a)}$, 则由 C 紧知存在集 $y - C$ 的 "有限" 开覆盖 $\{a_k + W^{(a_k)} | 1 \leqslant k \leqslant n\}$, 令 $W = \bigcap\limits_{k=1}^{n} W^{(a_k)}$, 则可以导出 $(y - C + W) \cap F = \varnothing$, 即 $(y + W) \cap (C + F) = \varnothing$, 得证.

法则 (4) 可由 $C_1 \times C_2$ 亦紧, 又 $(x, y) \mapsto x + y$ 为连续映射, 以及连续映射将紧集映为紧集可知.

法则 (5) 可由法则 (1) 前面同胚映射, 以及 $A + B^\circ = \bigcup\limits_{x \in A} (x + B^\circ)$ 亦开集而导出.

2.4 (i) 由于设存在开集 U, 使得 $\theta \in U \subset G$, 故 $\theta \in U \pm G \subset G + G$. 而 $U \pm G = \bigcup\limits_{g \in G} (U \pm g)$ 显然为开集.

(ii) 设 x 为 S 之内点, 故有开集 U, 使得 $x \in U \subset S$, 故 $\theta \in U - x \subset S - x \subset$

$S - S$, 而 $U - x$ 亦为开集.

(iii) 由运算法则 2.2.11(2) 可得 $\overline{A} + \overline{B} \subset \overline{A + B}$, 反包含仅注意 $A + B \subset \overline{A} + \overline{B}$ 则可.

(iv) 显然 $A \subset A + \{\theta\}$, 又由法则 (2) 知 $A + \{\theta\} \subset \overline{A + \{\theta\}} = \overline{A} = A$.

(v) 在 T_1 空间, 若取非闭的集 A 则有 $A + \overline{\{\theta\}} = A + \{\theta\} = A \neq \overline{A}$. 在非 T_1 空间, 可取仅有空间 E 及空集 $\varnothing$ 为开集的 "平凡" 线性拓扑空间. 则当 $A \neq E, \varnothing$ 时, 由于 $\overline{\{\theta\}} = E$, 故知该式不成立. 或类似练习题 2.3 之反例的赋拟范空间中, 取 A 为 η 轴上 0 与 1 间有理数之全体. 注意 $\overline{\{\theta\}}$ 是 ξ 轴, $\overline{A}$ 为过 η 轴 $[0,1]$ 与 ξ 轴平行的直线所成的带形.

2.5   反例可见如下: 在 $\mathbb{R}$ 中, 设 A 为 $[0,1]$ 内有理数集 $\{r_n\}$, $\forall \varepsilon > 0$, $n \in \mathbb{N}$, 作 r_n 为中心之开区间 $\triangle_n$, 使得 $|\triangle_n| < \dfrac{\varepsilon}{2^n}$. 则 $G = \bigcup_n \triangle_n$ 为含 A 之开集, 但 $m(G) < \varepsilon$, 然而 $\overline{A} = [0,1]$.

2.6   (i) 必要性. $\forall U \in \mathscr{U}$, 有均衡邻域 $W \subset U$. 由于设 $\exists N$, 当 $n \geqslant N$ 时, 有 $na \in W$, 故 $a \in \dfrac{1}{n} W \subset W \subset U$. 故 $a \in \bigcap \{U | U \mathscr{U}\} = \overline{\{\theta\}}$. 充分性. $\forall U \in \mathscr{U}$, $\exists$ 均衡邻域 $W \cup U$, 故 $\forall n \in \mathbb{N}$, $\dfrac{1}{n} W \in \mathscr{U}$. 而再注意到前面 $\overline{\{\theta\}}$ 定义, 由假设知则知 $a \in \dfrac{1}{n} W$, 即 $na \in W \subset U$. (ii) 和 (iii) 类似 (i) 的证明.

2.7   (i)$\Rightarrow$(ii): 由 T_0 设知: $\exists U_0 \in \mathscr{U}$, 或 $a \notin U_0$, 或 $\theta \notin a + U_0$, 即 $a \notin \theta - U_0$. 特取 U 为均衡邻域则得. (iii)$\Rightarrow$(ii): 由于设 $a \notin U_0$, 所以 $a \notin \bigcap_{U \in \mathscr{U}} U = \overline{\{\theta\}}$, 故 $a \notin \overline{\{\theta\}}$. (ii)$\Rightarrow$(i): 若 $a \neq b$, 则 $a - b \neq \theta$. 由于 $\{\theta\}$ 闭, 故 $\exists U_0 \in \mathscr{U}$, 使得 $\theta \notin a - b + U_0$, 也即 $b \notin a + U_0$.

2.9   证 E/E_0 是 T_2 空间 $\Leftrightarrow E_0$ 闭. 首先, 由练习题 2.7 可知, 当 E/E_0 为 T_2 空间时, $\{\hat{\theta}\}$ 是闭集. 由于 $E \mapsto E/E_0$ 的商 "映射" φ 是一连续映射 (由 2.3 节中定理知其亦为同胚映射), 故知 $E_0 = \varphi^{-1}[\{\hat{\theta}\}]$ 亦为闭集. 其次, 当 E_0 闭时, 若 $\hat{x}_0 \neq \varnothing$, 则 $\hat{x}_0 = x_0 + E_0$, $x_0 \notin E_0$. 由于 E_0^c 开, 故 $\hat{G} = \varphi(E_0^c)$ 为 E/E_0 空间中含 x_0 的开集. 因而存在 x_0 开邻域 $\hat{V}(\hat{x}_0)$, 并且其与 θ 的开邻域 $E/E_0 \backslash \hat{V}(\hat{x}_0)$ 不交. 此即 x_0 与 θ 可分离. 最后, 由线性拓扑空间中关于加法的连续性, 即得 E/E_0 为 T_2 空间的结论.

2.10   设 $E = \{\alpha e | \alpha \in C\}$, A 均衡, 并有 $\beta_0 e \in A$. 则当 $|\alpha| \leqslant |\beta_0|$ 时, 必有 $\alpha e \in A$. 由此, $\forall \xi e \in E$, 若 $\xi \neq 0$, 由上知, 只要 $|\lambda| \leqslant \left| \dfrac{\beta_0}{\xi} \right|$, 就有 $\lambda(\xi e) \in A$, 即 A 为吸收集. 此外, $\forall \beta_1 e, \beta_2 e \in A$, 若 $|\beta_1| \leqslant |\beta_2|$, 则 $\forall \lambda_1, \lambda_2 \geqslant 0$, $\lambda_1 + \lambda_2 = 1$. 由于 $\lambda_1(\beta_1 e) + \lambda_2(\beta_2 e) = (\lambda_1 \beta_1 + \lambda_2 \beta_2) e$, 以及 $|\lambda_1 \beta_1 + \lambda_2 \beta_2| \leqslant |\beta_2|$, 故由均衡性可知

A 必为凸集.

2.11 设 E 为满足 T_0 公理、维数大于 1 的线性拓扑空间, 并设 $\{h_\alpha\}$ 是 H.-基. 由 $h_1 + h_2 \neq \theta$ 及 E 的 T_0 性, 由练习题 2.7 知存在一吸收、均衡邻域 $W \in \mathcal{U}$, 使得 $h_1 + h_2 \notin W$. 由此, 由 W 的假设可知集 $U = \{\alpha h_1\} \cup \{\beta h_2\} \cup W$ 亦为吸收、均衡集, 然而不是凸的.

练 习 题 3

3.1 注意定理 3.1.1 中的 (1), 以及 $N(f) = N(|f|)$.

3.2 此时仅需注意 $N(f)$ 亦为满足 T_0 公理的有限维线性拓扑空间, 故由归纳法可证其为 E 中闭集. 事实上, 当设 $N(f)$ 维数 $n = 1$ 时, 设 e 为基, 则 φ: $\lambda \mapsto \lambda e$ 为连续映射, 故将紧集变为紧集. 再注意 T_2 空间中, 紧集必为闭集, 则得 $\{\lambda e | |\lambda| \leqslant \beta_0\}$ 闭. 设 $N(f)$ 为 $n - 1$ 维时已证得, 则当 $N(f)$ 为 n 维时, 设 E_0 为 $n - 1$ 维子空间, 由于设其闭, 故由定理 2.2.19 知 E/E_0 为 T_2 空间. 并且由于其为一维空间, 故由归纳知 E/E_0 闭. 最后由商映射的连续性及 "满射" 性知 $E = \varphi^{-1}(E/E_0)$ 亦闭.

3.3 令 X, Y 均为 ∞ 维赋范空间. 作 $E = X \times Y$, 且范数定义为 $\|x\| + \|y\|$. 设 H 为 X 的 Hamel 基, 令 $\{e_n\} \subset H$. 作不连续泛函: $f_0[(x,y)] = \sum\limits_{k=1}^{n} k\xi_k$, $\forall x = \sum\limits_{k=1}^{n} \xi_k e_k + \sum\limits_{i=1}^{m} \xi_{\lambda_i} h_{\lambda_i}, \forall y \in Y$ (其中 $\{h_{\lambda_i} | 1 \leqslant i \leqslant m\} \subset H \setminus \{e_n\}$), 则 $N(f_0)$ 即为所需.

3.4 证有界性时: (1) 对 "有限和", 注意归纳法, 而对两个有界集和的情形, 先注意 $\forall U \in \mathcal{U}$ 存在均衡的 $W \in \mathcal{U}$, 使得 $W + W \subset U$, 然后从 W 出发注意有界集定义则可以导出.

(2) 对 "有限交", 直接由定义可得 (注意选均衡邻域).

(3) 注意 θ 点邻域被一非零数乘时其仍为 θ 点邻域.

(4) 注意 (2) 及下面 (i).

(5) 注意到注 2.2.13, $\overline{S} = \bigcup\{S + U | U \in \mathcal{U}\}$ 及 $\forall U \in \mathcal{U}$, 取均衡的 $N \in \mathcal{U}$, 使得 $N + N \subset U$, 对有界集 M, 由于 $\exists n_0 \in N$, 使得 $S \subset n_0 N$, 故由 $\overline{S} \subset S + N$ 易导出.

(6) 当取均衡邻域时, 则易验证.

证有界集时: (i)"单点集" 可由邻域吸收性证得, 对于有限点集可由 (2) 导出.

(ii) 对 n 个点所成集, 以及 $\forall U \in \mathcal{U}$, 特取均衡 $W \in \mathcal{U}$, 使得 $\underbrace{W + W + \cdots + W}_{n\text{个}} \subset$

U, 则易验证之.

(iii) $\forall U \in \mathscr{U}$, 设均衡、开邻域 $V \in \mathscr{U}$, 有 $V + V \subset U$. 对任意紧集 C, 由于 $\{x + V | x \in C\}$ 为其一开覆盖, 故存在 C 中有限点集 $M = \{x_1 \leqslant k \leqslant n\}$ 有 $C \subset M + V$, 对 M 利用 (i) 则得.

3.5 由前面关于集的闭包的公式可知 $\overline{\{\theta\}}$ 含于任何 θ 点邻域中, 故其为有界集, 从而其内任意子集均有界. 反过来, 若有 $a \in E_0 \backslash \overline{\{\theta\}}$, 由于 E_0 为线性子空间, 故知 $na \in E_0 (\forall n \in \mathbb{N})$, 但 $\frac{1}{n} \cdot na = a \neq \theta$, 故由引理 3.2.4 知 E_0 不是有界集.

3.6 充分性证明可用归谬法. 由引理 3.2.4 之逆否命题可得出一不趋向 θ 的序列 $\{\varepsilon_n x_n\}$, 也即 $\forall U \in \mathscr{U}$, 不存在自然数 n, 使得 $\{x_n\} \subset nU$. 矛盾!

3.7 设 $\{x_n\}$ 为 Cauchy 列, 则 $\forall U \in \mathscr{U}$, $\exists$ 均衡 $W \in \mathscr{U}$, 使得 $W + W \subset U$, 且 $\exists N_0$, 当 $n, m \geqslant N_0$ 时, 有 $x_m - x_n \in W$, 这样, 由于有限集为有界的, 以及当 $n > N_0$ 时, $tx_n = tx_{N_0} + t(x_n - x_{N_0})$, 从而不难导出. [这里: $|t| \leqslant \delta = \min(1, \delta_0)$, 且当 $|t| \leqslant \delta_0$ 时, $\lambda x_k \in W (1 \leqslant k \leqslant N_0)$.]

对于 "广义 Cauchy 列" 未必有界的反例, 可取: $\triangle = \mathbb{R}^+ = (0, +\infty)$, 半序定向与数的大小相反, 假设为: 当 $\delta_2 < \delta_1$ 时有 $\delta_2 \succ \delta_1$. 并取 $E = \mathbb{R}$. 那么, 集 $\{x_\delta\} = \{x_\delta = \delta | \delta \in \triangle\}$ 即为所求. 事实上, $\forall U \in \mathscr{U}$, $\exists \varepsilon > 0$, 有 $(-\varepsilon, \varepsilon) \subset U$, 故令 $\delta_0 = \frac{\varepsilon}{2} \in D$, 当 $\delta', \delta'' \succ \lambda_0$ 时, 则有 $|x_{\delta'} - x_{\delta''}| = |\delta' - \delta''| < \varepsilon$; 但 $\frac{1}{n} x_n^2 = n \to \infty \ (n \to \infty)$.

3.8 取空间 s, 其中准范定义为: $\|x\|^* = \sum_n \frac{1}{2^n} \frac{|\xi_n|}{1 + |\xi_n|}$, $\forall x = \{\xi_n\} \in s$, 则在距离 $d(x, y) = \|x - y\|$ 下, 单位闭球 $B_1(\theta)$ 是距离有界集, 但不是相应拓扑下的有界集. 因为此时 $B_1(\theta) = s$, 而 s 是满足 T_0 公理的, 因此由练习题 3.5 可知 $\overline{B}_1(\theta)$ 不会是有界集.

更一般地 (练习题 3.12 需用), 我们也可证明, 此时 $\forall 0 < \delta < 1$, 球 $B_\delta := B_\delta(\theta)$ 均是无界的. 这只需证其不能被邻域 $B_{\frac{\delta}{2}} = B_{\frac{\delta}{2}}(\theta)$ 所吸收就可以. 事实上, 对上 $\delta > 0$, $\exists n \in \mathbb{N}$, 使得 $\sum_{k \geqslant n} \frac{1}{2^k} > \delta \geqslant \sum_{k \geqslant n+1} \frac{1}{2^k} > \frac{\delta}{2}$. 也即, $\exists m \in \mathbb{N}$, 使得 $\sum_n^m \frac{1}{2^k} > \delta > \sum_{n+1}^m \frac{1}{2^k} > \frac{\delta}{2}$. 由此, $\exists \alpha > 0$, 使当 $\min\{|\xi_k| | n + 1 \leqslant k \leqslant m\} > \alpha$ 时, 有

$(*)$: $\delta > \sum_{n+1}^m \frac{1}{2^k} \frac{|\xi_k|}{1 + |\xi_k|} > \frac{\delta}{2}$. 对于 $\forall \lambda \neq 0$, 取元 x_λ, 使得 $x_\lambda, \lambda x_\lambda$ 均成立关系式 $(*)$. 可知 $x_\lambda, \lambda x_\lambda \in B_\delta$, 但 $\lambda x_\lambda \notin B_{\frac{\delta}{2}}$. 即 $\lambda B_\delta \not\subset B_{\frac{\delta}{2}}$.

3.9 (i) 注意由有界集定义易知, 若 M 有界, 则 $\forall U \in \mathscr{U}$, $\exists n \in \mathbb{N}$, 使得

$M \subset nU$.

(ii) 设 T 为 E 到 E_1 内的连续线性算子, 由于 $\forall V_1 \in \mathscr{U}_1(E_1$ 中零点邻域) 有 $T^{-1}[V_1] \in \mathscr{U}$, 而设 S 拟有界, 故有 $S \subset \underbrace{T^{-1}(V_1) + \cdots + T^{-1}(V_1)}_{n\text{个}}$. 由此我们导出

$$T[S] \subset T[T^{-1}(V_1) + \cdots + T^{-1}(V_1)] \subset V_1 + \cdots + V_1.$$

(iii) 注意赋准范空间 $S[0,1]$, 其中准范数定义为: $\|x\|^* = \displaystyle\int_0^1 \frac{|x(t)|}{1+|x(t)|}dt$, $\forall x = x(t) \in S[0,1]$. 令 $x_n = x_n(t) \equiv n(\forall n \in \mathbb{N})$, 并考虑集 $\{x_n\}$, 则由 $\left\|\dfrac{1}{n}x_n\right\| = \dfrac{1}{2}$, 知 $\dfrac{1}{n}x_n \mapsto \theta(n \to \infty)$, 也即 $\{x_n\}$ 不是有界集 (引理 3.2.4). 然而, $\forall U \in \mathscr{U}$, $\exists$(球)$B_\delta(\theta) \subset U$, 当取自然数 $m_0 > \dfrac{1}{\delta}$ 时, $\forall x \in S[0,1]$, 令

$$y(t) = \begin{cases} x(t), & \dfrac{k-1}{m_0} < t < \dfrac{k}{m_0}, \\ 0, & \text{其他的 } t \in [0,1], \end{cases}$$

则有 $\|y_k(t)\| = \displaystyle\int_{\frac{k-1}{m_0}}^{\frac{k}{m_0}} \frac{|x(t)|}{1+|x(t)|}dt \leqslant \dfrac{1}{m_0} < \varepsilon$. 故知 $y_k \in U_\varepsilon \subset U(1 \leqslant k \leqslant m_0)$. 再由于 $x = y_1 + y_2 + \cdots + y_{m_0}$, 故 $x \in \underbrace{U + \cdots + U}_{m_0\text{个}}$. 也即 $S[0,1]$ 中任何子集均是 "拟有界" 的.

3.10　设 a 是 $T^{-1}[M_1]$ 的内点. $\forall V_1 \in \mathscr{U}_1$, 由于 M_1 有界, 故 $\exists t$ 使得 $M_1 - T(a) \subset tV_1$, 于是 $T^{-1}[M_1] - a \subset tT^{-1}[V_1]$. 由于 $\dfrac{1}{t}[T^{-1}[V_1] - a]$ 为 E 中 θ 点邻域, 故类似引理 3.2.4 不难验证 T 为连续的.

3.11　(i) 设 a 是 $T^{-1}[G_1]$ 的内点, 则 θ 是 $T^{-1}[G_1]-a$ 的内点. 因 G_1 开, 则 E_1 中零元 θ_1 亦为集 $G_1 - T(a)$ 的内点. 由集间关系: $T^{-1}[G_1] - a \subset T^{-1}[G_1 - T(a)]$ 以及 G 的任意性, 即证得 T 是连续的.

(ii) 可在 $\mathbb{R}$ 中, 设 $f(x) = x$, 当 $x \neq 0$ 时; $f(x) = 1$, 当 $x = 0$ 时, 此即所求反例.

3.12　注意练习题 3.8 提示中后一反例.

3.13　(i) $\forall V_1 \in \mathscr{U}_1$, 设均衡 $W_1 \in \mathscr{U}_1$, 有 $W_1 + W_1 \subset V_1$. 当设 $I[V_1] = \bigcap\{T_\lambda^{-1}[V_1]|\lambda \in \Lambda\}$ 时, 易知

$$I[V_1] \supset I[W_1] + I[W_1] = I[W_1] - I[W_1].$$

由于设 $I[W_1]$ 有内点, 故由练习题 2.4 (ii) 知 $I[V_1]$ 必为 θ 的邻域. 当设其为 U 时, 即有: $T_\lambda[U] \subset V_1$, $\forall \lambda \in \Lambda$.

(ii) 对 (m) 空间的单位开球 $B_1(\theta)$, 由假设知 $U \equiv T^{-1}[B_1(\theta)]$ 也是 E 中点 θ 的邻域. 此外, 再注意 $T^{-1}[B_1(\theta)] = \bigcap_n \{f_n^{-1}[N_1(\theta)]\}$(这里, $N_1(\theta)$ 为数域 K 上的单位开球), 则可证得结论.

(iii) $\{f_n\}$ 是等度连续时, 令 $U \equiv \bigcap_n \{f_n^{-1}[N_1](\theta)\}$, 则有 $U \in \mathscr{U}$. 故由 U 的吸收性可知, $\forall x \in E$, 有数 λ, 使得 $x \in \lambda U$, 即: $|f_n(x)| < \lambda$, $\forall n \in \mathbb{N}$, 故导得了 (a). 再由上知: $\forall x \in U$, $\|T(x)\| = \sup_n |f_n(x)| \leqslant 1$. 另外, T 显然是线性的, 故由练习题 3.10 则知 T 为连续的.

(iv) $\forall V_1 \in u$, 取 $W_1 \in \mathscr{U}$, 使得 $W_1 + W_1 \subset V_1$. 由于 $\{T_\lambda | \lambda \in \Lambda\}$ 等度连续, 故 $\exists G \in u$, 使得 $T_\lambda[G] \subset W_1$, $\forall \lambda \in \Lambda$, 由于 T 连续, 故 $\exists N \in \mathscr{U}$, 使得 $T[N] \subset W_1$. 令 $U = G \cap N$, 则知 $T_\lambda[U] + T_\lambda[U] \subset W_1 + W_1 \subset V_1$.

(v) 设 D 为 E 的稠子集, 那么, $\forall x \notin D$, $\forall \varepsilon > 0$, 由于

$$|f_n(x) - f_m(x)| \leqslant |f_n(x) - f_n(y)| + |f_n(y) - f_m(y)|$$
$$+ |f_m(y) - f_m(x)|$$

(其中 $y \in D$), 故由 $\{f_n\}$ 等度连续, 知 $\exists U \in \mathscr{U}$, 一致有: $|f_n[U]| < \dfrac{\varepsilon}{3}$, $\forall n \in \mathbb{N}$, 因此 (注意 D 稠性), 当取上述 $y \in a + U$, 以及对固定的 y, 取 m, n 足够大时, 则可以导出 $|f_n(x) - f_m(x)| < \varepsilon$.

练 习 题 4

4.1　注意定理 4.2.3.

4.2　由定理 3.2.9 可知, 此处仅证充分性即可.

(i) 我们只要注意到作泛函: $f(E_0) = 0$, $f(x_0) = 1$ 即可.

(ii) 仅需注意: 由于 E_0 非闭, 故存在 $x_1 \in E \backslash E_0$, 使得 $x_1 \in \overline{E_0}$, 设 $\{e_\alpha | \alpha \in \mathscr{A}\}$ 为 E_0 的 H.-基, 则 $\{e_\alpha | \alpha \in \mathscr{A}\} \cup \{x_1\}$ 无关. 从而由注 1.1.8 可知, 存在线性无关元族 $\{e_\beta | \beta \in \mathfrak{B}\}$, 使得 $H_0 = \{e_\alpha | \alpha \in \mathscr{A}\} \cup \{x_1\} \cup \{e_\beta | \beta \in \mathfrak{B}\}$ 成为 E 的一个 H.-基, 令 $E_1 = L[H_0 \backslash x_1]$, 则知 $x_1 \notin E_1$, 且有 $x_1 \in \overline{E_1}$, 由此则可由 (i) 的结论导出.

4.3　由练习题 4.2 (ii) 知存在非连续线性泛函 f_0. 设 $y_1 \in E_1 \backslash \overline{\{\theta\}}$, 令 T_0: $x \mapsto f_0(x) y_1$ 即可.

4.4　只要注意到当设 $\{e_1,\cdots,e_m\}$ 是 E_1 中 $\overline{\{\theta\}}$ 的基, $\{e_1,\cdots,e_m,e_{m+1},\cdots,e_n\}$ 为 E_1 的基时, 对每一个线性算子 $T\colon E \to E_1$, 有

$$T(x) = \sum_{k=1}^{n} f_k(x) e_k, \quad \forall x \in E,$$

其中 $\{f_k | 1 \leqslant k \leqslant n\}$ 均线性泛函. 易证 T 连续 $\Leftrightarrow f_{m+1},\cdots,f_n$ 连续.

4.5　注意 $T(x)$ 的表示式, 定理 3.1.2 则可以导出.

4.6　注意推论 4.1.3.

4.7　(i) 由于 $\mathscr{T}$ 拓扑比每个 $\mathscr{T}_\lambda$ 拓扑强 $(\lambda \in \Lambda)$, 因此仅需证 "$\Leftarrow$". 由假设和 $\mathscr{T}$ 的定义, 在 $\mathscr{T}$ 下 a 点的每一个邻域 U, 必存在 (有限个)$\mathscr{T}_{\lambda_1},\cdots,\mathscr{T}_{\lambda_n}$ 下 a 点的邻域 $U_{\lambda_1},\cdots,U_{\lambda_n}$, 使得 $a \in \bigcap\limits_{k=1}^{n} U_{\lambda_k} \subset U$. 由此易得结论.

(ii) 由定理 4.1.2 可知, E 上可赋予可列个准范 $\|\cdot\|_n^* (\forall n \in \mathbb{N})$, 最后令 $\|\cdot\|^* = \sum\limits_{n=1}^{\infty} \dfrac{1}{2^n} \dfrac{\|\cdot\|_n^*}{1+\|\cdot\|_n^*}$, 易证其即为所求.

4.8　(i) 注意练习题 4.7 (i) 的结论. (ii) 注意练习题 4.7 (ii) 的结论.

4.9　$\forall \varepsilon > 0$, 选 "链"$\{a_i | 0 \leqslant i \leqslant n\}$, $\{b_j | 0 \leqslant j \leqslant m\}$, $a_n = a$, $b_m = b$, 使得 $\sum\limits_{i=1}^{n-1} q(a_i - a_{i-1}) < p(a) + \dfrac{\varepsilon}{2}$, $\sum\limits_{j=1}^{m-1} q(b_j - b_{j-1}) < p(b) + \dfrac{\varepsilon}{2}$. 然后设 $c_0 = \theta$, $c_k = a_k (1 \leqslant k \leqslant n)$, 使得 $c_k = a + b_k (n+1 \leqslant k \leqslant n+m)$, 则

$$p(a+b) \leqslant \sum_{k=1}^{n+m} q(c_k - c_{k-1}) < p(a) + p(b) + \varepsilon.$$

4.10　(i) 显然.

(ii) 分别就 $n(x) < +\infty$ 和 $n(x) = +\infty$, $x \in W_m (\forall m \in \mathbb{N})$ 来讨论.

(iii) "$\Rightarrow$": 由于 $x_i \to \theta$, 故 $\forall m > 0$, $x_i \in W_m$. 由 (ii) 知 $n(x_i) \geqslant m$, 故 $n(x_i) \to +\infty (i \to \infty)$, 从而 $q(x_i) \to 0$.

"$\Leftarrow$": 注意 (ii), 从上面倒推回去即可.

(iv) 如 $x,y,z \in \overline{\{\theta\}}$, 显然. 否则, 令 $n = \min\{n(x), n(y), n(z)\}$, 则 $n < +\infty$. 由 (ii) 有 $x,y,z \in W_n$ 故由 $\{W_n\}$ 设可得 $x+y+z < W_{n-1}$, 再次由 (ii) 导出 $n(x+y+z) \geqslant n-1$. 所以 $q(x+y+z) \leqslant 2 \cdot 2^{-k} = 2\max\{q(x), q(y), q(z)\}$.

(v) 当 $n = 1,2,3$ 时, 此可由 (iv) 得到. 当 $n > 3$ 时用归纳法证明: 令 m 为使得 $\sum\limits_{i=1}^{n} q(x_i) \leqslant \dfrac{1}{2} \sum\limits_{i=1}^{m} q(x_i)$ 成立的最大整数 $\left(\text{当 } q(x_1) \geqslant \sum\limits_{i=1}^{n} q(x_i) \text{ 时, 我们约定}\right.$

$m = 0$ 和原式左边为 $0\Big)$. 因此, 注意到 (i) 可知: $0 \leqslant m \leqslant n$, 以及 $\sum\limits_{i=1}^{m+1} q(x_i) > \frac{1}{2}\sum\limits_{i=1}^{n} q(x_i)$. 由此 $\sum\limits_{i=m+2}^{n} q(x_i) < \frac{1}{2}\sum\limits_{i=1}^{n} q(x_i)$(约定, 当 $m = n - 1$ 时, 上式左边为 0).
注意上面两个不等式, 以及该两式左面 “项数” 均小于 n (或者约定值为 0), 故由
归纳假设则得: $q\left(\sum\limits_{i=1}^{m} x_i\right) \leqslant 2\sum\limits_{i=1}^{m} q(x_i) \leqslant \sum\limits_{i=1}^{n} q(x_i)$, $q\left(\sum\limits_{i=m+2}^{n} x_i\right) \leqslant \sum\limits_{i=1}^{n} q(x_i)$. 另有
$q(x_{m+1}) \leqslant \sum\limits_{i=1}^{n} q(x_i)$. 最后, 对上述三元 $\sum\limits_{i=1}^{m} x_i, x_{m+1}, \sum\limits_{i=m+2}^{n} x_i$, 应用 (iv) 的结果, 则
可得到本结论.

4.11 (i) 由练习题 4.10 (i) 知 $q(x) \geqslant 0$, 故由 $p(x)$ 定义知 $p(x) \geqslant 0(\forall x \in E)$,
且当取 $n = 1$ 时, 由定义知 $p(\theta) = 0$.

(ii) 由练习题 4.10(i) 知 $q(-x) = q(x)$. 当 $x_0 = \theta$, $x_n = x$ 时, 特取 “链” 为:
$x_0' = \theta$, $x_k' = -x_k(1 \leqslant k \leqslant n)$, 由 $\sum\limits_{k=1}^{n} q(x_k - x_{k-1}) = \sum\limits_{k=1}^{n} q(x_k' - x_{k-1}')$, 则不难得
到结论.

(iii) 仅需证由 $d(x,y) = p(x - y)$“拟距离” 所定义的拓扑与空间原拓扑等价,
则由原拓扑空间关于数乘的连续性就可证得此处结论. 为此, 注意到对任意以 x
为尾元的 “链”, 由练习题 4.10 (v) 有

$$\sum_{k=1}^{n} q(x_k - x_{k-1}) \geqslant \frac{1}{2} q\left[\sum_{k=1}^{n-1}(x_k - x_{k-1})\right] = \frac{1}{2} q(x),$$

从而取下确界得 $p(x) \geqslant \frac{1}{2}q(x)$. 而由 $p(x)$ 的定义, 当 $n = 1$ 时, 我们又有 $p(x) \leqslant q(x)$. 最后, 注意到练习题 4.10 (iii), 我们则导出 $x_n \to \theta \Leftrightarrow p(x_n) \to 0$, 从而
$x_n \to a \Leftrightarrow d(x_n, a) \to 0$. 故由假设及引理 4.1.1 即得结论;

(iv) 由 (iii) 知 $p(x - y) = d(x, y)$ 与原拓扑等价. 故由此处假设易得.

练 习 题 5

5.1 注意 β-范性质, 以及当 $\{e_1, \cdots, e_n\}$ 为基时, 有

$$\|x\|_\beta^{\frac{1}{\beta}} \leqslant \left(\sum_{k=1}^{n} |\xi|^\beta \|e_k\|_\beta\right)^{\frac{1}{\beta}} \leqslant c_0|x|, \quad \forall x = \sum_{k=1}^{n} \xi_k e_k \in E$$

$\left(\text{这里 } |x| = \left(\sum\limits_{k=1}^{n} |\xi_k|^2\right)^{\frac{1}{2}}\right).$ 另由 $\|x\|_\beta$ 在欧氏拓扑下的单位球面连续, 且最小值

$m_0 > 0$, 亦可得 $m_0\|x\| \leqslant \|x\|_\beta^{\frac{1}{\beta}}$, $\forall x \in E$.

5.2　(i) 注意若 $A + A \subset cA$, T 线性时, 有 $T(A) + T(A) \subset cT(A)$. 故当 T 又为同胚映射时, 其必将有界均衡开集映为有界均衡开集. 故由定义可得 $c(E_1) \leqslant c(E)$. 倒过来讨论 T^{-1} 则得本题结论.

(ii) 仅需注意, 当 E 中集 A 为有界均衡开集时 $A \cap E_0$ 的性质.

(ii) 注意商空间中开集的定义.

5.3　(ii)(a) 当 A 开时, 反之, 若有元 $x_0 \in A + A$, 而 $x_0 \notin c(A)A$, 则由于 $A + A$ 为开的星型集, 故存在 $r_0 > 1$, 使得 $r_0 x_0 \in A + A$, 从而 $\dfrac{1}{r_0}(A + A) \not\subset c(A)A$, 也即 $A + A \not\subset r_0 \cdot c(A)A$. 但是由于 $r_0 \cdot c(A) > c(A)$, 故上结论显然与 $c(A)$ 定义矛盾.

(b) 当 A 闭时, $\forall \varepsilon > 0$, $x, y \in A$, 有

$$\frac{x}{c(A) + \varepsilon} + \frac{y}{c(A) + \varepsilon} \in A.$$

故知

$$\frac{x}{c(A)} + \frac{y}{c(A)} \in \overline{A} = A.$$

5.6 和 5.7　注意定理 5.4.1 的证明的最后一不等式, 令 x° 对应于二进位小数 $0, r_1, r_2, \cdots$, 这里: 当 $n = n_k (k = 1, 2, \cdots)$ 时, $r_n = 1$; 其他的 $r_n = 0$.

5.8　(i) 注意 β-范定义及定理 3.1.2.

(ii) 如同证赋范线性空间的共轭空间为 Banach 空间一样.

5.9　充分性. 注意练习题 5.8 (i), 仅证 $\|x\|_\beta^{\frac{1}{\beta}} = \sup\limits_{\|f\|=1} |f(x)|$, 并说明后者为一范数. 证必要性时, 注意赋范空间中之 Hahn-Banach 定理.

5.10　(iv) 例如只要取 $A = \{(x,y) \mid |x| < 2, |y| < 1\} \cup \{(x,y) \mid |x| < 1, |y| < 2\}$ 即可.

5.13　(i) 用归纳法. 注意, 由题设, 对 θ 点邻域 $\dfrac{1}{2}V$ 而言, 存在 V 的有限点集 F_0, 使得 $V \subset F_0 + \dfrac{1}{2}V$. 令 $F = L(F_0)$, 因而又有

$$F_0 + \frac{1}{2}V \subset F + \frac{1}{2}\left(F + \frac{1}{2}V\right) = F + \frac{1}{2^2}V, \cdots.$$

(ii) 由 (i) 知: $V \subset \bigcap\left(F + \dfrac{1}{2^n}V\right) = \overline{F} = F$, 即 $E = F$.

5.14　(i) 注意集 C 的均衡包即为集 $\{\lambda||\lambda|\leqslant 1,\lambda\in K\}\times C$ 在映射 φ_1: $(\lambda,x)\mapsto\lambda x$ 下的值域 (像)(这里 K 为相应线性拓扑空间的数域), 故由 φ_1 的连续性, 知其将紧集映为紧集.

(ii) 类似注意 C 的凸包即为紧集 $[0,1]\times C\times C$ 在连续映射 φ_2: $(\alpha,x,y)\mapsto\alpha x+(1-\alpha)y$ 下的值域.

(iii) 注意: $\forall\lambda,\mu\in K,\forall x,y\in C$, 当 $|\lambda|+|\mu|\leqslant 1$, 且 λ,μ 不同为 0 时, 由于 $\lambda x+\mu y=(|\lambda|+|\mu|)\cdot\left[\dfrac{|\lambda|}{|\lambda|+|\mu|}\left(\dfrac{\lambda}{|\lambda|}x\right)+\dfrac{|\mu|}{|\lambda|+|\mu|}\left(\dfrac{\mu}{|\mu|}y\right)\right]$, 故知集 C 的绝对凸包即为 C 取均衡包后再取凸包, 因而由 (i), (ii) 可得 (iii) 的结论.

5.15　由于 $\forall x=\{\xi_k\}\in(l^\beta)(0<\beta<1)$, 必有常数 C 使得 $|\xi_k|^\beta\leqslant c(\forall k\in\mathbb{N})$, 从而 $\forall f=\{f_k\}\in(m)$, 当设 $|f_k|\leqslant M(\forall k\in\mathbb{N})$ 时, 则有

$$\left|\sum_k f_k\xi_k\right|\leqslant\sum_k|f_k\xi_k|=\sum_k|f_k||\xi_k|^\beta|\xi_k|^{\frac{1}{\beta}}$$
$$\leqslant c^{\frac{1}{\beta}-1}M\sum_k|\xi_k|^\beta.$$

反之, $\forall f\in(l^\beta)^*(0<\beta<1)$, 令 $f(e_k)=f_k(\forall k\in\mathbb{N})$. 下证 $\sup\limits_k|f_k|\leqslant M$. 反之, $\forall n,\exists k_n$, 使得 $|f_{k_n}|>n$. 由此 $\left|f\left(\dfrac{e_{k_n}}{\sqrt{n}}\right)\right|\to\infty\ (n\to\infty)$. 然而在 (l^β) 中有 $\dfrac{e_{k_n}}{\sqrt{n}}\to\theta\ (n\to\infty)$, 故与 f 连续矛盾.

练 习 题 6

6.2　此中的 (iv) 仅需注意, $\forall y\in\langle O\rangle$, 设 $y=\sum\limits_{k=1}^n\lambda_k x_k^0$, 其中 $\sum\limits_{k=1}^n\lambda_k=1$, $\lambda_k\geqslant 0,x_k^0\in O(1\leqslant k\leqslant n)$, 并不妨设 $\lambda_1\neq 0$. 注意到 x_1^0 为 O 的内点, 以及第 2 讲中运算法则 2.2.11(5) 之上半段结果, 则不难导出所需结论.

6.3　对于上半题结论, 仅需注意到此时 $\overline{\langle A\rangle},\overline{\langle B\rangle}$ 两集的凸包

$$\langle\overline{\langle A\rangle},\overline{\langle B\rangle}\rangle=\{\lambda x+(1-\lambda)y|x\in\overline{\langle A\rangle},y\in\overline{\langle B\rangle},\lambda\in[0,1]\}$$

乃是紧集 $[0,1]\times\overline{\langle A\rangle}\times\overline{\langle B\rangle}$ 在连续映射:

$$(\lambda,x,y)\mapsto\lambda x+(1-\lambda)y$$

下的映射, 故易验证其仍为紧集. 从而由于空间亦为 T_2 的, 故上集合亦为闭的并且即为 $\overline{\langle A\cup B\rangle}$. 至于下半题结论则可类似得到.

6.4 设闭集 F 为 y 轴与 x 轴上的线段 $[0,1]$, 以及可设 F 为 $y = \dfrac{1}{x^2}(x \neq 0)$ 两条曲线.

6.5 注意将推论 6.1.4 的线段 (x_0, y) 换为弧线段 $\widehat{x_0 y} = \{z | z = \lambda_0^{\frac{1}{\beta}} x_0 + (1 - \lambda_0)^{\frac{1}{\beta}} y, \lambda_0 \in (0,1)\}$, 并相应地利用命题 6.1.6 即可.

6.7 注意 $p(x)$ 下半连续 $\Leftrightarrow \{x | p(x) \leqslant 1, x \in E\}$ 闭. 由定理 6.1.20, 又知后者为 $\overline{B}$.

6.8 由有界 (完全有界) 的定义, 并取 θ 点的凸邻域基 (证完全有界时使用注 6.1.1 中 (iv)).

6.9 由有界 (完全有界) 集的定义, 注意 $\Phi = \{\varphi_\lambda | \lambda \in \Lambda\}$ 所定的拓扑与每个拟范 φ_λ 所确定拓扑 $(\forall \lambda \in \Lambda)$ 的关系则不难导出结论.

6.10 (i) 注意例 6.2.5;

(ii) 注意此拓扑下邻域的定义及 6.1 节后面有关结论;

(iii) 注意拓扑邻域的定义.

6.11 仅注意导出: 对不交的闭集 B、紧集 C, 必存在 θ 点开凸均衡域 W_0, 使得 $(B + W_0) \cap C = \varnothing$. 为此用归谬法. 反之, 由 $(B + W_0) \cap C \neq \varnothing$, 导出 $C_\omega = \overline{(B + W)} \cap C \neq \varnothing (\forall W \in \mathscr{W})$. 由于具 T_0 公理之拓扑空间中紧集是闭的, 故知 $\{C_\omega | W \in \mathscr{W}\}$ 为 C 中满足 "有限交非空" 的闭集族. 则由 C 紧可知, $\exists y_0 \in \cap \{C_\omega | W \in \mathscr{W}\}$. 由此知 $y_0 \in C$, 且 $y_0 \in \bigcap \{\overline{B + W} | W \in \mathscr{W}\} = \bigcap \{B + W + W | W \in \mathscr{W}\} = \bigcap \{B + 2W | W \in \mathscr{W}\} = \overline{B} = B$, 矛盾!

对于命题 6.8.4, 我们只要注意到由 E 可分则必弱可分, 也即 E^{**} 为 * 弱可分. 而由推论 6.6.15, 知 $\mathscr{A}$ 为 E^* 中的 * 弱紧集. 这样, 类似引理 6.8.2, 当设 $\overline{\{x_n\}} = E$ 时, 令 $d(f, g) = \sum\limits_{n=1}^{\infty} \dfrac{1}{2^n} \dfrac{|f(x_n) - g(x_n)|}{1 + |f(x_n) - g(x_n)|}, \forall f, g \in \mathscr{A}$. 则可证得. 对于命题 6.8.5, 类似命题 6.8.4 的证明可知 (iii)$\Rightarrow$(ii); 为证 (ii)$\Rightarrow$(iii), 注意距离拓扑具有 A_1 性质, 当设 E^* 在 0 点有可数邻域基 $\{V_n^*\}$ 时, 由 * 弱拓扑定义知每个 V_n^* 均由 E 中有限元集 D_n 确定 $(\forall n \in \mathbb{N})$, 故当令 $D = \bigcup\limits_{n=1}^{\infty} D_n$ 后, 则知 D 为 E 中可数集, 并且由 Hahn-Banach 定理还知 $\overline{[D]} = E$.

参 考 文 献

[1] 定光桂. 巴拿赫空间引论. 北京: 科学出版社, 1983.

[2] Robertson A P, Robertson W J. Topological Vector Spaces. Cambridge Tracts in Mathematics and Mathematical Physics. Cambridge: Cambridge University Press, 1964.

[3] Rolewicz S. Metric Linear Spaces. Warszawa: PWN-Polish Scientific Publishers, 1972.

[4] 王耀庭, 姚鹏飞, 罗跃虎. 关于距离线性空间定义的讨论. 山西大学学报, 1983, 2: 8-13.

[5] Kelley J L, Namioka I, Donoghue W F J, et al. Linear Topological Spaces. University Series in Higher Mathematics. Princeton: Van Nostrand, 1963.

[6] Simons S. Boundedness in linear topological spaces. Trans. Amer. Math. Soc., 1964, 113: 169-180.

[7] Aoki T. Locally bounded linear topological spaces. Proc. Imp. Acad. Tokyo, 1942, 18(10): 588-594.

[8] Bessaga C, Pelczyński A, Rolewicz S. Some properties of the norm in F-spaces. Stud. Math., 1957, 16 : 183-192.

[9] Zelazko W. On the locally bounded and m-convex topological algebras. Stud. Math., 1960, 19: 333-356.

[10] Rolewicz S. On a certain class of linear metric spaces. Bull. Acad. Polon. Sci., 1957, 5: 471-473.

[11] Schauder J. Zur Theorie stetiger Abbildungen in Funktionalräumen. Math. Zeirt., 1927, 26: 47-65.

[12] Grinblium M. Certains théorèms sur la base dans un espace du type(B). Doklady Akad. Nauk SSSR, 1941, 31: 428-432.

[13] Stiles W J. On non-locally p-convex spaces. Coll. Math., 1971, 23(2): 261-262.

[14] 定光桂. 次加泛函引论. 南宁: 广西人民出版社, 1986.

[15] 定光桂. 关于拟次加泛函的一些性质. 数学学报, 1982, 25(4): 410-418.

[16] 定光桂. 关于次加泛函的两点注记. 数学年刊, 1984, 5A(2): 253-256.

[17] Mazur S, Orlicz W. Sur les méthodes linéaires de sommation. Comp. Rend. Paris, 1933, 196: 32-44.

[18] Schaefer H H. Topological Vector Spaces. Graduate Texts in Mathematics. New York: Springer-Verlag, 1980.

[19] Kakutani S. Über die Metrisation der topologischen Gruppen. Proc. Imp. Acad. Tokyo, 1936, 12: 82-84.

[20] Dancer E N, Sims B. Weak star separability. Bull. Austral. Math. Soc., 1979, 20: 253-257.

[21] Greever J. Theory and Examples of Point-set Topology. Belmont: Brooks/Cole Pub. Co., 1967.

后 记

虽然国内外关于线性拓扑空间的专著很多, 但是, 对于专注于研读泛函分析方向的学者而言, 相应的简明扼要的教材却并不多见. 因此, 我在 1981 年从瑞典 Mittag-Leffler 研究所 (瑞典皇家科学院数学研究所) 回国后, 专门为泛函分析专业的研究生撰写了《拓扑线性空间选讲》的书稿. 除了在南开大学讲授了近三十年外, 20 世纪 80 年代, 我还在全国许多高校的暑期研讨班上为相关同行和研究生讲授过, 其中涉及河北的石家庄、宁夏的银川、吉林的延边、广西的桂林、广东的惠州和广州等地, 并在 1981 年应山西大学和 1982 年应新疆大学特别邀请, 在非假期期间, 专门为他们讲授此课. 另外, 1984 年, 应全国高等师范院校泛函分析研讨班邀请, 我在安徽屯溪市 (现黄山市屯溪区) 做此内容的讲座. 鉴于该讲稿的独特内容以及同行的强烈反响, 我家乡的广西教育出版社给予了特别关注, 并于 1987 年出版了《拓扑线性空间选讲》这本书. 三十多年过去, 到了 2019 年在银川召开的全国 "第七届现代分析数学及其应用国际学术会议" 和 2021 年在石家庄召开的 "京津冀泛函分析会议" 上, 又有不少同行, 特别是 20 世纪 80 年代的研究生, 提出此书已经绝版了, 纷纷要求我重新整理出版, 以让后学者受益. 鉴于本人年事已高, 视力极差, 已无力完成此项工作. 然而这又是一项非常值得去做的事情. 因此, 我特别推荐我过去的优秀博士生、现在的南开大学教授李磊, 以及天津理工大学副教授谭冬妮来完成此项工作. 我深信他们一定能很好地重新整理好此书, 使后来的青年学子受益.

定光桂

南开大学

2022 年 7 月